高等院校素质教育通选课教材

雷功炎 编著

数学模型八讲
——模型 模式与文化

北京大学出版社
PEKING UNIVERSITY PRESS

图书在版编目(CIP)数据

数学模型八讲:模型、模式与文化/雷功炎编著. —北京：北京大学出版社,2008.2
ISBN 978-7-301-12807-7

Ⅰ.数…　Ⅱ.雷…　Ⅲ.数学模型-高等学校-教材　Ⅳ.O22

中国版本图书馆 CIP 数据核字(2007)第 153853 号

书　　　　名：	数学模型八讲——模型、模式与文化
著作责任者：	雷功炎　编著
责 任 编 辑：	曾琬婷
封 面 设 计：	林胜利
标 准 书 号：	ISBN 978-7-301-12807-7/O·0730
出 版 发 行：	北京大学出版社
地　　　　址：	北京市海淀区成府路 205 号　100871
网　　　　址：	http://www.pup.cn　电子邮箱：zpup@pup.pku.edu.cn
电　　　　话：	邮购部 62752015　发行部 62750672　理科编辑部 62752021　出版部 62754962
印 刷 者：	北京大学印刷厂
经 销 者：	新华书店
	787mm×960mm　16 开本　12.25 印张　260 千字
	2008 年 2 月第 1 版　　2010 年 1 月第 2 次印刷
印　　　　数：	4001—7000 册
定　　　　价：	22.00 元

未经许可,不得以任何方式复制或抄袭本书之部分或全部内容。
版权所有,侵权必究
举报电话：010-62752024　电子邮箱：fd@pup.pku.edu.cn

内 容 简 介

　　本书系作者在近年来为北京大学本科生所开设的一门数学与自然科学类通选课的讲义基础上经补充、修改而成.全书共分八讲,分别讨论数学中的基本哲学问题,数学悖论的意义,对称概念与艺术和社会学的联系,叶序等生物学规律的数学表达,变分问题的简要历史和意义,作为一种数学模式的最小二乘法,概率统计方法的应用和意义等课题.本书力图从一个更为基本的观点阐明数学的本质与意义,数学与其他科学的关系;说明应如何认识、理解与把握数学.全书试图从一个与经典数学教材不同的角度讲授有关内容,强调对问题的整体理解,避免过分的形式化,当然也包含有为说明问题所必须的推导;强调把握思想而不是具体的方法和技巧.

　　本书可作为综合大学、师范院校数学与自然科学类通选课教材,也可供高等院校数学模型课程作为参考教材或辅助读物,或供高等院校其他专业师生或中学数学教师及各类工程科技人员阅读参考.

前　言

　　作为教学改革的一项重大举措,21世纪初,北京大学为全校本科生增设了一类新型课程——通选课,其目的是进一步贯彻"加强基础,淡化专业,分流培养,因材施教"的方针,打破院系与学科界限,把按专业划分的以传授知识为主要目的分门别类的课程,转变为强调指导思想与观点的阐述,强调对知识的整体把握,侧重学科联系,侧重学生能力提高的通识教育,力图建立以素质培育为导向的新型课程体系.在此范围内,笔者有幸开设了一门以介绍数学模型为具体内容,试图贯彻以上方针的课程.本书就是在原有讲稿基础上,在通选课所应遵循的原则指导下,修改、充实、润色而成.

　　通选课的总体目标无疑是正确的,但这并不意味着所开设的每一门课程都达到了要求.笔者自知,他的课程与理想的通选课就有相当距离.这种现象是很自然的,主要出自于以下两方面原因.其一是:这的确是一项意义深远的改革,尽管国内外优秀的同类课程不胜枚举,但总的说来,尚无系统的、全面成熟的经验可供借鉴.其二则是教师个人的原因.北京大学人才济济,无疑有众多学养深厚的老一辈学者或青年才俊开设了非常优秀的通选课;但也毋庸讳言,如笔者这样的教师,囿于自身成长年代的社会氛围、所受教育的背景、个人品性的愚拙,并非是神话中的百宝箱,想要什么,就能给出什么.对笔者而言,通识教育的要求,首先就是对教师自身的挑战.这一挑战涉及颇广,它不仅涉及教师自身的知识结构、深度、广度、认识能力与表达能力,更要涉及教师自身的哲学指导思想,对学科内容和方法的理解与认识.因此,对于不同的通选课程和相应教材要具体分析,认真看待每门课程的成功与不足.就笔者个人而言,则难免有滥竽之嫌,出版这部教材的目的主要是报告一下,笔者在这方面到底想了什么?做了什么?总结经验,吸取教训,听取各方面的批评与指正,以便改进.丑媳妇也要见公婆嘛!

　　手头的这部讲义以数学模型和模式的讨论为主要内容,这是因为笔者此前曾为北京大学数学系与部分理科院系本科生开设过一门数学模型课程,部分学生对其很感兴趣,因而建议在更大的范围内讲授有关内容.这就是与此有关的通选课的缘起.然而,通选课不同于讲授应用数学内容的专业课,课程素材即便类似,渗透其中的指导思想,所要传达的信息,讲授的角度、重点、编排都会完全不同.前面已经指出,通选课不以介绍特定的专业知识、技巧与方法为目的,它的精髓在于讲授思想、深层次的哲学观点,强调学科联系,培养学生把握辩证唯物主义的观点和方法论.这是一个困难的任务,笔者只不过做了些许尝试.

　　本书的第一讲探讨数学中的主要哲学问题,其目的在于说明:数学不仅仅是一种专门知识或研究问题的独特方法,它实际与研究者本身的世界观密切关联;数学哲学不仅仅是对

前言

数学的不同观点,而是直接影响到你认同什么样的数学,如何按照你所欣赏的途径学习与发展数学,以至影响一个人对一般科学思想与方法的理解.显然数学哲学问题是没有唯一答案的,书中力图客观地介绍不同流派的基本思想,当然,侧重点是在笔者个人赞同的派别上.这一讲中还试图阐述数学与其他领域,或者大言不惭地说数学与文化的关系.显然笔者本人不具备全面地明晰阐述如上问题的学识素养,因而不得不把讨论局限在数学与计算机科学以及艺术的关系上.虽然限定后的两个方面仍然超出笔者的能力,但此处不揣冒昧、大胆放言的原因在于:笔者深感有关的问题现今已经实际影响了学生的行为,影响了很多学生对知识的选择与把握.无论如何,把矛盾揭示出来总是有益的.

本书的素材除了包含某些数学模型之外,还含有与"数学模式"有关的部分内容."数学模式"这个词的使用当然与数学哲学中的结构主义流派有关,但书中是在更"自由"的意义上使用这一词语的.例如在第二讲中,我们就把撒谎者悖论所含的逻辑结构视为一种"模式",这一模式不仅出现在众多悖论的构成中,还以更复杂的形式表现在哥德尔不完全性定理的证明里,它的变形又是图灵停机问题的证明主线,它还是著名的集合论悖论——罗素悖论的本质.实际上存在有更多的数学物理的重要结果,它们均可视做这同一模式在不同领域的表达;不仅如此,这一模式还被诸多的文学家、艺术家以多种方式幻化在各自的作品里.如此种种不仅表现了数学模式的普遍意义,也从另一个角度说明了数学与其他领域的关系.深刻的思想并非数学家所独有,不同领域的优秀人物"英雄所见略同".本书还探讨了其他几种"模式",如对称模式、变分模式、投影模式,等等.这种处理是否恰当,欢迎读者指正.

本书强调的另一主题是数学与其他学科、其他领域的广泛联系和交互作用.除了传统的物理学、力学领域外,第三讲中介绍了如何利用"群"的概念,刻画由两性关系所决定的早期人类社会结构.第八讲中,叙述了如何利用概率统计方法"量化"一个作家的文学特点.尽管有关用数学方法处理文学作品的理论与方法还不完全成熟,我们仍将其收入本书,目的在于说明:对于人文、社会科学而言,数学仍是一个可能有所作为的尚待开拓的领域.本书特别强调数学与生物学的关系,第四、第五讲完全用于这方面的讨论.数学生物学实际是现代科学的前沿,它不仅包含生动、丰富的内容,而且处于蓬勃发展之中.本书的内容只是一个引子,一个十分初等的介绍,目的仅在于引起读者对有关课题的关注.

本书中有部分内容需要读者有较强的数学基础,例如第六讲中关于控制论模型的论述,第七讲中关于"广义逆"的一节等.对于是否将这些内容按现在的形式保留在书中,笔者曾考虑再三,最终还是留下了.其原因是:读者或选课的学生中有相当一部分具有很不错的数学修养,他们不仅希望通过通选课得到思想上的启发,对学科整体有所把握,还希望对某些具体问题与方法有比较确切的了解,这一部分内容就是为了满足他们的需要而安排的;对于阅读这些内容有数学障碍的读者,则完全可以将它们跳过,丝毫不会影响对本书主旨的把握.

本课程考核主要采取期末课程论文的形式,题目由学生自己选定.由于选课的学生文理科各系均有,数学基础参差不齐,独立完成论文有困难者允许以某个专题或数学课程的读书报告代替,唯一的要求是不得抄袭.凡是认真对待,有独立见解,即使未必完善,失之偏颇者也予以鼓励,目的是提倡学生独立思考,发挥创造力与想象力.笔者认为,凡是以探讨思想观点、强调整体把握与学科联系,不以讲授专门技术为主要目的通选类课程,在考查学生方面均不宜过严、过细.理由有二,一是不合课程宗旨,二是难于把握.本书最后,选辑了学生论文所使用过的 50 个题目作为附录,从一个侧面大致反映了学生的学习情况.

  本书在编写过程中得到了学校有关部门,尤其是数学科学学院及北京大学出版社等部门各级负责同志的关怀和支持,也得到了众多师友的指导和帮助.笔者特别要感谢李忠、张顺燕、王长平、郭懋正、徐树方、刘旭峰、刘力平、周铁、邓明华诸位先生,他们从多个方面给予笔者以巨大的支持、鼓励和帮助.张树义先生协助作者绘制了第三讲中的图 3-3 和图 3-4,责任编辑曾琬婷以及出版社刘勇同志也为本书的出版付出了诸多心血,在此一并致以诚挚的谢意.最后还要感谢我学数学的女儿雷悦,她阅读了全部手稿,提出了一些其他批评者不便直抒的意见.

雷功炎
2007 年 6 月

目 录

第一讲 数学模型、模式与文化 ·· (1)
　§1 数学模型与数学模式 ·· (3)
　§2 数学哲学基本问题及不同回答 ···································· (8)
　　2.1 数学哲学基本问题 ··· (8)
　　2.2 数学哲学的两大流派——理性主义和经验主义 ················· (9)
　　2.3 数学形态的历史演化 ·· (12)
　　2.4 逻辑主义、直觉主义和形式主义——数学的真理性 ············· (13)
　　2.5 如何看待数学证明? ··· (18)
　　2.6 数学发展的历史经验 ·· (21)
　§3 数学与计算机科学 ·· (24)
　§4 数学与艺术 ··· (27)
　参考文献 ··· (30)

第二讲 浅谈悖论 ··· (32)
　§1 悖论的三种情况 ·· (33)
　§2 几个有趣的悖论 ·· (36)
　§3 一个引发悖论的重要模式——自指 ······························ (38)
　§4 哥德尔不完全性定理的证明线索 ································· (39)
　§5 图灵停机问题 ·· (46)
　§6 任意大的集合基数 ··· (49)
　§7 文学、美术、音乐和中国古代文献中的悖论 ····················· (50)
　§8 预言可能吗? ··· (53)
　参考文献 ··· (54)

第三讲 对称群、装饰图案、血缘关系 ································ (56)
　§1 从平面几何说起 ·· (57)
　§2 对称概念与群的数学定义 ·· (59)
　§3 花边、壁纸、艾舍尔的画及其他 ································· (62)
　§4 群与血缘关系 ·· (72)
　参考文献 ··· (77)

目录

第四讲　斐波那契序列及有关模型 …………………………………… (78)
　§1　斐波那契的兔子 ……………………………………………… (78)
　§2　花瓣的数目与叶子的排列 …………………………………… (80)
　§3　凤梨鳞片排列方式的几何描述 ……………………………… (81)
　§4　向日葵花盘上的螺线模式 …………………………………… (85)
　§5　叶序的数学物理解释，从物理考虑出发的计算机模拟 …… (89)
　§6　斐波那契序列的其他表达方式 ……………………………… (91)
　§7　斐波那契序列与游戏和魔术 ………………………………… (93)
　附录　斐波那契序列的一个性质 ………………………………… (94)
　参考文献 …………………………………………………………… (95)

第五讲　有关生命现象的几个数学模型 …………………………… (96)
　§1　元胞自动机的基本概念 ……………………………………… (98)
　§2　康维的生命游戏 ……………………………………………… (100)
　§3　图灵扩散 ……………………………………………………… (105)
　§4　关于性别比的数学讨论 ……………………………………… (113)
　参考文献 …………………………………………………………… (117)

第六讲　速降线问题与变分法 ……………………………………… (118)
　§1　一段有趣的历史和速降线问题 ……………………………… (119)
　§2　速降线问题的雅格布·伯努利解法 ………………………… (121)
　§3　几何学中的海伦——速降线的奇妙性质 …………………… (122)
　§4　变分问题的数学讨论 ………………………………………… (126)
　　4.1　速降线问题的变分提法 …………………………………… (126)
　　4.2　变分问题的其他实例 ……………………………………… (127)
　　4.3　求解变分问题的途径——欧拉方程 ……………………… (129)
　　4.4　几点说明 …………………………………………………… (131)
　§5　物理学中的变分原理 ………………………………………… (136)
　§6　经典变分问题的发展——控制论模型 ……………………… (140)
　　6.1　控制论的数学模型 ………………………………………… (140)
　　6.2　一个血糖含量的控制问题 ………………………………… (141)
　附录　多变量函数积分给出的变分问题 ………………………… (145)
　参考文献 …………………………………………………………… (146)

第七讲　从最小二乘法谈起 ………………………………………… (147)
　§1　可由最小二乘法求解的问题实例 …………………………… (148)

1.1　观测数据的最小二乘拟合 ……………………………… (148)
　　1.2　层析成像中的最小二乘法 ……………………………… (149)
　　1.3　球队排名问题 …………………………………………… (150)
§2　最小二乘法的几何解释，阻尼和加权最小二乘法 …………… (152)
　　2.1　最小二乘法的几何解释 ………………………………… (152)
　　2.2　阻尼和加权最小二乘法 ………………………………… (152)
§3　从投影观点看傅里叶级数及其他有关问题 …………………… (153)
　　3.1　傅里叶级数 ……………………………………………… (153)
　　3.2　伽略金方法 ……………………………………………… (154)
　　3.3　随机信号处理中的滤波问题 …………………………… (156)
§4　广义逆 …………………………………………………………… (157)
§5　傅里叶变换 ……………………………………………………… (159)
§6　最小二乘法和物理问题 ………………………………………… (160)
　　6.1　基尔霍夫定律和最小二乘模型 ………………………… (160)
　　6.2　极小势能问题 …………………………………………… (162)
　　6.3　离散问题与连续问题的关系 …………………………… (164)
参考文献 ……………………………………………………………… (167)

第八讲　驾驭偶然性 ……………………………………………… (168)

§1　敏感问题的抽样调查方法 ……………………………………… (170)
§2　未名湖水系中金鱼数量的估计 ………………………………… (172)
§3　莎士比亚所掌握的词汇量 ……………………………………… (173)
§4　用统计方法研究因果关系 ……………………………………… (177)
　　4.1　问题的提出 ……………………………………………… (177)
　　4.2　问题的数学表达 ………………………………………… (178)
参考文献 ……………………………………………………………… (182)

学生自拟论文题目选辑 ………………………………………… (183)

第一讲　数学模型、模式与文化

> 本讲从关于数学模型的论述说起,概述了数学哲学的基本问题,介绍了数学哲学中理性主义和经验主义两大流派的根本差别;进而通过对逻辑主义、直觉主义和形式主义数学观点的较详细叙述,特别是通过哥德尔的重大发现,揭示了什么才是正确合理的数学观.在余下的篇幅中,论述了证明在数学中的真实地位,讨论了自由思想、观察、实验、灵感在学习与发展数学中的作用.提倡以外师造化、内法心源作为学习和发展数学的基本原则.最后简要讨论了数学与计算机科学和艺术的关系.

　　本书的首要目的是通过对若干数学模型和模式的介绍,探讨什么是数学,如何看待数学的起源和特点,如何认识数学的抽象性和逻辑严密性,如何认识数学的真理性和实践性,如何认识数学与其他人文及自然科学的关系,所涉及的模型和模式主要是作为讨论问题所必须的媒介及传达思想的载体.我们试图从一个更基本的角度,和读者一起探讨数学的本质,把握学习、研究和运用数学的关键,提高对数学的认识和素养.本书的第二个目的是在前述框架之下,尽可能介绍一些有用的数学知识,以满足部分对数学本身要求较多的读者之需要.但应说明,全书的内容都保持在基本数学知识的范围内.

　　这一讲是全书的绪论,试图讨论的主要内容是如何从整体上认识与理解数学,如何看待数学与其他学科的关系.笔者认为:要掌握数学,不仅要熟悉数学特定的内容、方法和语言,还要把握数学背后的哲学思想,养成正确的思维方式和恰当的心理状态;对数学的正确认识不仅仅是一种看法、一种知识,它直接影响我们如何学习与研究数学,追求什么样的数学.本讲的很多内容应属于数学哲学的讨论范畴,也就是说不属于数学本身,而是"关于数学"的各种说法.在一些人看来,这是一个费力不讨好的题目,英国著名数学家、剑桥分析学派的代表人物哈代(G. H. Hardy)就曾直言不讳地说过:"一个职业数学家如果发现自己在写关于数学的东西,一种忧伤之情将油然而生.数学家的职责是实干,证明新的定

第一讲 数学模型、模式与文化

理,扩展数学知识,而不是津津乐道于自己或其他数学家已经做过的事情.政治家瞧不起时事评论家,画家瞧不起艺术批评家,生物学家、物理学家和数学家们通常也有类似的感情,没有比实干者对评论家的蔑视更深刻、更有理了.解释、批评、鉴赏是二等智力的活儿."哈代宣称,他只是由于年逾花甲,不再拥有新鲜的智力和充沛的精力,无法从事充满挑战和创造活力的数学研究,才转而来写"关于数学"的文章.

然而,哈代的上述论点是值得商榷的.他本人的经历对此就提供了一个有趣的例证.在哈代不情愿做的"二等活儿"上,其成果远不如他做过的"一等活儿"更能经受时间的考验.现在"哈代圆法"、"哈代定理"、"哈代空间"等方法与课题,仍然是分析学中重要的工具和不衰的研究领域,但他"关于数学"的一些论断却已经被事实所否定.哈代曾断言:数学是一门"无害而清白"的职业,数论与相对论则是这种清白学问的两个范例.理由是:真正的数学对战争毫无影响,至今还没有人能发现有什么火药味的东西是数论和相对论造成的,而且将来很多年也不会有人能发现这类事情.这是他在 1940 年的说法.然而,1945 年日本列岛上空爆炸的原子弹就对这一说法做了第一次否定.此外,自 20 世纪以来在中东和前南斯拉夫等地区内发生的一系列高科技战争,不仅使用了数论方法编制和解译通讯密码,而且高精度制导炸弹、夜视仪等多种现代武器的制造和使用都与数学有关.可见数学并不"清白".哈代还认为数学知识是作为一门艺术而存在的,他自己从未做过任何实际用途的工作,他的数学发现"不可能给世界的康乐带来些微直接的好或坏的影响".然而哈代过谦了,他曾就一篇有关遗传学的文章给某杂志编辑部写过一封短信,发表自己的见解,就是这一封信使得哈代的名字与现代遗传学联系在一起.信中的内容即是今日所谓的哈代-温伯格(Hardy-Weinberg)定律,刻画了生物进化过程中基因组合的发展规律.

哈代是一位有成就的数学家,此处举出他的谬误并不是为了嘲讽.我们的目的只在于说明:数学哲学的讨论绝非是茶余饭后的谈资,绝非是"二等智力"的工作,并不能轻而易举地得到可靠的结论.诚然,任何哲学都不能代替具体深入的科学研究,但哲学思想确实在无形之中,在自觉与不自觉之中支配着每个学习者与研究者的兴趣、爱好、选题、观点和方法,决定着学习和研究的成败.因此,这不是一个可以忽视的问题.如果我们浏览一下著名数学家传记,将会发现他们中的许多人,都具有极其深厚的人文素养,特别是哲学素养.对于我们中的多数人而言,似乎从未明确意识到自己在数学上有过什么样的哲学考虑,但是这并不意味着你已摆脱了哲学观点的约束,而且很可能是被某种不十分正确的观点所支配.对数学的看法实际上是人类世界观的重要组成部分,它不仅仅是一种知识,不仅仅关系我们的数学思维,它甚至会影响我们对待一般科学问题的观点和态度.因此作为现代数学教育的一部分,有必要对有关问题进行一番探讨,以使我们的认识更全面、更符合实际,以便以一种更合理的方式学习、把握数学.

应当指出,所要进行的讨论绝不是一个轻松话题,它必然涉及数学哲学的一系列基本问题,而几乎在所有问题上,名家们都已发表过各种观点,不仅不同的人可以有完全相反的看法,同一个人在不同场合也会有自相矛盾的见解.在此,笔者仅能以一个普通数学工作者的身份,作为学习数学的一名学生,谈谈自己的感受和体会.为了给自己的论点寻求支持,书中当然会引用若干名家的精彩言论.但请读者注意,这些言论已经过了笔者的筛选和过滤,它们更多反映的是笔者的个人倾向,并非是完全客观、必然正确的.欢迎读者独立思考,提出批评,参与讨论.本书所肯定的内容,只应理解为笔者个人的看法与建议,读者完全可以否定.

本书以对数学模型与模式的讨论作为传达思想的媒介.那么,到底什么是模型?什么是模式?它们在数学科学中地位如何?以下的论述首先从此开始.

§1 数学模型与数学模式

随着计算机的日益普及,数学已不再是单纯的理论,它被广泛应用于人类社会的各个方面,而且数学方法已经成为一种关系国民经济基础和关系国防实力的重要技术.而数学之所以能够在各个领域发挥作用,有赖于各种数学模型的建立,只有有了模型,才可能对各式各样的问题利用计算机进行分析与处理.那么,到底什么是模型呢?对此冯·诺依曼(Von Neumann)有过非常精辟的论述,他说:"科学并不是试图去说明、去解释什么,科学主要的是要建立模型.这里所说的模型实质是一种数学结构,加上某种特定的语言解释,来描述所观察到的现象.这样一种数学结构的恰当性,唯一地、明确地由人们期待它的机能所决定."

实际上,上述思想的首倡者是伽利略(Galilei).被伽利略首先提出,并为其后继者不懈追求的首要思想就是:对科学现象寻求独立于任何物理解释的定量描述.这里所说的"现象的定量描述"就是冯·诺依曼所说的数学模型.这一思想促进了人类社会的巨大进步.近代自然科学的巨大成功即源于此.

为说明如上想法在人类思想史与科学史上的重要地位,让我们遵循美国著名数学家和数学史家克莱因(M. Kline)的叙述,考察一下人类文明的历史,看一看主宰古希腊和中世纪欧洲学者思维的"目的论"与"因果论".

古希腊人认为宇宙是有秩序的,并且试图找出这种秩序存在的原因.亚里士多德(Aristotle)曾花费大量时间,试图解释抛向空中的球为什么最终一定落到地面.他认为:每一个物体都具有一个自然位置,物体的自然状态就是处于静止中的自然位置.重物体的自然位置在地球中心,这也是宇宙的中心;而轻的物体,如气体,其自然位置在空中.当没有外力作用时,所有物体将自发地趋向其自然位置,从而产生了自然运动.古希腊人还认为天体之所以做圆周运动,是由于圆是最完满的图形,圆周运动是自然运动,不需要任何产生和保持这种运动的力.克莱因戏称,这种"解释"是"二分观察加上八分美学与哲学".中世纪的欧洲学者同样关心事情发生的原因,其解释是因果论的.例如,为什么要下雨?是为了浇灌庄稼.为什么要浇灌庄稼?是为了使人类有食物.为什么要使人类有食物?是为了使人类生存.人类为什么要生存?是为了一心一意地侍奉上帝.

第一讲 数学模型、模式与文化

直至文艺复兴之前，在上述目的论与因果论思想的统治下，人类社会虽然也累积了丰厚的文化与文明，但历时数千年，发展缓慢，步履艰难，未能产生使人类社会飞跃进步的科学、技术与哲学，中世纪的欧洲实际处于黑暗的宗教统治之下．而在世界的东方，特别是在古老的中国，历史上虽然也曾创造了灿烂的文明，但传统的自然哲学，传统的科学、技术思想，远远不同于现代文明．

在人类文化史上，正是伽利略第一个提出了如何认识世界的正确指导思想和工作方法．伽利略认识到目的论和因果论的玄想永远不能增进科学知识，不能给予人类任何揭示与利用自然规律的力量．事实上，东方古代"天人合一"的玄学同样如此．伽利略提出要以一种关于自然现象的定量描述，取代一切不可捉摸、主观随意的玄妙"理论"．

伽利略所提倡的对自然现象进行定量描述，实际就是为研究对象建立数学模型．伽利略及其后继者的工作程序概括说来是这样的：首先通过观察找出描述客观事物的基本概念和基本规律；然后从这些基本规律或称之为原理或公理出发，利用逻辑的、数学的推导，演绎出更多的真理．也就是说，根据最基本的原始概念的逻辑发展，构造并获得新的科学概念和规律．如上工作程序包含三个基本步骤：(1) 首先要确定一组变量，这组变量表达了所研究现象的最基本性质，同时测量这组变量的值；(2) 寻求所研究现象的定量描述，即找出刻画变量间关系的数学表达式；(3) 从所得到的数学关系出发，进行逻辑演绎．简言之，伽利略的思想实际是通过自然规律与数学的结合，建立现实世界与抽象思维的联系，建立前提与结论间的逻辑关系；通过数学模型表达、演绎、理解科学结构．这一思想的一个典型例子就是初速度为 0 的自由落体位移公式 $s = \frac{1}{2}gt^2$．此公式完全不涉及落体运动的机制，它仅仅对运动进行描述，公式中的重力加速度 g 只是一个参数，完全不必考虑它的起因．这一公式是实验规律的总结，但它成为从数学上解决一系列有关问题的基本出发点．

应当指出，虽然伽利略的思想给数学科学的繁荣和发展开辟了道路，但他本人并不是现代数学的创始者．在伽利略那里，数学没有摆脱直观性质，他的几何学未曾脱离物理世界．伽利略的思想在他的后继者那里，特别是在牛顿(Newton)手中发扬光大．由实验观测所得到的日心说和开卜勒三定律是牛顿万有引力定律的必要前提，然而，在牛顿那里，前提条件、物理概念和定律本身完全是以数学形式表达的．牛顿以数学为工具，在 17 世纪铸造了现在所称的经典物理学．在这一过程中，牛顿对数学本身，包括代数、几何，尤其是微积分的创立与发展做出了决定性的贡献．必须指出，对于牛顿而言，数学是表达自然规律的工具．他所努力的，首先是找出一条能将天体运动与地球上的物体运动统一起来的科学原理．在牛顿力学中，数学语言不仅仅对物理定律给出一个简洁、清晰、一般的刻画，而且数学符号本身往往就代表了最基本的物理概念．例如，牛顿第二定律 $F = ma$，F 表示力．然而，我们可以不考虑这个力的性质和起源，它仅仅是一个数学符号，公式所表示的也只是一种数量关系．从中我们可以再次体会伽利略所说的，对自然现象进行定量描述的意义．狭义相对论的发现是伽利略思想威力的另一个极好的例证. 爱因斯坦利用从实验结果总结出光速不变性原理, 加上在所有惯性参照系中物理定律应该相同的假设, 使用简单的数学推理, 就成功地发现了狭义相对论, 动摇了统治人类头脑几千年的时空观, 带来了人类思想史上的大革命. 直至现在, 伽利略的思想仍然是科学工作者所遵循的不变原则.

从 17 世纪直至现在的科学发展使人们相信, 自然界是按照数学原则设计的, 自然界的真正规律必然能够通过数学来探索和表达. 借助于数学概念、数学模型和演绎, 科学工作者发现了一个由数量规律所支配的世界. 现在, 不仅仅是物理学、力学等传统上与数学关系密切的学科, 甚至化学、生物学、地质学及各种技术科学, 乃至众多门类的人文、社会科学也已与数学结缘. 人们为各式各样的具体事物建立抽象的数学模型, 将事物的描述和内在规律转化成数学公式, 造就了一个数学的、定量的世界, 这就是所谓自然界与科学的"数学化". 不同倾向的哲学家, 尽管在若干根本问题上尖锐对立, 但在推崇数学这一点上是相当一致的. 对此只需引述两个众所周知的例子. 康德(I. Kant)称:"在任何特定的理论中, 只有其中包含数学的部分, 才是真正的科学."马克思说:"一种科学只有在成功地运用数学时才达到完善的地步."

伽利略的基本思想是对自然现象进行定量描述, 这一思想为数学, 或者更准确地说为现代科学的发展开辟了道路. 然而, 就与数学有关的发展而言, 我们还必须注意数学自身的特点. 数学不仅仅是对现象的被动描述. 数学概念、数学推理以及数学表达客观规律的方式, 是人类思维世世代代对原始素材积累、提炼、加工和创造的结果, 它具有高度的抽象性、严密性和最广泛的适用性. 为正确、全面地把握数学, 不能忽视数学本身的独特之处. 针对这一方面, 我们以与伽利略同时代的, 对哲学、科学方法论和数学发展做出巨大贡献的另一巨人笛卡儿(Descartes)作为代表. 笛卡儿比伽利略多活了八年, 他去世时牛顿八岁, 就时间而言, 他是一个承先启后的人物. 笛卡儿对科学方法的研究以及如何应用这些方法的讨论都写在一本小书——《谈谈方法》之中. 笛卡儿明确提出, 科学的本质是数学, 科学是可以归结到数学的. 他谨慎地构造寻求真理的规则, 试图从对数学的研究中提取若干基本原理, 然后遵循这些原理, 对一切思维过程建立一个理性的演绎结构, 任何结论只能从确定无误的、被公认的前提推导而来. 笛卡儿的思想实际就是试图将数学方法推广、普及和一般化.

笛卡儿的规则明确地表述在《谈谈方法》一书的第二部分中. 其第一条是:"凡是我没有明确地认识到的东西, 我决不把它当成真的接受."也就是说, 要小心避免习惯上默认的、未经认真检验的前提与推理, 避免先入之见与轻率的判断, 不把任何有些许怀疑的东西加入到判断之中. 第二条是:"把所审查的每一个难题按照可能和必要的程度, 分成若干部分, 以便一一解决."第三条是:"按次序进行我的思考, 从最简单最容易认识的对象开始, 一点一点逐步上升, 直到认识最复杂的对象;就连那些本来没有先后关系的东西也给它们设定一个顺序."最后一条是:"在任何情况下, 都要尽量全面地考察, 尽量普遍地复查, 作到确信毫无遗漏."这就是笛卡儿提倡的一般方法论, 实际上, 它也是任何一个训练有素的数学工作者处处遵循的原则. 应当指出, 不同的哲学流派对科学方法论有不同的看法. 一般认为:科学方法论应区分发现真理的过程和对发现进行检验时的逻辑,"发现"或"发明"是无规律可循的,数学主要提供的是证明,即检验的方法.但是很多人认为:尽管不存在固定的发现与发明的程序,但一般原则还是存在的.近代著名数学教育家波里亚(G. Polya)在他的多部著作,例如《怎样解题》、《数学与猜想》中,通过众多生动的实例,说明归纳、类比、联想、猜测等非演绎逻辑,即所谓"合情推理"方法对数学研究的作用.这些内容似应属于"发现"的思维范畴.

伽利略和笛卡儿都对科学方法论的创立做出了划时代的贡献,但是需要指出二者在哲学思想上有很大不同.伽利略认为基本原理必须来源于经验和实验,获取基本原理的方法应当是自然说了什么,而不是我们想了什么.而笛卡儿的哲学观点则被认为是二元论的.他一方面承认物质和运动的客观属性,另一方面相信只需对任何一类现象加以思考,就能得出基本原理,认为人心中本来就有完美、时间、空间和运动的概念.在此我们无意探讨唯物主义与唯心主义的哲学差别.令笔者感兴趣的是无论伽利略还是笛卡儿,二者的思想都对数学与其他科学的发展起了极为重要的作用,而且代表了发展与研究数学必不可少的两个彼此不同、彼此对立而又互为补充的方面.无论是纯粹数学中研究对象和公理体系的选择,还是应用数学中数学模型的建立,本质上都不能脱离客观世界,离不开对事物的观察、实验与客观描述;但仅此还不是数学,数学离不开数学家主观思维的加工、创造、抽象和推理.我们把此二者视为由伽利略和笛卡儿所分别代表的不同方面.数学既与现实世界密不可分,又不是外部世界的机械描述;既有素朴的数学,又有在此基础上一步一步形式化了的数学;既要注意数学的内容,也不可忽视数学的表达.简言之,对数学应有不同层次、不同侧面的理解.

我们不可忽视科学方法论的作用,文艺复兴以来的科学发展与科学方法论的创立是不可分的.举一个反面的例子:我国古代学者早就提出了"格物致知"的说法,用现代语言解释就是:推究事物原理,以增进知识.抽象而言,这无疑是正确的.然而,中国古代并未解决"格物致知"的正确方法,一个典型的例子来自明代理学家王阳明,他曾说过:"阳明早岁,曾以格物致病."又说:"物无可格,格物功夫只在身心上作."我们的祖先尽管创造了辉煌的历史和文明,但不可否认,我国现代科学的整个思想体系却是从西方输入的.对此,缺乏正确的科学方法,不能说不是一个原因.

20世纪,从逻辑与数学的发展中产生了一个新的数学流派,称之为结构主义.结构主义者认为,数学这一领域应称做关于模式的科学,其目的是解释人们从自然界和数学本身的抽象世界中所观察到的结构与对称.结构主义者将彼此间有一定关系的诸多个体组成的集合称为系统.例如,一所大学的行政机构或一个公司的管理部门是一个由人组成的系统,成员间有领导、被领导与合作共事的关系;又如,一种语言是由字、词和句子组成的系统,其组成要素间有语法和语义的关系.而所谓的"结构"或称"模式"则是系统的抽象形式,所强调的是系统个体间的内部关系,而忽略掉个体关系之外的所有其他特征.数学就是研究这些各式各样的抽象结构或模式的性质.例如,算术研究自然数的结构,实分析研究实数结构,群论研究群的结构,欧几里得几何研究欧氏空间的结构,等等.

每种结构往往可以是多个不同系统的抽象.例如,平面或空间的不变群既可用来描述几何图形,也可用来刻画矿物晶体的特点,还可表达其他物理规律,甚至早期人类社会的婚姻关系.结构或模式越抽象,它所能代表的系统就越普遍、越一般,所揭示的关系或规律就越深刻.在这个意义上,结构或模式可以被理解成高度抽象、更为一般的"数学模型",而针对具体问题的数学模型则是结构或模式的初级形式.二者在抽象程度上,在适用范围上,以及在逻辑严密性上都有差别.但本质思想上有共通之处,都是从观察、实验、归纳、分析来建立必须的基本前提,或者说"公理",然后在假设可靠的、有意义的前提下,或者说"在假设可靠的公理体系下",进行逻辑演绎,导出新的真理性结论.当然无论就内容或形式而言,它们都处于不同的层次.实际上,把数学视为一种关于"模式"的科学,已形成现代数学哲学的一个著名流派,其在数学哲学的几乎所有根本问题上都有自己的观点.此处的目的仅在于表明笔者个人对"数学模式"与"数学模型"关系的理解,故不再就结构主义观点继续深入讨论.特别是,笔者不同意把数学与物理学及其他科学割裂开来,将数学过度形式化和抽象化的观点.

总之,本书的主要目的是:试图通过对若干数学模型与模式的介绍,探讨与数学有关的多方面问题.在这一过程中,具体的数学表达与演绎是不可避免的,然而,我们希望传达的主要信息,则是在这些模型与模式中所包含的对数学更一般的理解与认识,比起具体的数学内容而言,这种理解与认识无疑是更基本、更重要的.在讨论过程中,我们会涉及一些数学史的内容.寻找历史的源头,有助于更清楚地认识与理解问题,探寻不同的发展途径.我们关心的是源头,而不是故道;关心的是火种,而不是灰烬.对历史与文化的兴趣,是近代科学思想的源泉之一,火山口处流动的岩浆比起凝固的岩石说来,无疑展现了更多的活力.

上述关于数学模型的讨论,实际已经涉及了数学哲学中的一个重要问题,即如何认识数学与物理学及其他科学的关系.数学与其他科学的关系是十分广泛、极为密切的,其范围远远超出"数学模型"或所谓的"应用数学"的领域.我们需要弄清数学对象与科学对象间的关联,说明为何数学可以广泛应用于数学之外的物质世界.如前所述,很多科学理论的创立与实际问题的解决是由于发现或构造了与现象相应的数学模型,是由于对现象进行了数学描述.问题在于:实数、复数、函数、微分、积分、希尔伯特空间等数学概念为什么可以描述非数学对象?数学定理为什么可以决定非数学领域客观事物的规律与行为?在这一问题上同样存在有形形色色的回答,上文表达的是笔者认为合理的一种观点,即认为数学概念有其实在背景,数学命题反映了客观规律,无论数学的研究对象还是正确的数学推理,都有其客观实在性.然而,在"数学与其他科学密不可分"这一问题上,与数学哲学的其他领域一样,存在各种看法.例如,的确有这样的数学哲学家,认为数学对物理学不是必须的,他们把时空中的"点"视为物理实体,以这些"点"取代"数"的概念,并以力学为例,说明可以绕过"数学"建立物理学.

下面让我们直接对数学哲学的基本问题作一简要介绍,以便对"数学到底是什么?"得到一个更全面的概括认识.

§2 数学哲学基本问题及不同回答

2.1 数学哲学基本问题

一般人认为,数学研究的对象是数字和图形,研究的内容是模式、关系和运算,而且自古希腊阿基米德(Archimedes)时代以来,数学的形式化程序从未有过任何改变.在所有受过中学教育的人们心目中,平面欧氏几何是数学工作的典范,他们认为数学家是一个没有任何分歧,团结一致的群体.然而,实际的确如此吗?问题并不这样简单,在一系列相当广泛的基本问题上,数学界内部的看法极不相同,甚至尖锐对立.

按照夏皮罗(S. Shapiro)的说法(见文献[13]),数学哲学的基本问题可以划分为三类.首先是认识论方面的问题.传统观点认为数学知识具有必然性、确定性和先验性的特点.为理解所谓的必然性,我们考虑如下例子:数学中 $1+1$ 只能等于 2,平面三角形内角和只能是 $180°$.数学知识的这种性质与太阳系有多少大行星的天文学命题和人类有多少对染色体的生物学知识截然不同,数学知识具有"必然性".数学还具有与一般科学不同的其他特点.一般科学家承认,他们的某些基本论点可能是错误的.在历史发展过程中,一般科学曾多次发生过革命性变革,例如燃素说、以太说的抛弃,量子理论、相对论的产生,等等.然而数学则不同,数学在其发展过程中也不断出现新的概念、结论和领域,但已经确立的知识从未被完全抛弃,至多是进一步限定了有关的适用范围而已.这是因为在数学中,证明保证了其命题有高度的"确定性".所谓数学具有"先验性"的观点是认为对数学命题的把握是先于经验或独立于经验的.确切说来,人们可能需要某些经验来把握数学命题中所涉及的概念,但为把握命题本身则无需对现实世界的任何特殊感知.某些哲学家认为,先验命题是存在的,最典型的例子就是数学与逻辑学命题.然而问题果真如此吗?实际上,对上述三个所谓的数学特点,历来存在不同的观点与解释,数学界内部也远非一致.但是不论持何种观点,都必须对数学表面上具有的上述特点给予说明,还必须说明数学知识是如何被人类掌握的,它的方法论如何,观察是否与数学有关,抑或数学仅仅是纯粹的精神活动,如何看待数学家间的争论,什么是证明,证明是否绝对可靠、不存在争议,数学的逻辑是什么,存不存在不可知的数学真理,等等.

数学哲学的另一类问题是形而上学或称本体论问题,要求对数学研究对象的客观实在性做出回答.它包括:什么是数学?数学有没有主题?如果有,是什么?数学概念,诸如点、线、面、数、函数等是客观存在的对象,还是人类思维的产物,甚至仅仅是观念上的虚构和符号?在这一问题上,同样存在有截然不同的观点.本体论的实在论者认为,至少某些数学对象是独立于语言、思想,独立于数学家的客观实在.其中一种极具影响的观点,以古希腊柏拉图(Plato)为代表,认为数学对象是永恒的、不可毁灭的、在时空之外的客观实在.另外一种不同的观点,此处暂将其称为理念论或不那么恰当地称为"唯心论"(idealism),虽然承认数学研究客体的存在,但认为这些客体是由数学家的精神活动构造而来,因而是依赖人类思想的.其中极端的一种看法甚至认为每个数学家各自心目中的自然数、欧氏平面等数学概念可以是有差别的;另一种相对和缓的看法则认为,数学对象是人类共享的精神构造,但没有思想就没有数学.再一个根本否定数学对象客观性的派别是"唯名论",其中的激进派别甚至认为数学仅仅是一种语言结构,否认主体和主体名称的差别,主张数学符号就是对象本身,例如数 9 就是 9、九和 IX. 对这种观点而言,数学知识成为了一种语言知识.

数学哲学的第三类问题涉及数学命题的语义学,这是指:数学命题到底说的是什么?数学表述的真理价值如何认定?它们是客观真理吗?也就是问:它们是否描述了永恒不变的客观规律,独立于数学家的思想、语言和约定,还是并非如此?此处,把实在论的探究从数学对象的存在性转移到数学命题的客观性.在这一领域同样存在着实在论和反实在论的争论.真理价值的实在论者认为数学表述有独立于语言、思想,独立于数学家的客观真理价值;反实在论者则认为数学即使具有真理价值,这价值也是依赖于数学家的.反实在论中的一个流派认为,数学表达之所以具有真理价值是由于实际的或可能的人类思维活动,一个数学命题的真伪取决于数学家能否从思维上对其进行构造,而不是取决于物理世界.反实在论另一种极端观点则根本否认数学具有非平凡的、有真实内容的真理价值.然而他们承认数学是人类有意义智力活动的一部分,并且通过严肃认真的工作,论述数学的作用和意义.

需要说明的是:本体论的实在论与真理价值的实在论观点,并非必然地联系在一起.现实说明,在本体论和真理价值问题上实在论和反实在论所有可能的四种观点组合都存在.按照夏皮罗的看法,现今在全世界的纯粹数学家中,最为流行的似乎是真理价值的实在论与将数学视为某种符号体系的唯名论,即一种本体论上的反实在论的观点组合.应当指出,这种观点组合与前文所述,解释数学模型意义和作用的观点是不一致的.从笔者对模型与数学关系的认识来看,我们的观点应属于在本体论与数学真理价值两方面都坚持实在论.

下面让我们对在数学发展过程中,影响深远的主要哲学流派作一简要介绍.

2.2 数学哲学的两大流派——理性主义和经验主义

在数学的发展过程中,支配数学思想的哲学流派纷呈,此处主要介绍两个影响深远但观点显然不同的派别.其中,贯穿古今的一个基本流派就是理性主义(rationalism).尽管对于不同的历史时期,不同的分支,理性主义者的观点也不尽相同,但大致说来,这一学派认为数学知识是绝对可靠的,其不可动摇的基础即是纯粹的理性.他们试图把数学方法用于所有的学科,把一切知识均置于理性基础之上,认为一切自然科学、人文科学和社会科学的知识都应由严格推理论证过的命题来组成.

理性主义的始祖可追溯至柏拉图.柏拉图把世界划分为两部分,一部分是"可变的世界"(the world of becoming),即人类通过感官可以认识的现实物质世界.在这一世界中,人从出生开始,经历幼年、青年、壮年、老年而死亡;花朵自含苞待放始,继而盛开,结子,终于枯萎;一切都是有缺陷、变动不居的,不存在永恒. 除这一世界外,柏拉图认为还存在有一个宁静、完美的理想世界,即"理念的世界"(the world of being). 这个世界由永恒不变的"理念",诸如"美丽"、"善良"、"怜悯"等所组成,每个理念都是完美、永恒、唯一的实在,它们不随时间而改变,而且只能通过人的精神、思想或心灵来把握. 注意,与现代人的理解不同,在柏拉图那里,理念的世界是一个客观实在的世界. 柏拉图认为,对可变的世界的感知是不真实的,只有对理念的世界的认识才是真正的知识. 柏拉图在其名著《理想国》中有一生动奇妙的比喻,用以说明两个世界与人类认识的关系:想象一个洞穴式的地下室,经由一长长的通道与外面相连. 一些囚徒,从出生之日起就被禁锢在洞中,不能走动也不能转头,只能直视洞穴的后壁. 他们所看到的,只是身后事物由燃烧的火堆在石壁上投射的影像. 由此日积月累形成了他们对事物的看法. 虽然洞穴人看到的只是歪曲了的虚幻影像,但是他们自信这些影像就是真实事物本身. 一旦把洞穴人释放出来,在阳光下,他们反而头昏目眩,认不清任何东西. 柏拉图以此说明,我们对可变世界的感知就是洞穴人看到的虚幻影像.

柏拉图的上述观点,直接关系到他对数学的看法. 例如,柏拉图认为几何学研究的对象是永恒不变的,因而不属于现实的物质世界,与这一世界是分离的,只存在于永恒的理念的世界中. 也就是说,几何知识与感觉经验是分开的,只能经由纯粹的思维来得到. 按照严格的柏拉图观点,"两点间可连结一条直线"或"以一点 O 为心,以半径 r 做一圆"的说法是可笑的,应代之以"两点间存在一条直线"和"存在一以 O 为心,半径为 r 的圆". 这些客体客观存在于永恒的理念世界中,它们不是任何人"做"出来的. 在本体论问题上,柏拉图是实在论者,只不过他所主张的"实在"不是我们通常理解的物质构成的世界. 在对数学真理的认识上,柏拉图也是实在论者,主张数学命题的正确与否是客观的,与语言、思维和数学家个人无关. 然而,既然他坚持数学研究的对象是一种不依赖于感官的独立存在,那么,作为普遍观念的数学知识就不可能与经验有关. 由此,柏拉图认为数学知识只能通过灵魂对理念世界的直接把握,通过"对先天的回忆"而得到;他强调某种具有神秘色彩的数学直觉. 这意味着在认识论上的先验论.

柏拉图的观点影响深远,尽管其后继者所持的论点已多有变化,彼此也不尽相同,但认识柏拉图本人的态度对理解一切理性主义观点是有意义的. 现在,所有的理性主义者在精神上,仍然是柏拉图的弟子. 现代的许多数学家仍然坚持:数学研究的对象是某种意义上客观、永恒的实在,否则他们的研究就失去了意义. 在认识论上,他们也继承了柏拉图的遗产. 即便其中的多数人不再主张柏拉图的神秘主义观点,但仍然认为数学应当超越感官,只能被逻辑和理性所驱动,只有这样的研究方法才能给出可靠的知识.

为介绍与理性主义不同的其他流派,我们必须提到亚里士多德. 亚里士多德不同于柏拉图,他否认存在一个与可感知的世界分离的永恒不变的世界. 他承认"理念"或者说"概念"的存在,但是认为,理念与体现理念的个体不能分离,形式存在于个体之中. 例如,"美丽"是所

§2 数学哲学基本问题及不同回答

有美丽事物所共有的,不存在什么超乎具体事物之上的"美丽". 由此出发,亚里士多德认为:数学研究的对象既非存在于可感觉的具体事物之中,也非在其之外,数学研究的对象与可感知的具体事物二者不能分离. 例如,他认为几何学中的点、线、面并不能只是心理上或逻辑上的概念,它们与物理实体同在. 对亚里士多德的思想后世有不同的解释. 一种观点认为,他同样是数学研究对象和数学真理的实在论者,只不过不同于柏拉图,对亚里士多德而言,数学的客观实在不是先验的存在,不能独立于现实世界. 而另一种解释则认为亚里士多德拒绝本体论上的实在论,坚持真理价值的实在论,对他说来,数学研究的对象只是从物理实体中忽略掉与数学研究无关的性质,经抽象得来的有用的虚构. 然而,无论采用何种理解,对亚里士多德而言,数学用于物理世界是自然的,无须假设物理实在与数学实在之间存在任何神秘联系. 亚里士多德的思想包含了后世经验主义(empiricism)观点的胚芽.

经验主义是和理性主义相对立的主要哲学流派. 一般而言,经验主义者认为知识或知识所依据的材料全都植根于感觉经验,我们的所有知识无不是通过冷静的观察来自于外界. 世界上只有可感知的对象,你所看到的就是你所感知的,除此之外,没有什么更抽象、更纯粹的实在. 数学并不例外,它无非是以一种非直接的方式,研究、表达了人们所观察到的事物间的关系. 因此,数学和任何其他科学真理一样,只是经验真理,而不是先验真理. 和其他科学一样,数学规律的发现与检验也是由"归纳"实现的,即使利用了逻辑演绎,其出发点,即演绎所凭借的"第一原理"也是出自经验的一般化. 现代经验主义者的前驱穆勒(J. S. Mill)认为:人类思想包括数学知识在内,完全是自然的一部分,没有任何有意义的关于世界的知识是先验的,数学命题也是经验的概括、记录与一般化. 不同时代的经验主义者,观念上不尽相同. 现代经验主义者不仅断言数学是一门以经验为基础的科学,同时也承认演绎方法对数学的重要性. 即在坚持数学经验性的同时,不否认数学思维的能动意义.

在我们的简要叙述中,还应当提到的一个历史人物就是康德. 康德试图调和理性主义和经验主义之间的冲突,在一种学说内,既解释和容纳数学的必然性、数学真理的先验性,又解释和容纳数学与经验科学的关系,说明数学对物质世界的可应用性. 康德认为含有主宾关系的一切判断可分为两类,即分析的判断与综合的判断. 对一个判断而言,如果结论包含在前提所蕴涵的概念之中,那么它本质上没有提供任何新知识,其意义只是一种解释或阐明. 这样的判断称为分析的判断,此种判断,只要通过分析已给出的概念,无须新的经验即可掌握. 除此之外的所有判断称为综合的判断. 综合的判断只有在引入了另外的概念或原理之后,才能被掌握. 康德认为:尽管有些数学命题是分析的,如"正方形有四条边"、"三角形有三个角"等,但多数数学命题是综合的,它们包含不能完全由概念分析认识的新知识,如"两点确定一条直线"和"三点确定一个平面",仅仅掌握了二、三、点、直线、平面等概念并不能掌握这两个论断. 由此他断言,数学知识是综合判断. 康德更进一步主张,数学命题是"先天的"综合判断,其理由在于数学是通过"构造概念"得到的知识,而要构造概念,必然先要有此概念的直观. 他认为:直观与感官知觉相关联,感觉经验对知识是必要的,但它引发的是"经验直观",是关于个别事物的非必然知识,数学知识不是这样产生的.为构造数学概念需要的是"纯粹直观".纯粹直观涉及人类对事物感知的所有可能形式,它是对感官所感知事物之时空形式的意识.这些时空形式并非事物本身所具有,在某种意义上,它们是由人的思想提供的.人类以某种先天的特定方式,构造自己的感知,即人类在思维中以某种固有的先验的时空形式,整理、安排感觉经验.具体说来,康德认为:人类是按照算术和欧氏几何所给出的先天框架来感知事物的,这就决定了数学判断先于经验的属性.数学命题所包含的概念,如数、几何图形、无穷等,只能通过纯粹直观来领悟.一个几何学家,即使在纸上画出一个具体的三角形,他考虑的仍然是一个完美的一般三角形.是纯粹直观中隐含的"规则",引导数学家在思想中进行构造,从而发现了数学命题.总之,按照康德的理论,数学真理是由直观发现的先天综合命题,既具有先验的理想性质,又与经验有关.

数学与物理学的发展,表明康德的数学观在很多方面都是不正确的.例如非欧几何的发现就对康德主张的欧氏几何的先天必然性提出了严重挑战.然而,康德把数学发现视为一种人类思想上的构造过程,试图调和理性主义和经验主义的想法无疑具有深远影响.

时至今日,数学哲学中新的流派,不同流派的思想观点仍在发展之中,新的代表人物、新的观念不断出现.数学哲学的诸子百家尽管形形色色,但在基本问题上,持实在论和反实在论不同组合观点的主要派别,其基本立场都还大致可以按照理性主义和经验主义两大范畴来认识,对此不再详述.

2.3　数学形态的历史演化

为全面理解什么是数学,我们简略考察一下数学形态的历史演化.

在古希腊,不仅产生了在漫长的历史时期中被视为数学逻辑演绎体系典范的欧几里得几何,也存在着以天文学为代表的应用数学,还出现了阿基米德这样集理论与应用于一身的大师.

自文艺复兴开始到 17,18 世纪,数学发展可以视做数学史或人类文化史上的英雄时代.无论就其代表人物而言,还是就其意义深远、眼花缭乱的成果而言,这一时代都是无与伦比的.这一时代将数学与力学、物理学、工程学,甚至艺术结合在了一起.

自 19 世纪起直至 20 世纪上半叶,为使数学基础严格化,出现了几个不同的重要数学派别,对此下文将有较详细的说明.在这一时期,数学越来越专业化、抽象化和形式化.到了 20 世纪,这一趋势在布尔巴基学派手中达到了空前的高度.这一学派认为:19 世纪以前的数学特征之一是具有高度抽象性,然而现代数学则更加抽象,它研究的是数学结构,其主要特征是研究对象间的关系,而不是对象本身的性质,因此更加得不到外在可感知事物的形象来显示或支撑;而这种变革又是必然的、自然的,为攻克经典时代遗留下来的数学问题或其他科学要求数学解决的问题,必须创造当代数学的新领域和新方法.然而,现实说明,进一步的高度专业化、抽象化和形式化只是数学发展的一个方面,就整个 20 世纪以来的数学而言,还存在另一不可忽视的方向.特别是自20世纪中叶以来,应用数学以及由应用直接或间接促成的某些纯粹数学领域的出现与发展说明了这一点.第二次世界大战之后,新发展起来的数学分支或与数学密不可分的学科就包括概率论、信息论、控制论、规划理论、博弈论、系统论、混沌与分形、计算机科学、生物数学、金融数学等.这不仅仅是数学研究范围的扩大,而且关系数学思想的深化与发展.数学不仅进入了新的自然科学范围,进入了人文、社会科学的领地,而且随着计算机技术的发展和普及,数学还从一门纯理论学科变成了具有技术特性的学科.这带来了数学思想,或者更一般地说,人类思想史上的巨大进步.在近代数学中,研究对象和方法还表现出从局部性质和分析手段,向整体性质和综合方法的发展趋势.而整体性和综合性理论的发展,又是以单独学科的发展以及局部的细致分析为依据的.这其中所蕴涵的哲学思想,是那些含糊笼统地高唱所谓"天人合一"、"东方哲学讲综合"之类的蛊惑所无法比拟的.

上面我们简单描述了数学发展变化的图景,目的在于说明如下的论点:数学离不开抽象概念和形式表达,离不开人类头脑的创造、分析和逻辑,但数学生存、成长的根基则在于现实世界,其抽象性和形式化并不比对具体事物、现象的研究更重要;不能否认归纳和直观的作用,数学发展的历史否定了把数学与现实孤立开来的极端行为和观点,但是数学也不仅仅是对外部世界的纯粹描述与解释,不能否认人类思维对数学发展的能动作用.数学形态的历史演化说明,如果把数学视为一株根深叶茂的大树,那么它不仅具有由纯粹数学构成的主干,也包含各个应用领域张成的侧枝和绿荫,二者同时在蓬勃生长.

2.4 逻辑主义、直觉主义和形式主义——数学的真理性

为说明如何看待数学的真理性,回答数学真理是否是不依赖实践的、先验的绝对真理,让我们检阅一下在近代数学中影响深远的三个数学流派,即逻辑主义、直觉主义和形式主义学派,回顾一段数学发展史.

从19世纪后半期到20世纪前期,随着微积分理论严密化的需要,非欧几何的发现,以及集合论悖论的发现等一系列问题的产生,数学家们感到了一次新的危机,一致认为应当致力于数学基础的研究,希望一劳永逸地把数学建立在无懈可击的出发点和逻辑规则之上,保证今后由此导出的所有结论都将绝对可靠,使数学不再包含矛盾与谬误.所有的数学家对实现这一目标都极其乐观,充满信心,然而在如何建立这样一个基础,什么可以作为出发点,允许什么样的逻辑规则上,数学家则陷入了纷争,形成了几个截然不同、彼此对立的学派.下面就来介绍其中的三个主要派别.

首先介绍以罗素(B. Russell)和怀特海(A. N. Whitehead)为代表的逻辑主义学派,他们是在弗雷格(G. Frege)建立的基础上展开工作的.这一学派认为:数学是逻辑的一部分,数学概念和研究对象都可以由逻辑语言来定义.例如:把数"零"解释为一个"类"(class),这个类的唯一成员就是"空集";而所有正整数则可从0出发,通过递归方式定义.利用由这种方

式给出的数学定义,数学结论可完全由逻辑原理导出,因而只是逻辑的推论.从这种观点看来,数学是逻辑的延续,因而不需要任何特有的数学公理,所需要的仅仅是逻辑公理,要做的是从逻辑公理推导数学.既然数学概念归结为逻辑,所以一个自然的推论就是:对数与几何概念所赋予的意义源于逻辑,不来自数学本身.正是基于这样的认识,罗素对数学发表过一段广为传播、耐人寻味的议论,他说:"数学可以定义为这样一门科学,我们永远不知道其中说的是什么,也不知说的是否正确."逻辑主义者强调数学的分析性质,否定了康德哲学中数学是综合命题的观点.

罗素与怀特海把他们的想法付诸实践,在《数学原理》一书中按上述思想重新建造已有的数学.然而看来数学并不可以完全归结为逻辑.为了构造他们设想的数学体系,必须引入某些可靠性并非没有疑问的"公理",例如所谓的"约化公理".这样就违背了建立坚实数学基础的初衷.

显然,逻辑主义者的观点不能被数学家一致赞同,它遭到了强烈反对.例如,魏尔(H. Weyl)不客气地说:"这个复杂结构对我们信仰力量的压制,不下于早期教会神父和中世纪经院哲学家的教条."还有庞加莱(J. H. Poincaré)讥讽地说:"逻辑主义学派的理论并非不毛之地,它生长矛盾.假如逻辑派的看法是正确的,全部数学就纯粹是一门形式的、逻辑演绎的科学,定理从思维导出,与现实无关."

那么逻辑主义者的奋斗结果到底如何呢?还是让我们用罗素自己的判断作为回答.在经过长期艰苦探索之后,罗素承认他为数学寻找纯粹逻辑基础的设想是不成功的.罗素晚年在其著作《记忆之象》中写道:"我像人们需要宗教信仰一样渴望确定性,我想在数学中比在任何其他地方更能找到确定性.但我发现,老师希望我接受的许多证明都错误百出.而且,假如真的在数学中找到了确定性,那它一定是数学的一个新领域,它有比迄今为止认为安全可靠的领域有更加坚实的基础.但当工作进行时,我不断想到大象和乌龟的寓言.把大象置于数学的基础地位之后,我发现大象摇摇欲坠,于是再造一个乌龟来防止大象倒下,但乌龟不比大象更安全.而在经过 20 年左右的艰苦工作后,我得出的结论是:在使数学更确信无疑这一工作中,我已无能为力."(这段文字也被收入《罗素自传》)

上述引文说明,罗素承认逻辑主义的基本想法是行不通的,数学不仅仅是逻辑的一部分.然而应当指出,罗素等人的工作并非只有否定意义,在为数学寻求逻辑基础的过程中,他们为数理逻辑的发展做出了巨大贡献.逻辑主义者至今并未销声匿迹,当然,他们的观点有所修正.数学哲学领域至今仍有一些所谓的"新逻辑主义者",他们认为数学涉及一个理想的、在某种意义上独立于思维的客观实在,数学真理的一个重要核心是先验可知的,完全来自于逻辑.然而,新逻辑主义者目前已有的工作还只限于基本的算术领域,即使在这一范围内,看来他们也还面临着似乎不易克服的困难.

与逻辑主义并存的另一主要学派是以布劳韦尔(L. E. J. Brouwer)等人为代表的直觉主义.这一学派认为:数学是人类精神上的建造,数学概念嵌入人们的头脑是先于语言、逻辑和经验的；数学可靠性的基础就在于思维本身，即所谓纯粹的直觉，这是指一种非逻辑的、直接的认识能力，是思维的本能；数学是通过唤起人们内心所确认的，被约束的意识来寻求真理的。布劳韦尔具体把数学思维理解为一种心智上的构造性程序，它独立于经验构造自己的世界，只受基本数学直觉的限制，必须细心判断哪些论点是直觉所允许的，因而是正确的、可接受的，哪些不是。直觉主义者不承认任何先验的、不可违反的逻辑原则，因为并非所有基本逻辑原则均可被直觉所接受。他们认为，数学的形式语言，只是数学家交流思想的媒介，逻辑只涉及使用语言的形式，二者都不是数学的本质。

上述思想直接关系到直觉主义者对数学概念，特别是对"无穷"的看法。他们只承认"潜无穷"，不承认"实无穷"。他们认为：人类头脑在任何时刻只能把握有限个事物，构造出有限个事物间的秩序和关系。当然，有限事物的数目可以任意大，因而预示着一个潜在的无穷。但是人们无法在头脑中为一实在的、真正的无穷集合建立秩序。他们坚持用所谓的直觉主义逻辑代替经典逻辑。例如直觉主义者不承认选择公理。选择公理是近代数学中广泛采用的一条公理，很多重要的数学命题，如良序定理、佐恩（Zorn）引理等均与之等价。否认这一公理，将使现在的一大部分数学成果丧失。具体说来，选择公理是这样的一个数学命题：设 S 是以若干非空集合为元素所构成的"类"，则一定存在一个原则，使得据此原则，在组成 S 的每一集合中能够挑出且仅挑出一个元素。罗素曾以 S 是由无穷双鞋子或无穷双不分左右的袜子构成的类为例，说明这一命题只能是一条公理，即你或者承认其正确，或者否定它，但无法从逻辑上判定何种选择是合理的。对无穷双鞋子选择公理显然成立，我们可用选择左脚鞋或右脚鞋为原则；然而对无穷双两只一样的袜子则无计可施。承认此选择公理的人或许认为可以通过某种办法，例如将每双袜子的两只分别编号为 1 和 2 实现选择公理的要求。而对直觉主义者说来，对无穷双袜子编号是无法实现的。从类似的考虑出发，直觉主义者也不承认逻辑学中的排中律，因为这一逻辑原则是起源于有限集合的，对无穷集合则可出现新的可能。例如：经典逻辑承认，若假设"集合 S 的所有元素不都具有性质 A"，从中可以推出"S 中至少存在一个元素不具有性质 A"。然而，直觉主义者认为存在就是可构造，对于一个无穷集合来说，通过逐个的检查，我们可能一直找不到不具有性质 A 的元素，因而上述逻辑不能成立。直觉主义者也不允许传统数学中诸如"最小上界"这样的所谓"非直谓性"定义。在他们看来，最小上界本身就是一个上界，因此最小上界的定义中，利用了它自身，这是不能允许的，我们无法用一个事物来构造它自己。

直觉主义者按照他们的原则，重新构造了微积分、代数和几何的初等部分。由于他们所使用的逻辑不同于经典逻辑，因此，得到一些经典数学中显然不被认同的结论。例如，按照布劳韦尔的实数概念和对排中律的否定，可以导出所有实函数都是连续的。这显然不同于经典数学。更为关键的是，按照他们的标准，现在数学中的一大部分结论将不被承认。因此他们的观点不被数学界广泛接受。不过有人认为：尽管许多数学家不公开接受直觉主义逻辑，但这一哲学流派影响深远。许多数学家在其内心深处，是按照直觉主义哲学行事的，即首先是按照直觉做出判断的. 此外,到底什么样的逻辑适用于数学,至今仍是一个有价值的、值得探讨的问题.

对今日之数学界影响最大的可能是希尔伯特(D. Hilbert)所倡导的形式主义学派,但这一名称则是其他派别的赠予物,希尔伯特从未以这样的说法概括自己的思想. 形式主义者看到:数学相当大的部分是按照一定规则对符号体系的形式操作. 因此,他们认为:数学由不同的形式体系所构成,每个体系有各自的逻辑、概念、公理、法则和结果. 希尔伯特说过,数学思维的对象就是符号本身,符号就是本质,它们并不代表物理对象,公式可能蕴涵着直观上有意义的叙述,但是这些涵义不属于数学. 形式主义者认为:每一数学分支就是一个形式符号体系,发展每一个这样的形式演绎体系就是数学科学的任务.

形式主义学派主张逻辑和数学必须同时加以研究. 数学的每一分支有自己的公理系统,它必须同时包含逻辑和数学二者的概念与原则,而且,这样的系统必须采用符号语言,把数学语句表示为一串符号. 表达规则允许的符号串称为公式. 系统使用形式化的程序性操作进行推理,以避免直观干扰. 公理则表示推理的出发点或从公式到公式的法则. 所有的记号和运算法则在内容上都与实际意义无关,对形式体系的解释是数学以外的事,这样所有的实际意义都从数学符号中消除了. 对形式主义者说来,证明是一个程序化过程,它从一个已被肯定的公式出发,再肯定此公式蕴涵着另一公式. 在这样的一系列步骤中,所肯定的公式或蕴涵关系,都出自公理或前面的结论. 一个命题是真的,或者说是定理,它必须且只需是这样导出的某一命题序列的最后部分. 这样的序列就是定理的证明. 这样的程序化要求保证了数学命题的真理性. 反之,无法导出的结果是系统所不承认的.

为保证系统结论的可靠性,这样的形式体系当然要满足一定要求. 希尔伯特将这些要求归结为两点:体系内部的无矛盾性和自我封闭性. 系统内部的无矛盾性又称公理体系的相容性. 数理逻辑可以说明,系统只要肯定了任何一个矛盾命题,那么,就可从中导出一切荒谬结论. 例如,假设肯定"1=2"是一条公理,那么我们可以证明"猫和鼠是一种动物". 其论证过程如下:"猫"加"鼠"是两种动物,但"2=1",即"两种动物等于一种动物",它们可以等于"猫",也可以等于"鼠",由此推出"猫等于鼠". 系统的封闭性又称系统的完全性或完备性,其含意是:任何一个合乎系统表达规则的符号串,或称公式,均可在系统内部被判断真伪,即判断其所表述的命题是否为定理,也就是能够判断这一符号串可以或不可以从系统承认的公式出发,利用允许的演化规则导出.

为确认形式系统的可靠性,必须首先检验系统是否具有相容性与完全性. 请注意,对系统相容性与完全性的讨论不是用系统规则研究系统内部所包含的数学命题,而是讨论系统规则的合理性,这比研究系统内部命题高出一个层次,故希尔伯特将这部分内容称为"元数学". 显然,元数学也要规定它所允许的逻辑体系,而且元数学的逻辑应当更基本、更可靠,应当无异议地被数学界所普遍承认. 对元数学所允许的逻辑,希尔伯特采取了很接近于直觉主义者的逻辑要求,例如只接受有限推理,证明必须是构造性的,等等. 希尔伯特为建立数学基础所提出的如上方案,称之为希尔伯特纲领.开始时,希尔伯特及其信徒对实现这一纲领充满信心,也确实取得了某些进展.然而,在20世纪30年代,奥地利数学家哥德尔(K. Godel)发现了后来以其命名的两个著名的不完全性定理,直接摧毁了形式主义者的理想,使得他们在数学基础研究中遭受了最直接的打击.

关于哥德尔不完全性定理及其证明下一章还会谈到,此处仅就此定理的内容及意义简要加以阐述,目的是更准确地认识数学的真理性,全面理解数学的意义.用不严格的语言,哥德尔的两个不完全性定理可表述如下:

(1) 任何一个数学系统,只要包含整数的算术,那么其相容性,即体系的无矛盾性,就不能由形式主义、逻辑主义或集合论公理化学派所承认的逻辑原则来建立,更不必说考虑直觉主义逻辑了.

(2) 如果一个形式理论体系足以容纳整数的算术且不包含矛盾,那么这一体系一定是不完备的,即一定存在符合系统的表达规则,但在系统内真伪不可判定的命题.

从上述哥德尔不完全性定理的表述,立即可以看出它打破了形式主义者建立数学基础的设想.然而它的意义决不仅限于此,从哥德尔的著名结果,我们还可以领会更多重要内容.

首先,定理表明:对数学真理的实在论者而言,数学命题的真理性不等同于它的形式可证明性;相容系统一定存在不可判定命题,不可判定命题或者其否命题必有一个是正确的,这样比起任何一个相容的形式演绎系统可以肯定给出的命题而言,一定存在有更多的真理.其次,不可判定命题的存在说明数学的公理化方法是有限度的.作为形式系统出发点的公理的真伪,在数学内部是不可判定的,因而就本质上说来,数学的真理性不是先验的,也必须依赖经验的检验.在这一点上,数学与物理学、化学等其他科学没有差别.事实上,哥德尔不完全性定理并非是难以理解,突然发现的怪论.在此之前,数学史上已经出现过这一定理的具体例证,这就是非欧几何.除掉第五公设的欧几里得公理体系包含了整数的算术,仅仅从逻辑出发,无法断定平行公设与它的非欧几何或球面几何替代假设孰是孰非,三种假设在数学上都是允许的.然而,哪一种几何在给定的物理问题中更符合实际,必须由实践来检验.平行公设的对错就是绝对几何(指由除去平行公理后的欧氏几何公理系统所建立的几何体系)公理体系中的不可判定问题.这表明,数学不是先验科学,没有一个数学理论是完全自封的.要判断数学,必须超越数学.人类的抽象思维能力和他的感知能力一样,是有局限的.人类智力至今不能,而且永远不能完全形式化.更为重要的一点是:哥德尔不完全性定理揭示,在数学发展中,类似于非欧几何性质的发现将是一个无穷尽的过程.注意到不可判定命题与原有的公理体系是独立的(所谓"独立"是指它们既不互相矛盾,也不具有包含与被包含的关系),那么对主张形式主义的数学家说来,无论以这一命题的肯定表述还是否定表述加入公理系统,都可以得到一个无矛盾的扩展了的数学系统,这样就有了新的不同数学分支(就像三种几何一样).然而,新的数学体系仍然满足哥德尔不完全性定理的条件,仍存在不可判定命题,因而这一过程将持续下去.由此可知,除非引入不同于形式主义观点的,判定公理可否接受的其他原则,完全建立在逻辑与单一公理体系上的,统一、绝对、先验的数学将是不存在的,新的原理、新的方法将永远有待于发现.具有现实意义的是,我们现在或许就面临着数学史上这样的一个重要时刻.我们已经知道:连续统假设与选择公理是独立的,承认选择公理的策麦罗-弗伦克尔集合论公理化体系(Zermelo-Frankel Set Theory with Choice,简称 ZFC)与连续统假设也是独立的.我们还知道:全部现有的经典分析,包括实分析、复分析与泛函分析,都可用集合论语言处理,所有这些领域的定理也可在 ZFC 公理体系下证明.从独立于连续统假设的观点看来,ZFC 系统并没有完全描写现实世界,因而我们需要新的公理;但是,从 ZFC 容纳了今日数学的角度看,引入这样的公理必然产生超出现在水平的新数学.又因为可用不同的方式引入新公理,这就会发展出彼此不同的数学.即使解决了连续统假设问题,对新的放大了的公理体系而言,哥德尔不完全性定理仍然成立,这预示着不可判定命题还会出现,新的公理仍需引入,而且还可能像欧氏几何与非欧几何一样,有完全不同的形式.这预示了数学具有广阔的不可预测的发展前景,数学不会是"唯一"的.相对于未来,我们现在拥有的数学知识是十分可怜的,某些公理的缺失很可能是一些数学难题至今没有解答的重要原因.更重要的一点在于,我们对"无穷"仍然知之甚少.数学家乌拉姆(Ulam)曾宣称:"数学的未来将因无穷而繁荣."正是康托、哥德尔和其他一些数学家,打开了人类直观中无穷概念的神秘领域,发现我们对无穷的认识是很不完全的.数学并不像人们一贯相信的那样,它不是建立在一组固定不变的唯一规律之上的体系,相反,它是在遗传中进化的.哥德尔不完全性定理预示了数学未来的繁荣前景.

还要指出,不能简单地从哥德尔不完全性定理得出否定逻辑思维的结论.忽视基本逻辑肯定是错误的,哥德尔不完全性定理本身的发现就是逻辑威力的绝好例证,正像有的数学家所说,要否定逻辑还必须使用逻辑.

看一下著名学者与科学家对哥德尔及其发现的评价是有趣的.爱因斯坦称哥德尔是自亚里士多德以来对逻辑学发展做出了最大贡献的人.韦伊(A. Weil)评论说:"上帝是存在的,因为数学无疑是相容的;魔鬼也是存在的,因为我们不能证明这种相容性."还应指出,自哥德尔做出其伟大发现之后,数学界对数学基础的热情大大降低了,相当一部分数学家对有关问题采取了不闻不问的态度.克莱因讽刺那些埋头各自领域,不关心由哥德尔发现带来的巨大突破的数学家,称他们是不管大楼地基已经开裂,仍然在 16 层楼上做窝的鸽子.克莱因的说法可能过于尖刻,不能要求每个数学工作者都致力于数学基础的研究,但对事关根本的问题形成正确观点,明白数学的本质,认清数学真理性的含义与界限,则无疑对所有受过高等数学教育的人都是应该的.

2.5 如何看待数学证明?

传统数学教学从公理、定义开始,继之以一系列的定理和证明,强调的是逻辑,所表达的实际仅限于数学的真理性内容.学习数学的一个重要方面,就是培养逻辑思维和表达的能力. 由证明过程所体现的逻辑训练,无论对于学习自然科学或者技术专业的学生,还是对于人文、社会科学专业的学生无疑是同等重要的. 缺乏数学训练的人往往忽视最基本的逻辑规则,以至引发不应有的荒谬结果. 忽视基本逻辑的例子几乎俯拾皆是. 例如,邓小平同志提出"科学技术是第一生产力",这一论点得到了举国上下的一致赞同,然而,很多报刊,甚至高层领导在文章或讲话中,一方面引用、赞同小平同志的论断,另一方面大谈科技成果向生产力的转化. 那么到底如何理解小平同志的论断呢?至少在逻辑上,这里就有显然的矛盾. 又比如,"道德经"是中国传统文化中的瑰宝,很多学者,其中不乏饱学之士,对其进行研究和解释,然而,很多人忽视了基本的逻辑. 道德经第一章的开头是:"道可道,非常道;名可名,非常名."有不止一位学者将其解释为:"道,说得出的,就不是永恒的道;名,叫得出的,就不是永恒的名."针对这种解释,北京大学哲学系郭士铭教授提出质疑:道德经是讲"道"的,老子能够一开篇就这样说吗?如果原意的确如此,那么老子要讲的是说不出的"道",还是不永恒的"道"呢?说不出的怎么说?不永恒的何必讲?笔者赞同郭士铭先生的批评,一些人文学者忽视了最基本的逻辑要求. 作为基础教育重要组成部分的数学,决不能丝毫放松逻辑训练,数学证明就是这方面的重要内容.

然而,此处强调的是:数学不仅仅是逻辑. 应当知道,对高等数学教育而言,对深入研究与学习数学而言,对全面把握与认识数学而言,仅仅看到逻辑是不够的,更重要的是对问题本身的认识与理解. 这里所说的理解,不仅指弄清数学符号的形式意义,而且要知道,数学命题在什么范围、什么意义下是正确的,以至为什么是正确的. 我们不完全同意形式主义者的观点,为理解数学,一定要有不同形式的"背景",不同层次的"直观",要考虑相应的几何学、力学、物理学,甚至社会学的一切可能解释. 在某种意义上,有了理解才可能真正掌握内容. 举一个例子,前面简要介绍了哥德尔不完全性定理,我们没有给出形式证明(指形式化的数学证明),那么这个定理可靠吗?如果我们认识到,一个人不能提着头发使自己离开地面,那么数学也就不能仅仅依靠自身证明自身的真理性. 这样哥德尔不完全性定理就不难理解了,它似乎不像初看起来那样玄妙. 它只不过告诉我们:要评价数学,必须超出数学. 数学中的大量概念和结论,特别是很多相对初等的内容,都具有相当直观的起源或实际对应物,即使是相对抽象的数学,往往也有自己在更高层次上的"直观"背景. 认识这一点,是学习数学的关键. 形式证明并不像表面显示的那样重要.

自然哲学家拉卡托斯(I. Lakatos)在其名作《数学证明证明了什么?》一文中开始就写道:"从表面现象看,对数学证明是不应当有不同意见的,每个人都心怀嫉妒地看待数学家们据称所具有的一致性,然而实际上,在数学家之间存在着大量争议,纯粹数学家看不起应用数学家的证明,逻辑学家又看不起纯粹数学家的证明,逻辑主义者蔑视形式主义者的证明,某些直觉主义者又认为逻辑主义者和形式主义者的证明不值一顾."美国数学家怀尔德(R. L. Wilder)说过:"(证明只不过是)对我们直觉产物的检验,我们不会拥有,而且极可能永远也不会拥有一个这样的证明标准,它独立于时代,独立于所要证明的内容,独立于任何个人或学派. 在这种情况下,明智的做法就是承认. 一般地说,数学中,根本没有绝对真实证明这个东西,对此无须考虑公众会怎样想."为不使论点过于极端,笔者建议把怀尔德所用的字眼"承认"代换为"理解". 学习数学,不应提倡仅仅机械地遵循逻辑,尽管逻辑是重要的. 前面提到过的英国数学家哈代对证明的说法更为直截,他说:"严格说起来,根本没有所谓的数学证明……归根到底,我们只是指出一些要点……利特伍德(J. E. Littlewood)和我都把证明称之为废话,它是为打动某些人而编造的一堆华丽辞藻,是讲演时用来演示的图片,是激发小学生想象力的工具."俄国数学家阿诺德(V. I. Anold)对那些掩盖了数学本质的形式证明发表过十分激烈的言论,他认为极端形式化数学的鼓吹者和数学至上的鼓吹者是巫师一样的罪人,他希望学生们理解存在有不同风格的数学,而且在数学之外还有其他科学.

请读者正确理解上述引文的论点. 此处希望强调的是对数学内容的理解,形式证明并不是掌握与研究数学的核心. 数学命题表达的是某种规律或思想,无论研究还是学习,首先需要的是从问题出发,对事物本身加以分析、认识和把握,然后才是对由此引发的,对规律的设想进行形式验证. 我们并不否定形式证明,形式逻辑的严密性是数学在长期发展中形成的特点,完全否定证明就否定了数学,形式证明对我们的思想起着检验作用,它可以帮助发现错误与不周密之处,启发我们的思维. 正确的、有价值的数学成果一定是内容与逻辑形式的高度统一. 然而必须正确认识证明的地位,证明虽然是数学不可或缺的部分,但是,无论对理解数学还是发现数学而言,证明都不是全部内容,甚至不是最关键部分. 须知,很多论文或教科书中所给出的数学证明并不是有关命题最初发现时的形式,而是经过了修饰和加工. 历史上,有人批评大数学家高斯(C. F. Gauss),说他像一只狡猾的狐狸,每走过一处地方,都用自己的尾巴扫去雪地上的足迹,让后人无法追寻. 而高斯则争辩说,高明的建筑师在建成一座大厦之后,肯定要拆去施工时所用的脚手架. 从美学原则出发,高斯的话并非无理. 然而,对数学的学习者和研究者而言,重要的是懂得展现在他们面前的数学证明,并不一定展示有关命题的原始思想与发现过程;对希望在数学上有所建树的人而言,追本溯源才是更关键的,因此不能满足于对形式证明逐字逐句的复述. 弄清逻辑只是学习数学的一部分,还应追求对内容本质的理解. 对数学发现说来,首先是找到真理,找到要证明的东西,这一点也不是证明能够给出的,它要求的是研究者的洞察、领悟、联想、归纳甚至猜测能力,总之是不能完全归结于逻辑的品质.

为说明如何看待证明,有人还从词源学上加以考察. 英语"prove"这个词和古法语、古拉丁语原形相同. 它有两个基本意义,一为今日数学中所理解的证明,另一则是"尝试"或"实验". 事实上后一个用法更古老,至今虽然已很少使用,但仍残留在技术用语和谚语中. 例如,英语词汇"proof"表示印刷品的校样或样张;"the proof of the pudding"意为"布丁好坏一尝便知". 实际上,日常生活中"证明"一件事物的最简单、最直接办法就是对其自身进行检验或尝试,数学证明的原始概念不过如此. 因此,我们在进行某项数学证明之前,无妨从具体实例开始,首先看看在某个具体问题中,命题的条件和结论意味着什么,它们之间是怎样联系起来的,这往往会启示我们如何抽象地、一般地完成证明.

简言之,本节所要强调的是:证明在数学中无疑是不能取消的,但证明只是数学真理性的衍生物.数学中除了真理性还包含其他的价值取向,例如好奇、探索、创造、对本质的理解、对和谐及美的欣赏与追求、对应用的痴迷等,其中一些的重要性绝不亚于证明.

2.6 数学发展的历史经验

就研究与发展数学而言,历史经验表明,起最主要作用的也不是单纯的逻辑.著名统计学家劳(C. R. Rao)说过,创造有两类,一是在已知领域内的新发现,此时逻辑或许是有用的;二是高水平的创造——新思想和新理论的产生,这些新思想、新理论和已存在的结构有本质的不同或完全不同,因此不可能从已有的理论,仅仅通过逻辑演绎得到.

那么,什么是研究与发展数学的途径呢?高斯曾宣称,他获得数学真理的方法是"通过系统的实验".为探寻循环小数每一周期中数字个数的规律,19 岁的高斯对 $n=1$ 到 1000 计算了所有 $1/n$ 的小数形式,尽管他没有找到所希望的结果,却从中发现了数论中有重要地位的二次互反律.这一例子不仅说明观察、实验对数学的重要,还说明科学发现的另一有趣现象:你所得到的,不一定是你要找的.

1880 年埃尔密特(C. Hermite)在回复友人的一封信中也明确表示,他同意"数学和别的科学一样,是一门实验科学"的说法.现代数学家曼德尔布诺特(Mandeibrot)所提出的分形理论更是以大量的观察为基础,而费根鲍姆(Feigenbaum)在洛斯阿拉莫斯实验室工作期间,为理解混沌与分形,曾多次专门搭乘飞机观察云彩的形态.

对研究数学而言,观察是有意义的.在这一点上,科学与艺术有相通之处,数学家的眼光可以,而且应当与艺术家的眼光相比.雕塑家罗丹(A. Rodin)说过:"所谓大师就是这样的人,他们用自己的眼睛去看别人见过的东西,在别人司空见惯的东西上能够发现出美来."他还说过:"拙劣的艺术家总是带别人的眼镜.""师法造化"或"师法自然"不仅仅是艺术的原则,也是科学的原则.但无论是科学还是艺术,仅仅模仿是不够的,还必须"内法心源".对数学工作者而言,观察并不是简单地看.观察的目的在于把看到的东西模式化,建立起现实世界与数学抽象世界间的联系,即形成概念,用数学语言对事物进行描述.这一过程,不仅要求观察的敏锐、精微,还要求思想上的深刻、勤勉和创新;不仅要研究、观察具体问题,弄清背景,掌握实例,还要能抽象出概念并给出量化了的形式表达.也就是说,既要有"实",又要有"虚",虚实结合,在实的基础上虚,在虚的指导下实.好的工作"虚"、"实"不可缺一,正如宗白华先生所指出的"实则精力弥漫,虚则灵气往来".

创造的另一个必要条件是自由思想,不受任何已有知识或规则的约束,一切服从于自然,服从于理性.历史上有许多例子说明了这一点.萨凯里(G. Saccheri)是比萨大学教授,一个很好的逻辑学者.他有一个卓越的想法,即从与第五公设不同的假定出发,加上欧几里得几何的其他公理和公设进行演绎,如果导出了矛盾,那就说明只有平行公理是可以接受的.

这实际就是所谓的归谬法.萨凯里不仅这样想了,而且实地做了.当以"过线外一点,至少存在已知直线的两条平行线"来代替第五公设时,萨凯里并没有导出矛盾,也就是说,他实际已经推演出了非欧几何的内容,走到了划时代发现的门口.然而,受传统思想约束,萨凯里不敢想象会有与欧氏几何不同的理论,因而在历史的大门口止步不前.他认为,自己所做的是不可能的东西,而欧几里得必然是正确的.于是,他在1733年写了部名为《无懈可击的欧几里得》的书,书中虽然记述了他自己的工作,但却认为欧氏几何才是正确的,这样便与划时代的重大发现失之交臂.

另一个例子是狭义相对论的发现.洛伦茨(H. A. Lorentz)先于爱因斯坦得到了表示四维时空的坐标变换关系——洛伦茨变换,但他的这一工作是在旧的时空框架下的结果,是对旧理论的修补.而爱因斯坦则在新的基本假设下,给出了全新的理论,赋予已有结果以革命性的意义,彻底改造了人类相沿了几千年的时空观.爱因斯坦的依据之一是实验所确立的光速不变性,他勇敢地与人类最基本的传统观念之一,即时间与空间的独立性及绝对性决裂,得出了伟大的发现.这再次说明不受习惯势力约束,只服从理性思维之重要.为了发明新的,必须抛弃旧的.

最后一个例子取自我国历史.大家知道从东汉末年起,包括整个魏晋南北朝时期,在我国版图内,战乱频仍、异族入侵、政局多变、社会动荡,人民流离失所,生命朝不保夕.然而,奇怪的是,它却是中国历史上罕见的学术繁荣、富于智慧、充满活力和热情的时期之一.此时不仅有曹氏父子、陶渊明、谢灵运、鲍照、谢朓等人所创作的诗歌,郦道元《水经注》、杨衒之《洛阳伽蓝记》为代表的散文,还有王羲之、王献之的书法,顾恺之、陆探微的绘画,戴逵及其子的雕塑,嵇康的古琴曲,以及洛阳与南朝的寺院建筑,云冈及龙门的石窟.同时还产生了艺术与文学评论的理论作品,如《画品》、《诗品》、《文心雕龙》等.而且,这也是中国数学史上的一个辉煌时期.中国历史上,数学科学有三个高潮,即两汉、魏晋南北朝和宋元时期.诚然,宋元时期数学科学所达到的水平最高.但魏晋时期有其独特之处,当时对圆周率的计算和球体积的发现,不仅仅是重要的数学成果,而且,所使用的方法,所包含的思想,最接近于由微积分所体现的现代数学之主流,这是极为可贵的.为什么这一时期的学术发展竟如此繁荣?究其原因,这一时代的人们获得了空前未有的精神解放.两汉时期经学、儒学占统治地位,约束了人们的思想.而按照钱穆先生的说法,魏晋南北朝时期以来,传统尊严既弛,个人地位渐著,时逢世乱、生民涂炭、道义扫地,志士灰心,见时事无可为,遂转而为自我之寻究.魏晋南北朝时期三百年间学术思想可一言以蔽之曰:个人自我之觉醒.那时的许多学者,如陶潜、嵇康、阮籍、刘伶者流,摆脱了传统儒教统治下的礼法,崇尚自然、崇尚自由、崇尚哲理、崇尚真性情.《世说新语》中记录的很多典型事例,虽然不一定都是史实,但所反映的当时社会的价值取向则是可信的.这是当时学术繁荣的一个重要原因.需要指出:我们提倡的是不被传统约束,一切服从理性,而不是提倡盲目的逆反心理和追求怪诞,甚至认腐朽为神奇,以堕落为新风;要谨慎地区分真才实学、思想活跃与夸夸其谈、信口开河;既不做腐儒,抱残守缺,也不做市佥,招摇撞骗,利欲熏心. 只有如此,才是老老实实学习与研究数学的态度.

很多数学家还认为,对数学创造与发现而言,直觉和灵感起着重大作用. 那么直觉和灵感如何发生作用,它们与逻辑的关系又如何呢？关于直觉,数学家魏尔有如下论述:"(在数学中)能探索到新问题,并明确提出新的、意料不到的各种结果与联系,永远是天才们创造的秘诀. 没有新观点、新目标的揭露,数学在追求严格的逻辑推理中很快就会筋疲力尽,并将由于缺乏新材料而开始停滞不前. 所以从某种意义上说,数学主要是由那些能力在直觉方面,而不是在逻辑严密性上的人所推进的."

为说明灵感及其作用,我们再看看高斯的经验. 高斯于 1805 年 9 月 3 日给他的朋友写了一封信,那时他刚刚解决了一个困扰其多年的数学问题. 高斯写道:"最后,只是几天前成功了. 我想说,不是由于我苦苦地探索,而是由于上帝的恩惠,就像闪电轰击的一刹那,这个谜解开了. 我以前的知识,我最后一次尝试的办法以及成功的原因,这三者究竟是如何联系起来的,我自己也未能理清头绪."

关于直觉与灵感还有一个令人吃惊的例子,就是印度数学家拉马努金(S. Ramanujan). 他没有受过正规教育,靠自学表现出了惊人的数学才能,引起了英国数学家的注意,从 1914 年起,被哈代邀请赴英国工作. 拉马努金在他短暂的一生中发现了约 4000 个定理和公式. 我们不清楚这些发现是通过什么样的途径得到的,而拉马努金自己宣称它们是印度教女神娜玛卡在睡梦中赐给他的. 当然这些结果的相当一部分只是再发现,但它们绝不平凡,有一些在他去世后才被证明是正确的,有些至今还是一个谜. 例如,他给出了 π 的级数展开式:

$$\frac{1}{\pi} = 2\sqrt{2} \sum_{n=0}^{\infty} \frac{\left(\frac{1}{4}\right)_n \left(\frac{1}{2}\right)_n \left(\frac{3}{4}\right)_n}{(1)_n (1)_n n!} (1103 + 26390n) \left(\frac{1}{99}\right)^{4n+2},$$

式中 $(a)_n = a(a+1)\cdots(a+n-1)$. 我们不知道拉马努金如何得到这一展式,但用计算机进行数值检验,计算到 1700 万位,它还是对的. 此处,我们无意宣扬神秘主义,只是希望说明,现代数学和它的逻辑体系固然是人类文明的重要成果,但看来它并不是处理数学的唯一途径. 我们相信,拉马努金有自己独特的观察、思考和法则,有他自己的直观和灵感,只不过与我们的数学方法不同.

无论是直观还是灵感都不是神秘莫测的,庞加莱在其《数学上的创造》一文中,对有关问题作了非常深刻的论述:豁然贯通时刻的来临,即灵感的来临,是事前的长期不自觉工作的结果. 有意识的努力工作起着兴奋剂的作用,激发了那些在人们休息时刻进行的下意识的思维活动. 潜意识的思考不受逻辑演绎过程的约束,能够更自由、更深入地进行发掘,能在不同领域间移植概念和方法,能够通过对内容和形式的审美观点决定取舍. 灵感就是这种下意识思维的产物,是这种结果的自觉表现形式. 因此,灵感不会凭空而降,它只能在按主观意志进行了长期艰苦努力之后产生. 另外,王国维先生论述了做学问的三个境界:首先是"昨夜西风凋碧树,独上高楼,望尽天涯路",这是说要看清方向;其次是"衣带渐宽终不悔,为伊消得人憔悴",这是说要狠下苦功;然后才会达到第三境界,即"众里寻她千百度,蓦然回首,那人却在灯火阑珊处"(这里描写的就是灵感降临的突然时刻).

就数学发现而言,灵感降临并不是工作的结束.灵感出现后还应继之以有意识的,在逻辑主导下的对灵感发现的整理和检验,不仅要从逻辑上验证其可靠性,考虑它的直接推论,还要令其形式简洁美观,尽量纳入已有的体系.但无论如何,这已是第二位的事情.

总之,为了学习与研究数学,我们提倡:外师造化、内法心源、反璞归真、通达灵动;不偏执、不轻信、孜孜以求、乐此不疲,完全彻底地服从理性.

数学与其他门类的人文与自然科学有密切联系,下面仅就数学与计算机科学的关系加以简要讨论.笔者认为这是当前有必要阐明的一个问题.

§3 数学与计算机科学

20世纪中叶数字电子计算机的出现给人类社会带来了巨大冲击,毫不夸张地说,计算机的出现使人类经历了一次新的经济和社会革命,它比工业革命发展更迅速,影响更深远.工业革命是以机器代替人的体力劳动,而计算机则在一定程度上取代了人的某些智力活动.计算机给人类社会带来的挑战和问题是深刻和全面的,它几乎渗透到人类活动的一切方面.此处我们仅限于论述计算机科学与数学的关系.

众所周知,计算机科学的早期发展与数学密切关联,著名的数学家图灵(A. M. Turing)(1912—1954)和冯•诺依曼是当代计算机与计算机科学的奠基者和开创者.在各种基础科学中,数学与理论计算机科学的思想实质最接近.有人甚至宣称:计算机科学是在数学巢里孵化出的杜鹃.数学不仅催生了计算机科学,它对计算机科学的影响几乎无处不在.例如,任何一个计算机程序或系统的组织离不开逻辑与算法;下一章将会介绍的,理论计算机科学中著名的图灵停机问题的解答,可视为哥德尔不完全性定理的计算机科学版本.

另一方面,计算机科学也推动了数学的发展.为说明一个给定的计算机指令集合是正确的,以及用某种程序语言替代指令是合理的,都促进了数学中证明论思想的发展;利用计算机解决问题时所采用的程序或算法,是数学中要求在有限步骤内得到问题解答的"构造性"思想的计算机表现,它也促成了一个全新的数学分支——可计算性理论的诞生.证明论与可计算性理论完全是由计算机科学所激发又完全服务于计算机科学的数学学科.

从更广泛的视角看来,计算机为数学提供了有力的研究工具,促进了数学与其他科学的融合.这方面的例子不胜枚举,除计算数学外,现今还出现了计算几何、计算物理、计算化学、计算生物学、信息处理、模式识别、自动控制以及各种工程技术领域与数学结合的众多新学科,这无疑使数学发展达到了一个新阶段.

计算机的发展和普及使得数值计算与模拟上升为与理论分析和实验手段同等重要的三大科学研究方法之一.就数学而言,计算机使得我们可以将各种思维实验具体化,从而获得某种"直观",以利于数学研究. 为说明这一点,考虑如下乌拉姆提到过的例子:在三维空间中给定一条封闭曲线和一任意形状确定的刚性物体,问此物体可否从曲线中穿过. 为解决此问题,我们可以进行实验,尝试着旋转、扭动等各种可能方式,看看能否达到目的. 然而,如果问题发生的空间是五维的,我们就无法像在三维空间一样地实地检验,只能把问题放在计算机上考虑. 虽然不存在现成算法,但可以设法模拟实际过程,并把计算结果投影到低维空间,且在屏幕上加以显示. 在经过多次尝试与认真观察之后,或许研究者对高维空间的几何与运动能够产生某些感性了解,或者说获得某种"直观". 乌拉姆指出,这种方式的计算机应用,在某种意义上,把作为数学发展源泉的两个方面,即对客观世界的观察和研究者主观上的提炼加工融合成了一体.

应当指出,计算机科学对人类社会的影响远远超出任何学科自身发展的范围,超出科学技术自身的层面,它对人类世界观提出了挑战. 我们对计算机科学的认识、学习与研究,绝不应该限制在纯科学、纯技术的领域. 事实上,从计算机诞生之日起,计算机科学的先驱者就认识到这一点. 1950 年,图灵在 10 月份的英国哲学杂志《思想》(Mind)上发表了一篇文章,问机器是否有智能. 图灵知道,这样的提问方式过于一般化,因此他把问题具体化为一个游戏. 假设有一台可进行人机对话的计算机,这一机器回答一个询问者(interrogator)的提问,但询问者事先并不知道与其对话的是人还是机器. 如果机器的回答成功地使询问者将其误认为人,那么则在某种意义上说明机器有"智能". 这样的计算机实验现在称为"图灵实验". 显然,如上表述的图灵实验仍有很多不确定因素. 为使问题描述得更确切,图灵当年给出了一个他所设想的,半个世纪后即 2000 年可能达到的人机对话实例,且认为:如果经过差不多 5 分钟的交谈,在 30% 的情况下,计算机成功地欺骗了一个平均智力的询问者,则可认为该机器通过了考验. 图灵设想的对话是这样的:

询问者:请写一首以第四桥为题的十四行诗.

计算机:这我不行,我从来不会写诗.

询问者:把 34957 加到 70764 上去.

计算机(停顿了约 3 秒,然后回答):105721.

询问者:您下象棋吗?

计算机:是的.

询问者:我的老将偏出了宫,没有其他子. 您的帅在中间,还有一个巡河车. 该您走,您怎么办?

计算机:走车,迎头将.

有资料表明,图灵为 21 世纪设想的人机对话水平过于保守了,早在 20 世纪 60—70 年代,公开发表过的人机对话记录就远远比上面的更精彩. 仅仅就交谈的内容而言,显然可以认为机器通过了图灵实验,换句话说,可以认为机器有"智能". 然而,对话程序的编制者坦言,就程序编制的原则而言,机器完全不理解它所说的是什么.现在,由图灵实验引发的争论仍在继续,承认机器可以有智能的观点与完全相反的观点都不乏热烈的支持者.在这一争论中,所有涉及精神与肉体、灵魂与躯壳、人性与本能等历史上曾激烈争论过的问题,都在计算机科学的术语下被重新提起.我们无意对这一讨论的观点一一加以评论,此处介绍有关争论的目的仅在于说明:计算机对人类社会的影响绝不仅限于技术层面,图灵这样的大科学家对哲学与社会问题的关注并不亚于对纯科学的关注.而现在的许多计算机工作者则表现出不同的倾向,他们片面夸大计算机的技术方面,表现出过度功利化的追求.更有少数伪学者,公然宣扬机器最终可以超越并控制人类,可以用计算机操纵人脑等荒诞不经的东西,制造了不应有的混乱.即使仅就人工智能的学术讨论而言,图灵实验引发的思考也是有益的.

  计算机对数学的影响似乎不完全是积极的.英国著名科学家阿蒂亚(Atiyah)就对有关的消极方面明确地提出了批评.阿蒂亚针对四色问题的计算机证明,发表了如下看法:四色问题是19世纪遗留下来的未解决问题,而在20世纪利用计算机强大的计算能力,对所有可能的数百种情况逐一进行检验,使问题有了答案,无疑这是一种胜利;但就另一方面而言,这又非常令人失望,因为从证明中看不出任何新见解,它不美,依靠的仅仅是蛮力.难道这是今后数学发展的方向吗?它代表了人类智力活动的进步,还是衰败?阿蒂亚认为,科学就是人类试图理解并最终在一定条件下控制与改造世界的活动.计算机证明没有带来理解,充其量只是验证了某些事实,如果沿着这一方向走下去,数学将会萎缩.数学应该是一门艺术,是通过发展概念和技巧,使人们轻快前进而避免蛮力的艺术.

  显然,阿蒂亚在此反对的是处理数学问题时不探求本质,不考虑美与简洁,仅仅依靠计算机运算能力的简单化、程式化思维方式.的确,这种机械的计算机式思维对认识和发展数学是十分有害的.

  思维方式呆板的程式化倾向也反映在某些专业人士对数学教育的看法中.计算机的出现突显了某些数学分支在计算机一般应用中的重要性.简单说来,它包括数理逻辑、集合论、图论和群论的某些相对初等的内容,它们往往被统称做"离散数学".现在某些业界人士把所谓的"离散数学"视为计算机学科所需数学教育首要的,甚至全部的内容,将"离散数学"强调到不适当的程度,这种观点是十分有害的,它使计算机科学日益工程化、技术化.诚然,计算机科学有其工程性、技术性的一面,但这不是全部.工程化、技术化的片面认识使得如此培养出来的许多人员不具备追求完美的愿望,缺乏理性思维训练,他们不是以计算机为工具,研究、解决问题,认识事物的本质,相反把自己变成了计算机的附庸.阿蒂亚指出,这种片面认识将会使数学传统陷入泥沼;从表面看来,研究有限量与有限过程的离散数学比研究各种形式无限性的数学更容易,也更简单,然而广为使用的无限性是数学最伟大的成就之一.微积分以及其他连续形式的数学不仅具有极强大的处理问题的能力,而且是十分漂亮的数学,纯粹的有限数学永远不能取代它们.许多离散现象的重要结果也只有通过连续形式的数学才能得到.事实上,如果仅限定在有限范围,我们甚至不能理解无理数.片面强调"离散数学"的观点与做法是短视之见,要培养一流的计算机工作者而不仅仅是初级软件人员,必须放弃这种过分功利化的做法.在此笔者建议读者浏览一下美国斯坦福大学教授侯世达所著的《哥德尔、艾舍尔、巴赫——集异璧之大成》一书.此书作者是一个计算机科学家,然而书中反映出,作者的知识领域远远超出一般人所理解的计算机科学范围,从音乐、美术,到逻辑学、数学、物理学、生物学、人工智能等自然科学,再到语言学、哲学,甚至佛教禅宗,几乎无所不包.更令人赞赏的是,所有这些知识有机和谐地构成一个整体,服务于作者所要阐明的计算机科学的核心内容.

计算机教育的另一问题是如何看待计算机早期教育.诚然,随着时代的进步,计算机的普及,在早期教育中使用或使儿童熟悉计算机未尝不可,问题是:教育的重点、核心应当是什么?事实上,计算机不可能代替文字阅读,教师与学生面对面的交流也永远不可能被任何交互式计算机技术完全代替.特别是,儿童应当首先学会阅读与思考,首先学会与人而不是与机器打交道,他们无须在幼年就学习程序设计.须知,现今时代掌握一门程序语言并不是什么了不起的高新技术.任何程序语言只是某种人工语言,而且是十分不自然的死板语言,计算机科学的核心不在于此.

随着计算机技术的发展,其操作越来越简单,很多工作,包括若干数学问题的求解过程都可容易地完成,甚至只需选择特定的按键或点击某个图标即可.对于应用而言,这无疑好处极大,然而从教育的角度出发,则不应如此.教育必须强调对所涉及的过程的理解,要教会学生最基本的原理和步骤,这永远是最基本的要素.盲目地依赖机器会导致多种能力的退化与萎缩.科学进步的核心是新思想的出现.思想可以创新,可以借鉴,但思想不能由机械化的方式产生.机器作为工具是有益的,但工具就是工具,工具不可滥用,工具不能支配头脑,只能是头脑支配工具.

总之,在推广与普及计算机的同时,我们必须避免对计算机的图腾,认清数学与计算机科学的关系,避免计算机科学的神秘化和庸俗化.

§4 数学与艺术

最后,简要讨论数学与艺术的关系.本书后面还有涉及数学美的内容,此处仅仅介绍一些基本观点.我们不应忽视数学作为一种文化体系所具有的艺术性质,要学会欣赏数学美,这不仅会带来精神上的愉悦,而且对于学习与研究数学也是重要的.

上文已经谈到,数学与艺术有共通之处.有些数学家甚至认为数学是一门艺术.例如上文不止一次提到过的哈代就认为数学是艺术的典型代表.他认为,数学家与画家和诗人一样,都是模式的构造者,画家组合色彩与形态,音乐家组合音符,诗人组合词汇,而数学家则组合思想与概念,数学家构造的模式比诗和画更持久.曾与罗素一道致力于逻辑主义数学研究的怀特海从另一角度看待数学的艺术特质,他说:"纯粹数学在近代的发展可以说是人类性灵最富创造性的产物,另一个可以与其争一席之地的就是音乐."数学的确和艺术有共同的特点,这不是偶然的.

无论宗教还是哲学,无论科学还是艺术,归根到底,不外乎是试图理解与揭示宇宙及人生的本质、真相和意义,考虑的对象是相同的,只不过表达感受的方式不同.宗教借助于轮回与果报,天堂与地狱,用预言及说教招募信徒;哲学则试图从最基本的观点对宇宙和人生加以高度概括的解释和说明;科学所依赖的则是观察、实验、逻辑和推理;艺术则诉诸直觉、激情和表现.

然而艺术也并非完全排斥逻辑.按照爱因斯坦的说法,在从事艺术与从事科学的两种过程中,我们都要隐蔽地服从逻辑,都要徘徊于有意识和无意识之间,甚至在有意识时,也要在说得清与说不清之间摇摆.但作为一种与科学不同的人类思想及情感的表达,艺术更强烈地依仗直觉.艺术作品也必须用一种复杂得多的办法,才能予以译解与弘扬.学会鉴赏艺术的过程与欣赏数学不同,借助罗素的说法,对艺术的创造力和鉴赏力主要来自熏陶;而对于数学,虽然一定的环境氛围也是重要的,但主要依赖于观察与思考.

艺术是艺术家思想、感情的物化与外化,它的源头是激情不是理性,它所要表达的是一种浓烈的不可遏制的感情冲动,是情感的宣泄、思想的自白,它要感染观众,与之分享欢乐和痛苦.纯艺术和纯数学一样不以实用为目的.艺术力图以最简洁的形式,表达最深刻、最重要的内容,艺术家希望他所传达的比现实世界的忠实记录更深刻.这就是罗丹所说的"照片说谎,艺术真实".真正的艺术家,表现的是自然、社会与人生意义的核心.

另一方面,理性则是数学家以至一切自然科学家共同遵循的原则.在对自然法则、对真理的探求过程中,一切伟大的科学家同样被一种浓烈的近乎宗教式的感情所支配.例如阿基米德在被罗马士兵杀害时还在警告他们:不要破坏我的图形.自然科学的发现,特别是数学定理,同样以一种优美、简洁的方式传达着人类对宇宙和人生的理解,它们不是冰冷的法则与规律,它们同时传达着一种情绪,一种情感,传达着宁静、和谐、庄严、完美.生动的有血有肉的严密逻辑同样可爱,同样具有动人心魄的力量.

在审美价值上,数学与艺术的相似之处表现更为突出.在整个数学的成长过程中,美学一直具有特别的重要性.一个数学定理是否吸引人,不仅仅取决于它的意义和应用,还要看它是否精美与优雅.很多数学论断不仅精确、简明、客观,而且既具有美学价值,又富含哲学意味.虽然,其他专业的科学工作者往往难于判断及欣赏数学的美,但是即使对于数学的初入门者说来,数学美的诱惑也是不可抗拒的.诚然,对数学美的欣赏与理解需要一定的训练与培养,这并不奇怪,这与有些数学工作者看不懂古典诗词,在交响音乐会悠扬的琴声中酣睡作牛是一个道理.

数学的美不仅表现在它的成果中,"美"还是数学创造的重要原则.数学家敏锐的首要特征是美和高雅.庞加莱说过,在数学发现过程中,有用的数学概念组合是那些最美、最和谐的组合,它们能够触动数学家的特殊情感,而且,数学家的心灵只要触及了其中的一部分,就能毫不费力地领悟它的全体. 美感在数学发现中起着精微的、筛子般的作用, 它甚至在不经意间排除掉那些无用的、不美的概念组合. 一个缺乏美感的人绝不会成为一个真正的数学创造者. 魏尔说过: "在我的工作中, 总是把美和真实糅合在一起. 但当我不得不选择其中之一时, 我通常选择美." 冯·诺依曼也说过: "我认为数学家无论是选择题材还是判断成功的标准, 主要都是美学的."

因此, 我们在学习数学时, 不仅要理解它所蕴涵的真理, 还应像欣赏一件精美的艺术品那样地欣赏数学之美. 这是一种深邃的美, 高雅的美, 简洁的美, 和谐的美, 令人惊诧的美, 使思想与时空交融、心灵纯洁净化的美.

实际上, 艺术与数学有更为密切、直接的内在关系. 艺术的形式结构中含有数学成分, 建筑物的比例、对称, 音乐中的旋律, 绘画中的透视投影, 都包含数学内容. 特别是, 文艺复兴时期, 艺术家发明了透视法, 使得栩栩如生的三维世界图像得以展现在二维画布上, 这实际是利用数学原理指导构图, 由此产生的概念与规律又是数学中射影几何的起源. 透视法反映的还仅仅是艺术与数学在技术层面上的关系, 荷兰画家艾舍尔(M. C. Escher)则促使我们思考艺术与数学在更高层次上的关联. 正如有些画家以宗教或政治题材为画题, 艾舍尔是以数学为主题进行创作的. 在他的作品中, 数学规律与画家对此的感知、客观世界与主观想象、真实与虚幻、理性与怪诞纠结在一起, 不仅给观众以美的享受, 同时使人惊诧, 引人思考. 另外, 在他的作品中, 数学悖论、非欧几何、对称群等数学问题都有所表现. 例如, 艾舍尔有一幅题为《天堂与地狱》的名画, 画中分别用图案化的白鸽与黑蝙蝠象征天使与魔鬼, 此画按照双曲几何的圆上模型安排构图, 这仅仅是出于美学考虑呢, 还是暗示画家对宇宙时空性质的某种认同? 这只是其中一个例子, 在本书以后的内容还会介绍艾舍尔的某些作品.

数学与艺术的关系不仅反映在绘画中, 各种艺术门类都与数学有着千丝万缕的联系. 例如, 德国音乐家巴赫的乐曲中就包含有生动丰富的数学结构, 特别在其生命的最后十年, 巴赫越来越多地从数学抽象形式中获得灵感, 以至有学者把数学抽象称为巴赫音乐的科学基岩. 在第二讲中我们将介绍巴赫作品《音乐的奉献》中的一首卡农(Canon)曲, 这首曲子可以视为数学"悖论"的音乐对应物.

请原谅本文对数学与艺术关系论述的浅薄与简陋, 为笔者识见所限, 对此问题的讨论只能达到现在的水平. 笔者所以不揣冒昧涉及这一论题, 原因在于这确是一个重要的题目, 值得学有专长的学者深入研究. 此处只是一个引子, 一个过门而已.

与数学有关的论题是十分丰富的, 此处只就笔者个人认为与大学本科阶段学习和研究数学关系比较直接的几点粗略地作了讨论, 就全面认识与评价数学而言, 显然是极不完全的. 例如, 本文完全没有涉及数学在人类思想史中的地位, 而这一问题是十分重要的. 怀特海说过: "有人说, 假如编一部思想史, 而不深刻研究每一时代的数学概念, 等于是在哈姆雷特剧本中除去了哈姆雷特这一角色. 我不愿说得这样过火, 但这样做肯定是把奥菲莉亚这一角色去掉了. 这个比喻是非常确切的. 奥菲莉亚对整个剧情来说是非常重要的, 她非常迷人, 同

第一讲　数学模型、模式与文化

时又有一点疯疯癫癫."怀特海之所以提到奥菲莉亚的疯癫,是因为他还说过:"我们不妨认为数学研究是人类性灵的一种疯癫,是对咄咄逼人的世事的一种逃避."此外,还有诸多课题,本文从未提起,即使对于本文出现的题目,前面的讨论也是挂一漏万.我们的主要目的是提醒读者注意:为全面深刻地认识数学,不能只陷入具体的概念、定理与逻辑;我们不仅要注意数学的真理性,还要认识数学与其他科学,与艺术及哲学的关系,认识抽象思维与现实世界的关系,认识理论与应用的关系,把握数学作为一种文化体系的多方面属性.

参 考 文 献

[1] 亚历山大洛夫 A. 数学——它的内容、方法和意义. 孙小礼等译. 北京:科学出版社,1958.
[2] 克莱因 M. 西方文化中的数学. 张祖贵译. 台北:九章出版社,1995.
[3] 克莱因 M. 数学•确定性的丧失. 李宏魁译. 长沙:湖南科学技术出版社,1997.
[4] 克莱因 M. 古今数学思想. 张理京,张锦炎等译. 上海:上海科学技术出版社,1979.
[5] 王宪钧. 数理逻辑引论. 北京:北京大学出版社,1998.
[6] 笛卡儿. 谈谈方法. 王太庆译. 北京:商务印书馆,2000.
[7] 彭加勒. 最后的沉思. 李醒民译. 北京:商务印书馆,1995.
[8] 伯拉图. 理想国. 郭斌和,张竹明译. 北京:商务印书馆,1986.
[9] 怀特海. 科学与近代世界. 何钦译. 北京:商务印书馆,1997.
[10] 伯兰特•罗素. 西方的智慧. 崔权醴译. 北京:文化艺术出版社,1997.
[11] 郑毓信. 数学哲学新论. 南京:江苏教育出版社,1996.
[12] 夏基松,郑毓信. 西方数学哲学. 北京:人民出版社,1986.
[13] SHAPIRO S. Thinking about mathematics The philosophy of mathematics. Oxford:Oxford University Press,2000.
[14] LAKATORS,IMRE. Mathematics,Science and Epistenology. Cambridge:Cambridge University Press,1980.
[15] 伯兰特•罗素. 罗素自传. 胡作玄,赵慧琪译. 北京:商务印书馆,2002.
[16] 阿蒂亚 M. 数学的统一性. 袁向东等译. 南京:江苏教育出版社,1995.
[17] 哈代 G H. 一个数学家的辩白. 李文林等译. 南京:江苏教育出版社,1996.
[18] 弗尔辛 A. 爱因斯坦传. 薛春志等译. 长春:时代文艺出版社,1998.
[19] 库兹涅佐夫. 爱因斯坦传. 刘盛标译. 北京:商务印书馆,1996.
[20] 王浩. 哥德尔. 康宏逵译. 上海:上海译文出版社,1997.
[21] 约翰•卡斯蒂,维尔纳•德波利. 逻辑人生:哥德尔传. 刘晓力,叶闯译. 上海:上海科技教育出版社,2002.
[22] 康斯坦西•瑞德. 希尔伯特. 袁向东,李文林译. 上海:上海科学技术出版社,1982.
[23] ULAM S M. Adventures of a mathematician. Berkeley,CA:University of California Press,1991.
[24] 侯世达 D R. 哥德尔、艾舍尔、巴赫——集异璧之大成. 郭维德等译. 北京:商务印书馆,1996.
[25] 劳 C R. 统计与真理. 石坚,李竹渝译,台北:九章出版社,1998.
[26] BOREL A. 数学——艺术与科学. 数学译林,1985,4(2):243.

[27] LAX P D. 数学及其应用. 数学译林,1988,7(1):60.
[28] PAGE W. Herbert Rubbins 访问记. 数学译林,1988,7(2):135.
[29] SMORYNSKI C. 数学——一种文化体系. 数学译林,1988,7(3):247.
[30] EPSTEIN D,LEVY S. 数学的实验和证明. 数学译林,1996,15(1):96.
[31] ARNOLD V I. 数学能否继续生存. 数学译林,1996,15(2):96.
[32] 邓东皋,孙小礼,张祖贵. 数学与文化. 北京:北京大学出版社,1990.
[33] 李文林. 数学史教程. 北京:高等教育出版社,2000.
[34] 贝尔 E T. 数学精英. 北京:商务印书馆,1994.
[35] 宗白华. 艺境. 北京:北京大学出版社,1999.

第 二 讲　浅谈悖论

> 这一讲讨论所谓的"悖论".首先利用著名的阿基里斯与乌龟赛跑问题,揭示悖论中可以包含深刻而有趣的数学.再相继介绍了几个重要悖论,其中最著名的是罗素集合论悖论,它的发现使得德国著名数学家弗雷格为算术建立严格基础的设想完全破灭.接下来指出很多悖论具有所谓的"自指"结构.这一结构也是哥德尔不完全性定理与图灵停机问题证明中的基本部分.类似的结构还出现在其他重要数学问题的处理中.此外,还介绍了在文学、美术、音乐和中国古代文献中出现的各种形式的悖论.本讲最后讨论一个预言是否可能的悖论,它不仅涉及"自由意志"一词的含义,还与数学中决策原则的选择有关.

"自相矛盾"是一则众所周知的中国古代寓言,故事出自《韩非子》,原文是这样的:"楚人有鬻盾与矛者,誉之曰:'吾盾之坚,物莫能陷也.'又誉其矛曰:'吾矛之利,于物无不陷也.'或曰:'以子之矛陷子之盾,何如?'其人弗能应也.夫不可陷之盾与无不陷之矛,不可同世而立."

故事的寓意是深刻的,然而,仁者见仁、智者见智,每个人对此会有不同的感想.如果告诉诸位,从数学的角度考察,近代某些意义深远的数学发现,例如集合论悖论,与上述寓言有本质相同之处,读者会感到惊奇吗?事实上,在上述寓言中包含着一个普遍的"模式",它在很多不同领域都会出现,都会引起奇妙的后果.下面就让我们一步一步加以说明.

对一般人而言,尽管对数学的理解可以有程度上的不同,但有一点似乎是共同的,即认为从古至今数学就是一门逻辑严密的学问,它的内容是绝对可靠的,断不会包含自相矛盾的说法.然而事实并非如此.在数学发展史中曾多次发现,已有的数学理论中存在着与新发现的事实相互矛盾之处,而引起矛盾的新发现完全合乎已有的、公认的数学法则.这些自相矛盾的论断,数学家称之为"悖论".每次悖论的出现都对数学工作者带来了巨大震动,他们必须研究问题产生的原因,提出恰当的解决办法,以避免数学大厦因悖论而垮塌.然而,悖论似乎是不可避免的,命中注定要伴随数学而永远存在.自古希腊时代开始,毕德哥拉斯学派就为不可公度线段的发现而恐惧.因为,这一发现与他们认为万事万物都只能用整数和整数之比度量的理念相矛盾.据传:为了保守秘密,不使这一动摇其学说的可怕发现泄露出去,他们甚至把发现者抛入水中.然而,数学中的悖论并未终止,它纠缠着一代又一代的数学家,直至现在.

但是,我们不应由此而悲观,悖论并不是幽灵和魔鬼,不是消极因素.相反,在人类整个智力发展史中,悖论是一个积极的参与者,它往往引发科学中的革命性进展.无论何时何地,每当悖论揭示了一个在原有概念体系下看来荒谬的矛盾时,人类理性便受到一次冲击和震撼,它往往迫使我们放弃旧有的想法,提出新的、意义完全不同的概念与结构,在这样的变革中,推动了数学与其他科学的前进.一个近代的例子就是爱因斯坦狭义相对论的发现.实验表明,在彼此相对等速运动的坐标系中,光速竟然相同.对经典物理学而言,这显然是悖论.然而爱因斯坦恰恰从这一点出发,改变了人类相沿几千年的时空观.数学史中的悖论起着同样的作用,正是由诸多悖论引发的危机,才促使人类更清楚地认识了数学的本质.可以毫不夸张地说,数学因悖论而前进,因悖论而繁荣.悖论给了我们发现新概念、创造新理论的历史机遇,因此我们对悖论的出现不应恐惧,而应欢迎.

事实上,不同哲学流派对待悖论、对待矛盾的态度从来就是不相同的.辩证唯物主义者一向崇拜矛盾,认为矛盾是现实世界的固有属性,存在于一切事物和它们的运动之中.然而,作为一门强调逻辑的科学——数学,自相矛盾则是不能允许的,因此有人甚至宣称"数学可以由悖论所推动"本身似乎就是一个悖论.但是,这一点并非不可思议.这种现象也并非为数学及其他自然科学所独有.考察一下文学与艺术吧!文学与艺术的根本价值在于表达真、善和美,然而这一目的有时确是通过表现丑而达到的.京剧中有丑角,例如《徐九经升官记》中的徐九经,这一角色就是通过丑的造型来表现美的.雨果名著《巴黎圣母院》中的伽西莫多是个形体和面貌都奇丑无比的人,然而作家却通过他的丑展示了人性的美.这与数学中的悖论有异曲同工之妙.

下面让我们对数学中的若干悖论做较为详细的考察.

§1 悖论的三种情况

前面我们已不止一次地使用了"悖论"这个词,似乎在笔者和读者之间对"悖论"一词的含义已经有了某种约定和默契.尽管这种默认的意义在大多数情况下不会产生歧义,但确切说来,在不同场合下,"悖论"一词的解释往往是不同的.

"悖论"一词的英文是"paradox".中文字典中对"悖"字有多种解释,最适用于"悖论"一词的字义似乎应选择"荒谬"之意.然而,如果望文生义地将"悖论"解释成"荒谬的理论",那才真正是荒谬的.实际上,悖论是指一切与人的直觉和日常经验不一致的论断.由此,它使初次接触的人感到惊奇或茫然.在"悖论"这一称呼下,按照论断的性质,实际可以有以下三

第二讲 浅谈悖论

种不同情况：

第一种悖论是这样的，它初看起来的确荒谬，然而仔细考虑后发现，它所论述的完全是一种可能或合理的事物. 初始时人们所以认为其不可接受，往往原因在于自身，在于看待事物时带有某种由一般经验所造成的默认前提或推理习惯，这些前提和推理习惯并非是普遍适用的. 换言之，这些论断的悖论性质，是由人们思想的不精密带来的. 举一个浅近的例子：住在我楼上的甄希奇先生不久前过了他的第五个生日，因此他已经 21 岁了. 这句话荒唐吗？不！甄先生生于 2 月 29 日，因此每 4 年才过一次宝贵的生日. 上面告诉读者的是完全可能发生的真实事情，只不过由于少见，初听起来似乎不可思议. 这样的悖论应当称为"佯谬".

第二种悖论的一个例子是所谓的"理发师悖论"，这一悖论由罗素于 1918 年引自一处未加说明的来源. 悖论是这样的：一个村庄中有一个理发师，他为且仅为村子里那些不自己剃须的男人们剃须. 问题是：他是否自己剃须？如果他不为自己剃须，那么按照上文对其职责的规定，他就应当为自己剃须；然而如果他自己剃须，出于同样的论证，他就不应当为自己剃须. 可怜的理发师，不知所措，左右为难.

仔细分析一下，使理发师陷入困境的根源在于问题的假设，即要求"他为且仅为村子里那些不自己剃须的男人们剃须"，正是这一假设造成了悖论中的麻烦. 实际上，这一悖论只不过表明不可能存在一个职责如此限定的理发师. 因此这种悖论是虚假的，实际不存在的.

最后一种情况是那些"真正"的悖论，也就是说，时至今日人们仍不能确切肯定推理错在何处，论证似乎无懈可击，但却引发了逻辑上自相矛盾的悖论. 这种悖论当然是我们最关心的.

应当指出，如上所述的第二与第三种悖论的区分不是绝对的. 随着科学的发展，人们认识能力的提高，很多历史上长期使人困扰，无法自圆其说，自相矛盾的第三种悖论被解决了. 在后来的理论之光照耀下，原被视为悖论的某些表述中的不合理之处是显然的，因而从第三种变成了虚假的第二种情况. 这样的一个典型例子就是历史上著名的芝诺悖论.

古希腊的思辩家芝诺（Zeno）共提出过四个著名的悖论，它们全都涉及对"有限"与"无限"的思考，这些悖论长期困扰着古希腊人，其中一个就是阿基里斯与乌龟赛跑问题. 这一悖论有多种版本，此处按本文的需要仅叙述它的部分内容. 阿基里斯和乌龟赛跑，由于乌龟爬得很慢，因此允许乌龟在阿基里斯起跑前出发. 人们都承认，起跑时落后的阿基里斯最终一定会超过乌龟. 但芝诺论证说：在阿基里斯起跑后并超过乌龟前，阿基里斯和龟都在跑，其中的任何一个时刻各自在自己路程的一个点上，而且在任何一点都不会停留两次. 这样只要他（它）们跑过的时间相同，二者跑过的点数就会同样多；另一方面，阿基里斯超过了乌龟，显然他必须跑过更长的距离，或者说更多的点，这不是矛盾吗？

难怪古希腊人对此悖论困惑不解，要正确解决芝诺论证中的问题涉及对"无穷"集合大小的认识. 如何衡量一个无穷集合所含元素的多少，必须的概念直到 19 世纪才被德国数学家康托（G. Cantor）阐明，芝诺悖论超前时代二千多年. 下面我们就来说明上述悖论中芝诺到底错在何处.

芝诺认为阿基里斯跑过的距离长于乌龟爬过的距离,因而包含更多的点.按照康托的理论,这种说法是不对的.从现代集合论观点出发,两个无穷集合所含元素的多少,是通过一一对应关系来比较的.如果对集合 A 的任何一个元素,集合 B 有唯一元素与之对应,而且集合 B 的任何一个元素都是 A 中元素的像,A 的任何两个不同元素所对应的 B 中元素一定不同,则称 A 与 B 的元素间可以建立一一对应.若两个集合可以建立一一对应,则认为二者元素个数一样多;若 B 只能与 A 的一个真子集一一对应,而不能和 A 的全集一一对应,则认为 B 的元素个数少于 A 的元素个数.由这样的原则所导出的无穷集合间的大小关系不完全与我们的日常经验一致,因为我们的经验实际来自于有限集合.例如,全体正整数$\{1,2,\cdots\}$和全体正的偶数$\{2,4,\cdots\}$之间可由 $n\Longleftrightarrow 2n(n=1,2,\cdots)$ 建立一一对应,按照康托的理论,二者有同样多的元素.而按照有限集合的观念,偶数是正整数的一部分,部分应当小于全体.然而按照康托的理论,对于无穷集合说来,这不是一般法则.须指出,康托只不过拓广了对有限集合使用的计数方法和概念,新的理论包含有限集合的原有计数方法为自己的特例.请注意,正是对无穷集合误用了从有限集合计数产生的思维方式造成了古希腊人的困惑.按照现代集合论的观点,任意两条线段,不论各自长度如何,甚至其中有一条可以是无穷长,彼此所含的点也可以建立一一对应,因此点数一样多.所以芝诺的论证是错误的,阿基里斯和乌龟赛跑中不包含所设想的悖论.然而,人们为解决这一悖论经历了二千多年的艰苦历程.

当问题涉及无穷集合时,由日常生活经验所产生的概念和有穷逻辑都必须谨慎对待,无穷逻辑与有穷逻辑是不完全相同的.集合所包含的元素之个数,或者说集合的"大小",集合论中称为"势"或"基数".康托用 $\aleph_0$ 表示全体正整数所成集合的基数;用 c 表示由点构成的任何一条线段或整个实轴的势,c 又可称为连续统的势.自然数是实数的一个子集,而自然数与实数之间不可能建立一一对应,也就是说,全体实数不可能像自然数那样编号.这一点可简单证明如下:我们无妨只考虑区间$(0,1]$中的全体实数.用反证法.假设这一区间中的所有实数可以编号,即任何$(0,1]$中的实数 $x=0.a_{n_1}a_{n_2}\cdots a_{n_k}\cdots \in (0,1]$ 可由它在此队列中的序号 n 唯一决定,那么这个数 x 可以表示为 $f(n)$.为确定起见,要求 $f(n)$ 的小数表示只可出现 9 的循环,不可出现 0 的循环.现在我们构造属于$(0,1]$区间的一个实数 $y=0.b_1b_2\cdots b_k\cdots$,令 $b_k\neq a_{k_k}(k=1,2,\cdots)$,即 y 小数点后的第 k 位数字与 $f(k)$ 的第 k 位不同.显然没有任何一个 $f(n)$ 等于 y,这与假设矛盾.这就证明了上述论断.由此,按照康托的集合基数的比较法则,$\aleph_0<c$.一个更深刻的问题是:在 $\aleph_0$ 和 c 之间是否存在其他集合基数?即是否存在这样的无穷集合,它与自然数和实数集合都不能建立一一对应,而且自然数集合可对应到它的一个真子集,它本身又可对应到实数的一个真子集?这是一个至今没有解决的数学问题.认为这种集合不存在的假设称为连续统假设.连续统假设还可用以下形式表述:以 $\aleph_1$ 表示大于 $\aleph_0$ 但又是与之最接近的集合基数,认为 $\aleph_1=c$ 即是连续统假设.

§2　几个有趣的悖论

在对悖论作进一步讨论之前,先来介绍几个有趣的悖论,这对理解以下的叙述是有益的.

首先介绍罗素叙述过的一个悖论,其发明权属于一个图书管理员.这一悖论原来的形式涉及英文表述的特点,此处我们将其转化为中文形式.此悖论表述如下:任何一个"数"可以用若干个字来描述,而且可以有不止一种表达方式.例如,数"四"可以说成"两个二",或者"比三大一的整数",如此等等.显然数字越大,表达所需的字数就越多.如果我们限定只允许使用一定的字数,如不超过 16 个字来表达一个数,那么容易想象,无论怎样,所能表达的数一定是有限的,因而必然存在一个在此限制下不能表达的最小的整数.如果你接受如上推理,那么悖论就发生了:仍以限定 16 个字为例,在此限制下不能表达的最小整数可以描述为"由十六个文字不能表达的最小的整数",但是这个描述恰恰不超过 16 个字.

另一个悖论是在 1908 年由德国数学家格瑞林(K. Grelling)提出的,它与各种语言中的形容词有关.下面,我们就按照格瑞林的想法,用中文形式介绍此悖论.有些中文形容词或词组可以用来描写自身,例如:"简洁的"这一表达自身就很简洁,"中文的"本身就是中文,"无味的"这几个文字原就没有气味,等等.相反有些词或词组则不具这一特征,例如:"冗长的"这三个字并不冗长,"英文的"本身不是英文,"色彩斑斓"整个词只具一种油墨颜色,等等.我们将前一类可适用于自身的形容词或词组称为是"自描述的",后一类称为是"非自描述的".现在定义的这两个词,即"自描述的"与"非自描述的"显然也属于形容词类,且描写彼此相反的两种情况.格瑞林悖论来自这样的问题,即:"非自描述的"这个词本身是属于"自描述的"词类还是"非自描述的"词类?稍加思考就可知道,此处我们陷入了两难困境.如果这个词属于"自描述的",那么它就应当是"非自描述的";如果它是"非自描述的",它自然应当是"自描述的".我们无法做出判断.

为解决上面两个悖论,读者可能会仿效处理理发师悖论的方式,说明这两个悖论也是虚假的.然而现在的情况和理发师悖论有很大不同.在理发师悖论中,我们以否认"为且仅为村子里那些不自己剃须的男人们剃须"的两难理发师的存在,即以否定悖论前提的方式解决问题.但是,前述两个悖论中引发自相矛盾的数字 16 和形容词"非自描述的"都是实实在在的,不能简单否认它们的存在.我们默认的推理原则中到底何处出了毛病,似乎不像理发师悖论那样简单.

另一个与格瑞林悖论有相似特点,但更为古老的悖论源于古代克里特(Crete)人伊庇曼德(Epimenides).克里特是地中海中最大的一个岛,历史上曾经历过一段非常繁荣的时期.基督教经典著作《新约》在使徒保罗给古塔斯的书信中记载了克里特诗人伊庇曼德评价克里特人品格的一句话,英文是:The Cretans are always liars, evil beasts, slow bellies. 从这句

§2 几个有趣的悖论

话中古希腊人构造了如下的有趣悖论,即克里特人伊庇曼德说:"所有的克里特人任何时候都是撒谎者."

我们分析一下如上悖论的表述.如果伊庇曼德说的是实话,那么按照悖论的字面意义,他自己就是一个克里特人,因而无时无刻不在撒谎,他说的话本身也是谎话;如果他说的是谎话,那么把谎话的否定形式取为"所有克里特人任何时候都不撒谎",伊庇曼德说的就是真话,但真话的字面意义又表明他说的是谎话.那么伊庇曼德到底说的是真话还是谎话呢?这使古希腊人头痛不已.

上面所介绍的是撒谎者悖论的最原始形式,有些读者可能持有异议,因为对伊庇曼德的话可以有不同的否定形式,例如它可以取为"部分克里特人在某些时刻是撒谎者",这样就不会有悖论发生.实际上,这一点并不是问题的本质,我们完全可以采用更为直接的方式,更为简洁地构造一个本质相同的悖论,例如"我正在撒谎",或者"这句话是错的"等表述,它们与撒谎者悖论有完全相同的结构,因而也有完全同样的效果.读者可以尝试着给出更多的类似说法.

还有一个古代希腊流传下来的学费诉讼悖论:普罗塔格拉(Protagorass)同意向尤斯拉斯(Euathlus)传授辩论术中所不可少的修辞学,学生先付一半学费,后一半学费在尤斯拉斯运用所学,第一次在法庭审判的案件中胜诉时支付.但尤斯拉斯学习后迟迟不进入法律界,于是普罗塔格拉向法庭起诉,以取得拖欠的后一半学费.他认为,无论官司输赢,他肯定会得到钱.因为:如果法官判定他胜诉,当然会得到欠款;即使败诉,按照以前的约定,尤斯拉斯赢得了第一个官司,也应付钱.而被告方则有完全不同的说法:被告赢了,自不必说;输了,按照同样的已有约定,也无须付钱.读者如何判断呢?

在本节最后,我们介绍一个与数学关系最为直接的著名悖论,这就是英国哲学家、逻辑学家和数学家罗素所发现的集合论悖论.直观上很显然,有些集合可以以其自身为构成元素.例如,以所有红色事物作为元素的集合本身也是红色的,因而也是自身的一个元素.又如,考虑所有元素个数超过5的集合,以这些集合为元素再构成一个新的"大集合".为避免语言上的混淆,把这"大集合"称做"类".因为这样构成的"类"中肯定包括5个以上的集合(元素个数超过5的集合显然不止5个),故按定义,它应以自身为一个元素.然而,事情并非总是如此,如所有人的集合不再是人,因而,不再是"人的集合"中的一个元素.

现在用"所有不包含自身为元素的集合"构成一个"大集合",即前面所说的"类".问:这个类是否以自身为一个构成元素?按定义,这个类中的元素是"不以自身为元素的集合".因此,若它是自身的一个元素,那么它就不能是自身的一个元素;反之,它若不是自身的一个元素,则意味着它属于"以自身为元素的集合".我们再次陷入了两难境地.

这是一个在纯数学领域内使用早期集合论语言表达的悖论,它引发了近代数学史与逻辑史上富有戏剧性的一次危机.从19世纪末到20世纪初,在对数学基础的研究热潮中,德国逻辑学家与数学家弗雷格是一位重要人物.他是逻辑主义学派的先驱,从逻辑出发,定义了自然数，推导出一系列算术定理．他在其最重要的著作《算术基础》中，自以为确立了一套严密的理论，可以作为整个数学的基础．然而，在 1902 年，正当该书已交付印刷时，弗雷格收到了罗素 6 月 16 日的来信，信中报告了新发现的如上悖论．不幸的是，弗雷格的理论中恰恰使用了这种自相矛盾的集合概念，而且，无法对工作加以修改．于是，弗雷格于 6 月 22 日回信给罗素，无可奈何地说："您发现的悖论引起我极大的震惊，因为它动摇了我打算建立的算术基础．"弗雷格只能在即将出版的书中不情愿地附加了一则简短的表述，其中说："一个科学家所遭遇的最不合心意的事，莫过于在他的工作即将结束时，发现其基础崩溃了．我把罗素的信发表如下……"我们可以想象弗雷格的不幸，由此也可看出罗素集合论悖论的意义．

§3 一个引发悖论的重要模式——自指

上面我们介绍了若干有趣的悖论，它们显然涉及逻辑与数学的诸多重要问题，必须加以认真对待．所有"真实"的悖论，即不是由于错误的默认前提与推理所产生的悖论，都表明现有的理论是有缺陷的，必须加以改进．我们无意逐一考察上述悖论产生的具体逻辑原因，这超出了本书的范围，在此只是指出上述悖论中一个重要的共同之处，一个共有的结构，即"自指"．具体而言，上述多数悖论之所以产生的一个共同原因在于把一个论断用到了论断自身，由此引发了矛盾．下面就对此简单加以解释．

在格瑞林悖论中，我们定义了两类形容词"自描述的"与"非自描述的"，而悖论则发生在我们试图判断这两个词所表达的概念能否用到形容词"非自描述的"本身，这是一种"自指"．在撒谎者悖论中，矛盾体现在利用克里特人伊庇曼德的言论作为判断伊庇曼德本人言论的准则；在学费诉讼悖论中，问题出在两人协议中关于尤斯拉斯赢得的第一场官司的约定是否适用于他们两人之间的法律纠纷；而著名的罗素集合论悖论问题也发生在一个集合是否可以是这一集合自身的元素；即使本文开始所叙述的寓言，问题也出在用楚人自己的矛刺楚人自己的盾上．这些都是某种形式的"自指"．由此可见，至少就形式上看来，自指是产生悖论的一个相当普遍的模式．当然，应当从逻辑上更为准确细致地探讨各个悖论发生的具体原因，但在很大程度上，自指已经揭示了部分奥秘．直观上，自指可能引发矛盾是不难理解的，一个大力士可以举起超过自身重量的物体，但无论如何不可能举起大力士本身．

然而，必须注意，自指也并非一定引发悖论．例如，我们可以这样修改撒谎者悖论，将伊庇曼德的话改为"克里特人总是说真话"，那么即使仍然保留上面的论证结构，用克里特人伊庇曼德的言论判断伊庇曼德自身言论的真伪，也就是说，保留自指结构，此时却没有任何自相矛盾发生．因此，尽管很多自指引发自相矛盾，它并不是产生悖论的充分条件．

事实上，自指不仅可能引发悖论，很多其他的"自指"模式都可能引发有趣的现象．想象把一束鲜花放在电视机屏幕旁，用摄像机对着屏幕拍摄，再把摄得的图像显示在电视机屏幕上，这当然是一种自指．此时电视机屏幕上展现的是电视机自身和鲜花，而同样的影像又会出现在屏幕中的电视机上……理论上,这一图形将构成无穷层次的嵌套结构,给出一个奇妙的、尺度逐级不断缩小的自相似体系.又如,动画片中,一只猫绕着一根柱子追逐一只老鼠,老鼠突然跳起,附在了猫的尾巴上,这样猫就开始无休止地追逐自己,产生了一种奇特的趣味场景.

考察一下计算机中的打印程序,如果我们启动它打印这段程序自身,显然这也是一种自指.更一般地,我们可以设计这样的计算机程序,它在执行过程中,不断对自身进行修改,利用这种手段可以使程序具有十分复杂而强大的功能,这实际可以理解为某种自学习机制.但是我们能否无限制地推广上述概念和做法,允许任意一个程序递归调用自身呢?读者可以设想那将会产生什么样的后果.

在本书上一讲提到过的侯世达的书中,把生物遗传密码的复制合成也解释为某种自指,此外我们不难想象更多的与自指有关的现象.经验与直观告诉我们,自指是一个十分简单而又可能产生复杂结果的机制,而且不仅出现在科学领域,下文将会述及自指在文学、艺术以至哲学中所引起的奇妙效应.

在逻辑学与数学中,自相矛盾的悖论是不允许的.为防止悖论的出现,从上面的讨论,一个简单直接的办法就是禁止或避免自指.例如,为避免罗素集合论悖论,集合论中可以区分不同类型的集合,令最基本的元素或称个体属于类型 0;类型 1 的集合是由个体组成的,称为类;类型 2 的集合则是由类型 1 的类为构成元素组成的类……关键在于,只允许类型 n 的成员作为类型 $n+1$ 的组成部分,而不允许某类集合为其自身的构成元素.这无疑排除了罗素集合论悖论.但应指出,这样做导致了无穷层次的集合类型,它又引起新的严重问题,对此不再详述.

为消除罗素集合论悖论,不止上述划分集合类型一种方法,还可有多种途径.公理集合论是利用明确限定什么是可允许集合的方法,来避免罗素集合论悖论的;此外,还可利用模糊集合的概念,令一个元素依一定概率属于或不属于某一集合,这也可避免如上形式的悖论.总之,对现有逻辑悖论产生的确切原因以及如何避免它们的产生,已有很多学者进行了深入细致的多方面研究.本文的目的不在于从逻辑学与数学上对此进行严格讨论,我们只是想告诉读者,数学发展过程中同样出现过自相矛盾的问题,而且很多悖论与其他自然和人文科学领域的问题有共同的模式.下面我们说明:著名的哥德尔不完全性定理实际上是利用了类似撒谎者悖论的结构被证明的.由此,读者可以进一步体会悖论的构成和意义.

§4 哥德尔不完全性定理的证明线索

在介绍哥德尔如何利用构造悖论的办法证明其著名定理之前,先让我们更详细一点地介绍哥德尔不完全性定理产生的背景.从 19 世纪后半期开始,由于微积分理论严密化中产生的问题、非欧几何的发现以及集合论悖论的发现等,数学家认识到经典数学中也可能存在有不可靠的东西,有必要为数学建立一个一劳永逸的牢固基础,以保证由此演绎出的数学都是无懈可击的. 然而,数学家们对于如何建立这一基础,什么样的公理体系和逻辑原则是可接受的,意见并不相同,他们分成了几个学派. 对此上一讲中已有叙述. 在各个学派中间,以希尔伯特为首的形式主义学派影响最为深远. 为了更好地理解哥德尔的工作,我们再稍微细致地介绍一下希尔伯特在 20 世纪 20 年代为解决数学基础问题所提出的希尔伯特纲领.

希尔伯特认为,一个数学基础体系必须包含古典数学的某些理论,特别是初等数论的内容. 因为整数是数学必不可少的成分,有了整数才可以定义分数和有理数,进而才可以有无理数和一般实数的概念;在此基础上利用坐标方法和解析技巧,方能讨论几何. 总之,有关整数算术的基本内容应当是公理体系最重要的、不可缺少的一部分. 这一体系还必须包含必要的,作为演绎出发点所必须的逻辑公理. 为避免日常用语的含混不清和直觉可能产生的下意识影响,数学与逻辑的内容应当采用某种形式语言来表达,构成一个形式符号体系(对纯粹的形式主义者而言,数学符号完全是一种抽象设计,没有任何与现实世界直接关联的意义). 它们按照明确表述的规则形成符号序列,这样的序列也可称为公式. 公式可以按照允许的变形规则转换为另一符号序列. 从取做公理的符号序列出发,经过系统允许的形式操作,能够得到的所有符号序列就是此系统的真命题,而结果与公理间的符号序列转换过程就是有关命题的证明. 反之,从系统的任何真命题出发,利用合乎语法的符号变换法则导不出的符号序列就是不可证明的假命题.

为保证从一个形式体系演绎出的结果是可靠的,而且这一体系至少可以在某一范围内构成数学基础,对形式体系的公理必须有所要求. 希尔伯特明确提出,一个形式体系的公理系必须满足相容性和完备性两方面要求. 所谓相容性是指所有系统公理不能包含矛盾,即系统中任何一个按照语法规则表述的命题 S 与它的否定形式 $\sim S$ 只能被判断为一真一伪;所谓完备性是指合乎系统表述规则的任何一个命题,都能从系统公理体系出发判断其真伪,即系统中不存在不可判定的命题.

然而,非欧几何的发现已经使人们认识到,公理体系的合理性往往不能容易地依靠经验和直观得出. 为说明这一点,无妨看一下如下的简单例子:考虑两个抽象的类,分别记为 K 和 L,它们满足如下条件:(1) K 的任何两个元素包含在 L 的一个元素中;(2) 任何一个 K 的元素都不被含在 L 的多于两个元素中;(3) L 的任何一个元素都不包含所有 K 的元素;(4) L 的任何两个元素的交包含且仅包含 K 的一个元素;(5) 任何 L 的元素都不包含 K 的两个以上元素. 请问:这组公理相容吗?即它们是否彼此没有矛盾?从上面的表述,很难在短时间内做出判断,因而认真的思考是必要的. 但我们告诉读者,这组公理是相容的. 为使你相信这一点,采用如下办法说明:请构造一个三角形,令它的顶点集合代表 K,边集合代表 L. 可以看出,此时所有上述五条要求均被满足. 这种证明公理体系相容性的方法称为模型法,它设法将每条公理的内容转化为关于某一具体模型的真实表述. 但这在本质上只是对公理系统的相容性给出了一个相对性证明,因为它实质上是把一个领域的问题转移到另一个

§4 哥德尔不完全性定理的证明线索

领域,比如上面的例子中将原来的问题转化到几何领域,又如用欧氏几何模型说明非欧几何公理体系的相容性,等等. 利用这种方法,如果公理系统被解释成了另一个有限模型,问题当然得到解决. 但多数重要的公理体系只能被非有限模型满足,因此问题只是转换了形式,并未彻底解决.

希尔伯特把数学体系进一步形式化、抽象化的做法,无疑对证明公理体系的合理性引发了更为严重的困难. 而且,希尔伯特希望对公理体系的相容性与完备性给出一个绝对性的证明,而不是像模型法那样的相对证明. 对一个形式符号体系相容性与完备性的证明本身也需要依据一定的原则,为此必须在形式数学系统之外有另一个更为可靠的逻辑体系作为工具. 原来的形式系统是一个数学系统,其功能是研究、推演数学真理;现在所要建立的逻辑体系其功能是研究"研究数学的系统是否可靠",因而,它与原来的系统不在一个层次上,故希尔伯特把后一体系称为"元数学". 事实上,关于任何一个无实际意义的抽象符号系统性质的任何表述,都不再属于原符号系统本身,而是属于元数学. 例如,"$2+3=5$"属于数学,而表述"$2+3=5$ 是一个正确的数学公式"则属于元数学;又如,"$x=x$"是数学系统的表述,而"x 是一个变量"则是元数学的表述. 显然,数学系统相容性与完备性的概念以及它们的判定属于元数学. 为使元数学的出发点和所使用的逻辑更加可靠,对其核心部分,希尔伯特实际采纳了上一讲所述的直觉主义的"有穷观点". 例如,每一步只考虑确定的有限数量的对象,所涉及的定义、判断和推演都要求其对象可以明确给出,存在性证明必须是构造性的,等等. 但希尔伯特允许使用排中律和数学归纳法,对此不再详述.

希尔伯特希望形式系统的相容性与完备性得到一个绝对证明的想法并不是凭空想象的. 下面给出一个例子,说明对某些"小"系统,这是完全可以实现的.

考虑所谓的初等命题逻辑,这是数理逻辑中把命题作为分析的最小单元,不再考虑命题本身结构,仅讨论复合命题真伪与基本命题真伪间关系的最基本的一部分. 下面说明:初等命题逻辑公理系统的相容性可以有绝对性证明. 为把有关的讨论形式化,先给出初等命题逻辑所使用的词汇,即符号表. 其次说明什么样的符号组合是允许的,即构成合法符号组合的语法规则. 合乎语法规则且有意义的符号序列称为合式的,合式的公式经解释后是一句话,称为系统的公式或语句. 公式还要分为两种,一种是系统所要肯定的,另一种则不是. 还要说明哪些公式可以作为推演的出发点,即给出公理系统. 再要给定公式的推演法则,即允许的符号变换规则.

我们将初等命题逻辑的主要符号列在表 2.1 中. 连接词"或"、"与"、"非"都不难理解,它们的意义就是通常二元逻辑运算"或"、"与"、"非"的意义. 唯一需要解释的是"蕴涵". 简单说来,符号"⇒"可以读做"如果……那么……". 举一个例子:"我在北京大学"⇒"我在北京",表示"如果我在北京大学,那么我在北京". 问题在于如果"我不在北京大学",并不能否定"我在北京",因此,"如果……那么……"并未准确反映连接词"蕴涵"的作用. 初等命题逻辑按如下规则严格定义了 $p \Rightarrow q$ 的意义:当 p 为真时,仅当 q 同时为真,$p \Rightarrow q$ 才取值为真;当 p 取值为假时,无论 q 真或假,$p \Rightarrow q$ 取值均为真. 此外,初等命题逻辑还包含符号"$\Leftrightarrow$",用以表示左右两个公式"等值".

表 2.1

符号	意义	符号	意义
$p,q,r,\cdots$	命题变量,只取"真"、"假"两值	$\sim$	否定连接词"非"
$\vee$	连接词"或"	$\Rightarrow$	符号"蕴涵"
$\wedge$	连接词"与"	( )	括号,相当标点

初等命题逻辑按以下规则从单个符号构成公式或称命题:首先,每个变量是一个公式;进而,如果 S_1, S_2 是公式,那么 $\sim S_1, S_1 \Rightarrow S_2, S_1 \vee S_2, S_1 \wedge S_2$ 也是公式.

公式或命题的变形规则有两条:(1) 命题中所包含的命题变量可以用任何公式代入. 例如,从 $p \Rightarrow p$ 可以得到 $(p \vee q) \Rightarrow (p \vee q)$. (2) 如命题 S_1 及 $S_1 \Rightarrow S_2$ 均成立,即取值为"真",则 S_2 也取值为"真". 这一规则称为分离规则.

初等命题逻辑的公理有四条:

(1) $(p \vee p) \Rightarrow p$, 含义是:命题 p 或 p 蕴涵命题 p. 例如,如果"晋惠帝是个傻瓜"或者"晋惠帝是个傻瓜",那么"晋惠帝是个傻瓜".

(2) $p \Rightarrow (p \vee q)$, 含义是:命题 p 蕴涵命题 p 或 q. 例如,如果"心理咨询是有效的",那么"心理咨询是有效的"或者"萨达姆是外星人".

(3) $(p \vee q) \Rightarrow (q \vee p)$, 含义是:命题 p 或 q 蕴涵命题 q 或 p. 例如,如果"孔夫子善于炒菜"或者"宋徽宗弱智",那么"宋徽宗弱智"或者"孔夫子善于炒菜".

(4) $(p \Rightarrow q) \Rightarrow ((r \vee p) \Rightarrow (r \vee q))$, 含义是:如果 p 蕴涵 q,那么命题 r 或 p 蕴涵命题 r 或 q. 例如,如果"电影《英雄》获奥斯卡奖"蕴涵"群论是数学的一个分支",那么,"北京鸭爱喝可口可乐"或者"电影《英雄》获奥斯卡奖"蕴涵"北京鸭爱喝可口可乐"或者"群论是数学的一个分支".

初等命题逻辑仅有上述四条公理. 对用于解释的例子不必考虑其实际意义,此处的目的在于说明:对形式系统中的符号仅需注意系统所规定的形式意义,不必考虑它们与现实的联系. 现在的问题是,我们如何证明这四条公理是无矛盾的,而且给出一个绝对性证明. 下面就着手进行这一讨论.

已经说明:从公理出发,利用合法的符号转换规则,系统能够导出的所有表达式就是初等命题逻辑肯定的全部定理. 假设如上公理系统是不相容的,即公理本身或者从公理中可以导出一对矛盾命题,即亦即出现 S 与 $\sim S$ 取值都为真. 我们看看会有什么后果.

首先注意,对如上公理系统而言,$(p \vee q)$ 与 $(\sim p \Rightarrow q)$ 是等值的命题,即对变量 p,q 的任何取值,两个表达同时取值为真或假. 为说明这一点,只需从定义出发,考察这两个命题表达式的真值表(见表 2.2). 由此从公理(2)可以得到:$p \Rightarrow (\sim p \Rightarrow q)$ 为真.

§4 哥德尔不完全性定理的证明线索

表 2.2

p	q	$(p \lor q)$	$(\sim p \Rightarrow q)$	p	q	$(p \lor q)$	$(\sim p \Rightarrow q)$
真	真	真	真	真	假	真	真
假	真	真	真	假	假	假	假

回到命题逻辑公理系统相容性的讨论.如果系统不相容,即假设系统存在命题表达式 S 与 $\sim S$ 均取真值,那么用 S 代换前式中的 p,得到 $S\Rightarrow(\sim S\Rightarrow q)$ 为真.再由 S 为真,知 $\sim S\Rightarrow q$ 为真.然而已假设 $\sim S$ 也为真,推出 q 为真.但 q 是任意一个命题.也就是说,如果系统不相容,即它的公理体系中包含矛盾,那么任何命题都可证明是真命题,即这样的系统没有假命题.由此也说明:只要初等命题逻辑体系包含任何一个假命题,就说明它的公理系统是相容的.那么这样的假命题是否存在呢?

为寻找非真命题,先来看一下初等命题逻辑系统的真命题有何特征.首先我们注意到,四条公理都是"重言式".所谓"重言式"是指这样的表达式,它在所含变量的一切取值下都是对的,即永远取真值.容易验证,四条公理满足这一要求.还要注意到,"重言式"有"遗传性",即从公理出发,只要使用合法的变换规则,导出的表达式也是"重言式".这实际说明,初等命题逻辑系统的所有定理都应是重言式.然而初等命题逻辑系统显然存在不是重言式的公式,例如 $p\lor q$ 就不是重言式,当 p,q 都取假值时,它不取真值.由此我们至少找到一个公式,它不是定理.这说明:初等命题逻辑公理系统不包含矛盾,因而是相容的.请注意,上述给出的是一个绝对性证明.然而,像初等命题逻辑这样的"小"系统的相容性有绝对性证明,并不意味着任何一个形式系统都可能如此.

下面回到哥德尔不完全性定理的讨论.就在形式主义学派认为成功即将到来的时刻,哥德尔以他的卓越发现彻底摧毁了形式主义者建立牢固数学基础的幻想.当然,哥德尔摧毁的不仅仅是形式主义者的希望,他的工作实际断言,数学不可能完全建立在逻辑与数学自身的公理体系之上.在某种意义上,数学是有任意性的,但归根结底,数学与物理学、化学、生物学及其他科学相同,对其真伪进行判断的最终标准不仅仅是内部的和谐,还要取决于外部世界.

哥德尔于 1931 年发表了题为《论数学原理及有关系统中的形式不可判定命题》一文,该文给出了两个著名定理.简单说来,其一是:一个包含了整数算术的形式数学系统,如果是相容的,那么它就一定是不完备的,即一定存在系统内不可判定真伪的命题;其二是:如果这样的系统是相容的,那么此相容性在系统内必然是不可证明的.这两个结果分别称为哥德尔第一和第二不完全性定理.哥德尔说明了:当形式系统足以容纳整数算术时,类似于对初等命题逻辑系统那样,对系统的相容性给出一个绝对证明是不可能的,除非在元数学的推理中使用超出希尔伯特最初所允许的规则.但是如果这样做,元数学本身的逻辑可靠性就发生问题,无异于神话故事中,砍掉妖怪的一个头,又新生出一个妖头.

第二讲 浅谈悖论

哥德尔不完全性定理的重大意义是显然的. 在王浩所著的《哥德尔》一书中曾引用别人转述的爱因斯坦对哥德尔的赞誉. 爱因斯坦称哥德尔是"自亚里士多德以来比任何人都更加有力地动摇了逻辑基础的大人物". 哥德尔告诉我们,数学论断的可证明性与它的真理性不是一回事,真理性含有比数学可证明性更丰富、更深刻的内容.

此处不对哥德尔不完全性定理的丰富内涵再加解释,之所以又一次提到这些定理的原因在于:哥德尔在做出他的伟大发现时,本质上是利用了一个与构造撒谎者悖论类似的自指方法. 哥德尔不完全性定理的严格证明十分复杂,仅在证明的主要部分之前,哥德尔就给出了 46 个预备定义和几个重要的预备定理. 此处不可能引述详细的证明,但不严格地、粗略地勾画一下其中的主要步骤和大致思想也是有益的,它会给我们许多启示.

哥德尔对其著名定理的证明大致分为三个步骤. 首先,哥德尔设计了一种方法,对形式符号系统的每个允许符号、公式,甚至每一段证明都指定了一个唯一的数字作为标号,称为该符号、公式或证明的哥德尔数. 表 2.3 是哥德尔对基本符号加以编码的一些例子.

表 2.3

符号	~	∨	⇒	∃	=	0	S	(	)	,
含义	非	或	如果……那么……	存在	相等	零	后继数	左括号	右括号	标点
哥德尔数	1	2	3	4	5	6	7	8	9	10

符号	$p, q, r, \cdots$	$x, y, z, \cdots$	$P, Q, R, \cdots$
含义	命题变量	数字变量	谓词变量
哥德尔数	$12, 15, 18, \cdots$ 即编码大于 10,可被 3 整除	$13, 16, 19, \cdots$ 即编码大于 10,除 3 余 1	$14, 17, 20, \cdots$ 即编码大于 10,除 3 余 2

在符号编码的基础上,对任何公式也可指定一个唯一的哥德尔数. 例如,考虑公式 $(\exists x)(x = Sy)$,其意义是:存在一个整数 x,它是与数 y 相继的下一个整数. 上述公式中的每一符号都有编码(哥德尔数),从最左面的括号开始,依次是 8,4,13,9,8,13,5,7,16,9. 由此,如上公式的哥德尔数定义为

$$2^8 \times 3^4 \times 5^{13} \times 7^9 \times 11^8 \times 13^{13} \times 17^5 \times 19^7 \times 23^{16} \times 29^9.$$

容易看出,对公式定义哥德尔数的规则是:任一公式对应一个素数幂的连乘积,公式中各个符号的哥德尔数依次作为从 2 开始的连续素数的指数. 用类似的方法,对每一证明所包含的任意一串公式也可定义一个哥德尔数. 例如,如果一个推导含两个公式,前一公式的哥德尔数为 m,后一公式的哥德尔数为 n,则这一公式串的哥德尔数定义为 $2^m \times 3^n$.

从上述可知,一个公式或一段证明一旦给出,它就唯一地决定了一个哥德尔数;反之,给定一个哥德尔数,由整数素因子分解的唯一性定理,可以将其还原为所对应的符号表示. 例如,哥德尔数 $162 = 2^1 \times 3^4$,从哥德尔数 1,4 对应的符号可知,哥德尔数 162 对应表达式 ~∃. 显然并不是所有的整数都是哥德尔数. 例如 2×5^2 就不是,因为它不包含素因子 3.

§4 哥德尔不完全性定理的证明线索

有了哥德尔数的概念，就可以说明哥德尔证明的第二个关键。前面已经指出，形式数学系统相容性和完备性的表述及讨论属于元数学，即超出形式数学系统自身范围，但是利用哥德尔数，可以把元数学表述翻译成算术术语。也就是说，哥德尔可以使元数学"数学化"，即把每一个元数学表述化为一个由数字间关系表达的形式数学系统内部的表述，这样元数学表述的逻辑关系就可通过在数学系统内检查相应的整数关系来研究。我们用下面的例子说明这一点。考虑公式$(p \lor p) \Rightarrow p$，论断"公式$(p \lor p)$是公式$(p \lor p) \Rightarrow p$的初始部分"属于元数学的表述。利用$(p \lor p)$的哥德尔数$2^8 \times 3^{12} \times 5^2 \times 7^{12} \times 11^9$和$(p \lor p) \Rightarrow p$的哥德尔数$2^8 \times 3^{12} \times 5^2 \times 7^{12} \times 11^9 \times 13^3 \times 17^{12}$，可将前面的元数学表述转化为一个算术表述，即$(p \lor p)$的哥德尔数是$(p \lor p) \Rightarrow p$的哥德尔数的因子。由此，元数学表述可以被算术化。

已经说明：一个公式是形式数学系统的一条定理，意味着从某一作为公理的公式或已证明的公式出发，经过合法的符号代换，可以得到此公式。注意到，任何一步合法的公式变换，从算术观点看来，都可视为从一给定的哥德尔数出发，经算术运算得到一新的哥德尔数。此处虽然未严格证明这一点，但直观说来，这一点还是容易接受的。这样，从所有代表公理的哥德尔数出发，经过算术运算可以得到的哥德尔数就表示系统可证明的定理，得不到的哥德尔数则表示系统不承认的命题。将这一点与元数学的算术化相结合，哥德尔就可以利用算术语言在研究数学命题的形式系统内部，对元数学命题进行讨论。

在介绍哥德尔不完全性定理证明决定性步骤的基本思想之前，先来引进两个有用的概念。设a, a'是两个符号串，如果从符号串a出发，在我们所考虑的包含了整数算术公理的形式体系中，经合法推理，可以得到a'，则称a与a'构成系统的一个"证明对"，将其记为XTZMD$\{a, a'\}$。另一个概念是"代换"。设a''是当前所讨论公式中包含的唯一变元，a'是一个数，符号YGDESDR$\{a'', a'\}$的意思是：以当前公式的哥德尔数代换变元a''，所得公式的哥德尔数是a'（这里XTZMD$\{a, a'\}$和YGDESDR$\{a'', a'\}$是本书使用的汉语拼音符号）。

下面介绍哥德尔证明的关键，它从构造如下的公式开始，用我们的符号，这个公式可表示为

$$u: \sim \exists a \exists a' (\text{XTZMD}\{a, a'\} \land \text{YGDESDR}\{a'', a'\}),$$

其中u是冒号后公式的哥德尔数。将公式自身的哥德尔数u代换唯一变元a''，得到一个新的公式，记为G。为讨论方便，将G表示为

$$\sim \exists a \exists a' (\text{XTZMD}\{a, a'\} \land \text{YGDESDR}\{u/a'', a'\}),$$

其中的记号YGDESDR$\{u/a'', a'\}$是为了说明的方便，表示用u代换原来公式中的变量a''后得到的结果。由"代换"的概念，容易知道a'是代换后公式G的哥德尔数，而G的意义用一般语言则可翻译为：不存在整数a和a'，使得(1) a, a'形成系统证明对；(2) a'是用原来公式的哥德尔数u代换变元a''的结果。

请注意，以u代换公式的唯一变元a''后一定产生某一整数a'，所以不会发生a'不存在的情况。因此，上述公式为真的唯一可能是：没有一个整数a能与将u代换a''后所形成的公

式之哥德尔数 a' 构成证明对. 这也就是说, 以 u 代换 a'' 后所得哥德尔数为 a' 的公式不可能是定理. 至此哥德尔证明的主要部分可归纳为: 在形式系统所允许的表述下构造了一个公式, 这个公式的哥德尔数是 a', 而公式的内容是: 哥德尔数为 a' 的公式不是定理. 或者更直接地说, 哥德尔在系统中构造了这样的公式: 这个公式本身不是定理. 读者一眼就可看出, 这又是一个变形的撒谎者悖论. 这一构造本质上完成了哥德尔不完全性定理的证明. 因为对这样一个公式我们有两种可能的结果: (1) 如果这个公式可以从系统公理出发, 经合法推理得到, 那么, 我们将得到矛盾. 因为, 系统中所有能够推演出的公式是定理, 故这个公式是定理, 但这个定理的内容又否定它本身是定理. 显然这是一个自相矛盾的结果. (2) 如果这个公式无法在形式系统内证明, 那么说明它不是定理. 换言之, 这个公式本身的表述是正确的, 但它又不是系统可推出的定理, 于是我们得到了一个不能被证明的真理. 无论何种情况, 都粉碎了希望形式系统具有相容性和完备性的愿望, 都说明所考虑的形式系统是不健全的.

上面叙述了哥德尔论证其著名定理的大致线索, 实际上, 这一定理并不像初看起来那样不可思议. 试图完全用数学方法证明数学本身的可靠性, 就像一个人提着自己的头发想离开地面一样, 其矛盾是可以想见的, 但这一浅显的道理也只在哥德尔之后才被人们所理解. 由此可知, 人类认识的发展是一个多么艰难漫长的历程. 哥德尔不完全性定理不仅在哲学与认识论上具有里程碑式的意义, 就逻辑本身而言, 它也告诉我们, 创造性的使用逻辑, 会得到多么惊人的结果.

附带说明: 在哲学观点上, 哥德尔被视为是数学研究对象的实在论者, 而且与康德和直觉主义者类似, 他承认数学直觉; 但对哥德尔而言, 数学直觉是对客观数学对象的洞察能力, 数学仍然是独立于思想的. 哥德尔认为, 逻辑与数学所依据的公理是包含实际内容的, 这些内容不可能被完全抛弃; 在一定程度上, 数学可以与物理学相类比, 自然科学理论必须与观察和测量相联系, 但理论必然要超出观测, 数学也必须超越直觉, 利用假设发展强有力的数学理论.

§5 图灵停机问题

图灵是英国数学家, 也是最早的现代计算机科学家之一. 在计算机科学领域, 他因"图灵机"概念而知名. 下面我们简要介绍一下什么是图灵机.

图灵机是一种极为简单的计算过程模型, 它仅仅是一种概念上的机器, 当然, 以现在的技术水平, 制造一台真实的图灵机并不困难, 但并没有什么实际意义. 图灵机的作用是对计算过程进行分析, 从理论上对计算机和计算过程加以研究, 将其用于实际计算则是不方便的.

对于图灵机这种观念上的机器, 读者可以这样想象: 它有一条两端都可无限延长的纸带, 纸带划分为一系列方格, 在最简单情况下, 每个格子里写有一个数字 0 或 1, 即只包含两

§5 图灵停机问题

种可能字符.一般而言,则可允许任意有限种不同符号.纸带可以穿过一个称为"读写头"的盒子样的装置移动,每次移动一个方格.对每次移动,读写头可以读出当时落在其中的纸带格子上的数字,需要时也可将其擦掉并改写,或者按照给定规则,向左或向右移动纸带.具体执行何种操作,取决于读写头当时的自身状态及该时刻正处于读写头下的纸带格子上的符号.读写头可处于几种有限状态之一,每种状态和正在其中的纸带格子上的任一字符的组合,对应图灵机的一种特定操作.这一对应关系构成了机器的"指令表".任意一个这样的指令表就定义了一台特定的图灵机.

为对图灵机有一更直观的概念,考虑下面的简单实例.我们只考虑纸带上的前八个格子,依次从左到右写有符号 1111+111. 此处连续的 1 表示其个数所代表的整数;符号+表示算术加法.故如上纸带符号的意义是算术式 4+3. 我们设计一台简单的图灵机,使其能完成上述整数加法运算.令机器的读写头有两种状态,分别记为 A, B,并设两个状态和纸带上当前处在读写头下的符号组合给出的操作由如表 2.4 的指令表定义.假设初始时读写头处于状态 A,纸带最左边的符号 1 在读写头下,按照上述指令表,不难验证图灵机运行五步后停机,停机时纸带上将给出 4+3 的结果 7. 这样的一台图灵机可以完成整数加法运算,但显然十分麻烦.实际上,我们可以设想一台通用图灵机,即一台可以完成任何特定图灵机所能完成任务的机器,它能计算任何可计算的事物.也就是说,通用图灵机可以模拟任何一台当前广泛使用的通用计算机,而任何一台通用计算机也可模拟任何一台图灵机.在这个意义下,可以认为所有通用计算机都是一样的,它们都和一台通用图灵机等价.图灵机把机器计算归结为简单的基本步骤,因而便于分析各种理论问题,例如,什么是可计算的,什么又是不可计算的?显然任何可计算问题的一个最基本要求就是:它必须能被分解成一系列可由图灵机执行的指令操作,或者说具有一个算法,而且此算法还必须在有限步中得到结果.例如,无理数 π 的精确值就是无法计算的,因为不可能有一个图灵机上的算法在有限步骤内给出答案.

表 2.4

	状态 A	状态 B
1	(1) 擦去当前的 1; (2) 纸带左移一格; (3) 转化为状态 B	(1) 纸带左移一格; (2) 保持状态不变
+		(1) 擦去当前+号; (2) 写入 1; (3) 停机

实际可行的任何一个算法,都必须在有限时间内给出结果,即必须能够"停机",否则我们无法判断计算是否已经结束,是否已经得到了最终输出.当然有些程序不会终止,例如停机指令缺失或者程序陷入死循环的情况等.然而,一个程序是否停机不仅与算法有关,还可能与输入数据有关.例如,输入为一串整数,程序对每个数的奇偶性进行判断,遇到第一个偶

第二讲 浅谈悖论

数停机. 但如果输入是无穷多个奇数, 那么机器将一直工作下去. 图灵从理论上考虑了以下问题: 对于一台给定的计算机而言, 是否存在一个可在图灵机上实现的算法, 对任何一个给定的程序, 该算法可以判断什么样的输入导致最终停机, 什么样的输入永不停机. 图灵的结论是: 这样的算法是不存在的. 这就是所谓的图灵停机问题及答案. 此处介绍这一问题的原因不仅在于它对计算机科学的意义, 更重要的还在于它的论证方法. 此问题可以有几种不同的证明方式, 此处采用一种非完全形式化的逻辑论证. 读者将发现, 它是一个撒谎者悖论的计算机科学版本.

我们首先说明, 如何利用一台通用图灵机 U 模拟一台特定的计算机. 在任何一台计算机上执行的任何一个算法, 其相应的程序 P 均可视为一个由 $0,1$ 两个符号组成的编码序列, 记为 $\text{Code}(P)$. 为完成某一特定计算, 设所需要的输入数据为编码序列 d. 为使这一计算能在 U 上模拟实现, 首先将 $\text{Code}(P)+d$ 输入 U, 图灵机 U 先检查 P 对 d 做哪些操作, 然后将同样的操作施加于对 U 输入数据的后一部分 d 上. 这样, U 就模拟了 P 对 d 的操作. 下面我们论证图灵停机问题.

仍令 U 表示一通用图灵机, d 为它的输入. 因为 U 可以进行一切逻辑运算, 不妨设它可实现以下四项操作: (1) 检查输入 d 是否为一段程序 D 的编码 $\text{Code}(D)$. 如果不是, 重复此操作. (2) 如果 $d=\text{Code}(D)$, 把输入数据重复, 形成数据链 $d+d$. (3) 判断 U 对输入 $d+d$ 是否停机, 如停机则无穷次重复这一判断操作. (4) 如果 U 对 $d+d$ 不停机, 则立即停机. 所以, 如果停机算法存在, 那么上述后两项操作无疑可由图灵机程序实现, 因而, 上述四项操作可按顺序被编制成 U 上的程序, 记为 H. 令 H 的编码为 $h=\text{Code}(H)$. 由上述可知, 在执行程序 H 时有两处可能发生不停机的死循环: 一处在(1)中, 如果输入数据 d 不是一段程序, H 将反复不停地重复同样检验; 另一处在(3)中, 如果 U 对 $d+d$ 停机, 死循环就要发生. 请注意, 上述一切均是在假设停机算法存在的前提下发生的. 我们看看, 这会导致什么结论.

在上述假设下, 我们问: 当以 H 的编码 h 为输入数据时, H 的运行是否会在有限时间内终止? (这又是一种形式的自指!) 我们分析 H 对输入 h 可能不停机的两个操作. 因为 h 是一段程序的编码, 所以 H 肯定不会在(1)陷入死循环. 因此, 唯一可能不停机之处是(3). 按照前面的假设, H 顺利通过这一步的条件是 U 对 $h+h$ 不停机, 也就是说:

$$H \text{ 对输入 } h \text{ 停机的充分必要条件是 } U \text{ 对输入 } h+h \text{ 不停机}. \quad (2.1)$$

我们从图灵机模拟执行一段计算机程序的角度, 分析一下"U 以 $h+h$ 为输入不停机"的确切含义. 当图灵机 U 模拟任何一段程序 P 对输入 d 的操作时, P 对输入 d 的作用等同于 U 对输入 $\text{Code}(P)+d$ 的作用. 所以如果 P 对 d 停机, U 一定对 $\text{Code}(P)+d$ 停机. 将这句话中的程序 P 换为 H, 相应的 d 与 $\text{Code}(P)$ 换为 h, 我们有:

$$H \text{ 对输入 } h \text{ 停机的充分必要条件是 } U \text{ 对输入 } h+h \text{ 停机}. \quad (2.2)$$

上述两个 H 对输入 h 停机的充分必要条件(2.1)与(2.2)是彼此相反的, 其根源在于假设停机算法存在是不对的. 如上的论证再次使用了构造悖论的模式, 与哥德尔不完全性定理的证明方式本质是相同的. 对于停机定理更为形式化的理论证明可参见多种书籍, 例如 Fred Hennie 所著 "Introduction to Computability"(Addison-Wesley Publishing Company, 1977).

§6 任意大的集合基数

"数"是最基本的数学概念之一, 它经历了一个漫长的历史发展过程. 可以想象, 在人类的蒙昧时期, 简单的计数问题也曾带来过极大的困扰. 据考证, 历史上原始人类在很长时间内, 对超过 3 个的事物无法清楚分辨, 将它们统统称为"许多"或"一堆". 汉语中三人为众、三木为森、三水为淼的造字方法, 一生二、二生三、三生万物的说法, 可能就是这段历史的痕迹. 我们指出这一点, 丝毫没有嘲笑祖先的不敬之意. 实际上, 现代人面临着和不识数的远祖几乎相同的处境. 原始人类不能清楚区分 3 以上的数目, 现在这已不再是问题, 一个小学生可以轻易地数出任意大的自然数; 然而, 人类对无穷的认识则仍不完备, 特别是在德国数学家康托做出他的重大发现前, 人类对不同的"无穷"无法做出最基本的区分. 例如, 所有整数的数目, 任何一条线段上的点数, 都用"无穷"这个词来描述, 很多人对"无穷"这一概念的认识和原始人类对 3 以上数目的理解实际处于极其相似的地位.

前面已经介绍过康托比较无穷集合大小的基本方法, 即如果两个集合可以建立一一对应, 那么它们的元素个数相等, 或称有相同的"势", "势"又叫做"基数". 如果集合 A 只能与集合 B 的一个真子集建立一一对应, 无法对应到 B 的全集, 则认为 A 的元素个数少于 B, 或称 A 的势 (或基数) 小于 B. 此外, 所有与自然数集合一一对应的集合的基数用符号 $\aleph_0$ 表示, 任何一条线段, 甚至整个数轴作为一个"点集"的基数则记为 c, 已知 $\aleph_0 < c$. 现在的问题是: 对于任何已知集合, 是否存在一个"基数"更大的集合? 也就是问: 是否可以构造基数任意大的集合? 答案是肯定的. 下面就来论证这一点.

首先看一下有限集合的情况, 这对我们会有所启发. 对于一含 n 个元素的集合, 考虑它所有可能的子集, 即分别由 1 个、2 个……以至 n 个元素构成的子集, 再以所有这些子集为元素, 构成一个集合. 容易计算, 这一新构成的集合元素个数为
$$C_n^0 + C_n^1 + C_n^2 + \cdots + C_n^n = 2^n > n.$$
由此, 对任何有限集合而言, 它的所有子集构成的集合有比原集合更大的势. 下面说明, 这一点对无穷集合也是对的, 即任何一个集合的基数小于它的所有子集所构成集合的基数.

用反证法. 设由无穷多个元素构成的集合 A 与其所有子集构成的集合 $B = \{y \mid y$ 是 A 的任一子集$\}$ 之间可以建立一一对应, 即存在映射
$$\phi(x): A \to B; \quad \phi^{-1}(x): B \to A.$$
我们说明, 由此会导出矛盾, 即产生悖论.

因为假设了集合 A 与 B 之间可以建立一一对应, 故任何 $x \in A$ 对应了唯一的 A 的子集

$A_x \in B$. 由此可以对 A 中的元素加以分类,即若 $x \in A_x$,则称 x 为"好元素";若 $x \notin A_x$,则称 x 为"坏元素".

令 $S = \{x \mid x \in A \text{ 是坏元素}\}$,显然 S 也是 A 的一个子集,即 B 的一个元素. 由反证法假设,它也对应 A 的一个元素,即有 $x_S \in A$,与集合 S 对应. 现在问:x_S 是好元素还是坏元素?

如果 x_S 是好元素,按照好元素定义,有 $x_S \in S$;但按照 S 的定义,其中的元素都是坏元素,矛盾. 如果 x_S 是坏元素,按照集合 S 定义,$x_S \in S$,即 x_S 属于它所对应的集合,按照好元素定义,它应是好元素,同样发生矛盾.

由此可知,A 与其所有子集构成的集合一一对应是不可能的,且显然 A 又是 B 的一个真子集,A 的势小于 B 的势. 证毕. 请读者注意,这里的论证再次利用了自指的结构.

上面的论证说明,任何一个集合,无论有穷还是无穷,它的基数都严格小于其所有子集构成集合的基数. 如果对任意集合 A,用 $|A|$ 表示其基数,那么推广有限集合的记号于任意情况,上述结果可以表示成 $|A| < 2^{|A|}$. 采用这种符号规定,前面介绍过的连续统假设可表示为 $\aleph_0 < 2^{\aleph_0} = c$. 这一结果的一个自然推论是:存在有任意大的集合基数.

上面简略介绍了哥德尔不完全性定理、图灵停机问题和任意大的集合基数问题,它们的论证虽然各自不同,但都包含一个类似的模式,即利用了与撒谎者悖论相似的自指结构. 实际上,还有若干数学问题与前面提到的问题关系密切,例如著名的希尔伯特第十问题即是如此. 因而,此处的内容实际具有更广泛的意义. 限于篇幅,对此不再论述. 对希尔伯特第十问题有兴趣的读者,可参阅基斯•德夫林所著,李文林等翻译的《数学:新的黄金时代》一书.

§7 文学、美术、音乐和中国古代文献中的悖论

悖论是逻辑学、数学以及其他科学中的重要问题,但悖论不仅被逻辑学家和数学家所发现与利用,它还被文学家、艺术家以及哲学家们用各种各样的方式,表达在各自的作品中,由此在多种不同领域产生了色彩各异的奇妙效果. 这从一个角度说明,人类思维有其共通之处,深刻的思想并非数学家所独有.

文学作品中的一个有趣悖论出现在西班牙作家塞万提斯的名著《堂吉柯德》之中. 著作中叙述了堂吉柯德的仆人桑丘在一座名为"便宜他了"(baratario)的海岛上做了总督,他的一言一行都使人感到意外. 有一天,桑丘坐堂审案,有个外地人向他讨教这样一个问题:

一位贵人的封地被一条大河分为两半. 那河上有一座桥,桥的一头竖着一具绞架,同时建有一间作为法庭使用的房子. 封建领主制定了一条法律,过桥的人必须首先发誓,说明过桥的理由. 四个法官在法庭中负责审问. 如果法官判定要求过桥的人说的是真话,他就被顺利放行;如果判定他在说谎,那么他就要立即在绞架上被处死. 一天,一个人来到法庭,发誓声明他要求过桥没有别的事,只是希望死在绞架上. 这一下法官们为了难:如果令其平安过桥,他发的就是伪誓,按法律当被绞死;如果将其绞死,他说的就是真话,按法律应任其平安

§7 文学、美术、音乐和中国古代文献中的悖论

通过. 外地人请桑丘了断这一公案.

作家在此向读者展示了一个有趣的悖论. 而且不仅悖论本身有趣, 书中桑丘解决这一难题的原则也发人深省. 桑丘说: "如果按法律不能判断, 就该心存仁厚, 上帝提醒我的这句话, 目前用来恰好当景."(以上内容可见中译本《堂吉柯德》(下)第 51 章: 桑丘在总督任内的种种妙事)

谈到美术中的悖论立即让人想到著名画家艾舍尔, 有些人称他的作品为"神秘的数学艺术", 这绝不仅仅指他所使用的技巧和表现形式, 而首先因为其深刻的内涵. 上一讲已经提到, 就像文艺复兴时期有些画家沉溺于宗教主题, 近代有些画家按政治要求作画一样, 艾舍尔用数学主题构思作品. 他的很多画幅往往是现实与想象、逻辑与非逻辑、艺术与科学、可能与不可能的事物相互交织的产物, 表现为不可解的时间与空间关系的变化、扭曲和缠结, 令人困惑、思索, 给人启发, 使人遐想, 让欣赏者游离于美的欣赏与哲理探索、赏心悦目与心灵惊骇之间.

艾舍尔的画与数学的关系是多方面的, 涉及的范围极其广泛, 此处我们仅仅介绍其中的一小部分, 即利用"自指"使画面展现自相矛盾的少数几幅作品. 艾舍尔的著名版画《上升与下降》源自于 1958 年 2 月的《英国心理学杂志》(British Journal of Psychology) 上发表的一篇文章——《不可能的物体: 一种特殊的视觉幻象》(Impossible Objects: A Special Type of Visual Illusion)(作者为遗传学家 L. S. 彭罗斯(L. S. Penrose)和他的儿子、著名数学家 R. 彭罗斯(R. Penrose)). 在艾舍尔的这幅画中, 某个教派的修士们正在修院的屋顶上奉行宗教仪式. 他们分为内外两圈, 沿着现实不可能存在的阶梯永无休止地行进. 外圈的修士每次迈上一个阶梯, 从低向高走; 里圈的修士则每步从高向低走. 而这永远向上又永远向下的阶梯自身又连接为一个封闭的怪圈(自指!). 然而, 画面看上去是完全自然的, 丝毫没有生硬、不舒服的感觉. 只凭视觉, 我们察觉不出任何破绽, 只有经过思考, 才知道画面上的场景是现实不可能的.

艾舍尔的另一幅版画《瀑布》作于 1961 年. 画面上一个瀑布从高处流下, 经过四段转折又流回了瀑布的源头. 这当然是不可能的, 然而它在视觉上同样未引起不适. 这又是一个由绘画表达的悖论, 形式上再次利用了自指造成的循环. 以类似的手法, 艾舍尔创造出了许多令人惊叹、令人思考、令人叫绝的作品. 例如《画手》, 画面上两只几乎相同的握有画笔的手, 但一为左手, 一为右手. 让人不解的是: 哪一只是画家的手, 哪一只是画出的手? 是左手在画右手, 还是右手在画左手? 又如作品《拿着反射球的手》, 画面上一只大手托着一个水晶球, 而球中反射出来的景象正是画家伸出大手托着水晶球. 另一幅画《画廊》则更为奇妙. 画面下方是一个青年正在画廊中欣赏一幅画, 这幅画中之画展示了一座城市, 一艘汽船正在河道上行驶, 河岸上楼宇鳞次栉比, 一位妇女正从临河的楼窗向外眺望. 奇妙的是年轻人所在的画廊就在那位妇女的楼下, 我们看到的画在画中之画里. 艾舍尔正是通过这些画引发我们在艺术欣赏的同时进行逻辑与哲学的思考: 到底应该如何认识世界? 如何认识人类自身?

画家似乎不需要一个清晰的、最终的答案,惊异、思索、不断探求新的理念,这就是目的.

悖论在音乐中也有所表现. 德国大音乐家巴赫(J. S. Bach)(1685—1750)有西方音乐之父的美誉. 有人认为巴赫在音乐创作中,特别是在其生命的最后十年,从数学抽象形式中获得了许多灵感. 特别是,在其名作《音乐的奉献》所包含的一首卡农曲中,巴赫为音乐中的自指怪圈提供了一个实例.

1747 年巴赫来到柏林探视他当时荣任普鲁士国王腓特烈大帝宫廷合唱队指挥的三儿子. 巴赫为了答谢国王对他的款待,请求国王赐给他一个音乐主题,并以这一主题即兴进行**演奏.** 此后巴赫又就此主题写了一部乐曲,题为《音乐的奉献》,献给腓特列大帝. 这部作品包含有十首卡农曲. 按照《音乐字典》(王沛纶编,文艺书屋印行)解释,卡农是一种先后唱出同一曲调的复音歌曲,13 世纪起源于英国,文艺复兴时期经荷兰人发展,增加了种种变化,产生了多种花样. 此种曲式分二部、三部、四部以致更多声部. 其唱法是:甲部先唱两拍,在其继续进行之际,乙部加入,其音节与歌词都和甲部相同;当乙部唱了两拍时,丙部又从旁加入;如此等等. 领先唱出之句称为导句,模仿唱出之句称为伴句. 伴句和导句可以有各种不同的音高、音符顺序和持续时间等,由此造成多种变化. 按照本书笔者一个音乐门外汉的理解,这似乎就是"轮唱".

在十首卡农曲中,最令人感兴趣的是一首标为"经由每个音调的卡农(Canon per Tonos)". 为更准确地说明这首曲子如何展示了一个音乐怪圈,让我们引述美国著名计算机科学家侯世达所著《哥德尔、艾舍尔、巴赫》一书中的有关论述:

"(这首卡农)有三个声部,最高声部是国王主题的一个变奏,下面两个声部则提供了一个建立在第二主题之上的卡农化的和声. 这两个声部中较低的那个声部用 C 小调(这也是整部卡农的调)唱出主题,而较高的那个则在差五度之上唱同一主题. 这首卡农与其他卡农的不同之处在于,当它结束时——或者不如说似乎要结束时——已不再是 C 小调而是 D 小调了,而且这一结构使这个"结尾"很顺利地与开头连接起来. 这样我们可以重复这一过程,并在 E 调上回到开头. 这些连续的变调带着听众不断上升到越来越遥远的调区. 因此,听了几段之后,听众会以为它要无休止地远离开始的调子了. 然而在整整六次这样的变调之后,原来的 C 小调又魔术般地恢复了. 所有的声部都恰好比原来高八度,整部乐曲以符合规则的方式终止."

人们猜想,巴赫的意图在于明确地留下一个暗示,说这一过程可无休止地进行下去. 也许这就是为什么他在乐谱边空上写下了"转调升高,国王的荣耀也升高"一句话. 为强调这首卡农曲潜在的无穷性质,侯世达称其为"无穷升高的卡农".

请注意,悖论并非为西方文化所独有,在我国古代文献,例如庄子与墨子的著作中,均可发现与悖论有关的论述. 在庄子《齐物论》中有这样一段:"昔者庄周梦为蝴蝶,栩栩然蝴蝶也. 自喻适志与,不知周也. 俄然觉,则蘧蘧然周也. 不知周之梦为蝴蝶与,蝴蝶之梦为周与? 周与蝴蝶,则必有分矣. 此之谓物化." 到底是庄周做梦变成了蝴蝶,还是蝴蝶做梦变成了庄周,这是一个无休止的自指怪圈.这一怪圈诱使我们更深刻地思考人生.

庄子在《齐物论》中还有"大辩不言"与"言辩不及"的论断."大辩不言"的意思是"最高明的辩论是不说话","言辩不及"所说的是"辩论的语言一定有偏颇不全面之处".由上述两点出发,庄子主张"言尽悖",即"说出来的话都是错的".墨家在他们的著作《经下》中反驳庄子这一说法.翻译成现代语言,墨家的反驳大意是这样的:以言为尽悖的说法是不可以成立的.此说法如可成立,则至少这句话是不错的,因而此说法不能成立.如果这句话对,按其本身字面意义,主张这句话对也就错了.显然,墨家在指出庄子的错误时利用了"自指"结构,即把"言尽悖"这一论断用于"言尽悖"这句话自身.实际上"言尽悖"与撒谎者悖论有完全类似的结构.

我国古代文献中的其他悖论不再一一列举.我们的祖先在以悖论为代表的逻辑问题上,表现出与世界所有优秀民族同样的智慧与敏锐,对世界文明做出了自己的贡献.

§8 预言可能吗?

与悖论有关的问题是丰富多彩的,作为本讲的结束,我们介绍一个既与数学和逻辑学有关,又与哲学中"自由意志"问题密不可分的悖论,希望读者提出自己对此悖论的见解.

纽卡姆(W. A. Newcomb)是美国加州劳伦斯实验室的一位理论物理学家,1960 年他在考虑博弈论中的"囚徒困境"问题时发现了一个悖论.几年后,通过数学家克鲁斯卡尔(M. D. Kruskal),哲学家诺兹克(Nozick)知道了这一问题,且于 1970 年将其公诸于世.这一悖论是这样的:

假设有两个封闭的不透明的盒子,无妨依次记为 B_1, B_2. 已知 B_1 中放有 1000 元钱,B_2 或者是空的或者放有 1 百万元.但 B_2 中状态到底如何,你一无所知.你现在可有两种选择:(1)把两个盒子拿走.(2)只拿 B_2. 但是,在你做出决定之前,已经有一超级生物对你如何决策作了预测.这一预测几乎是完全正确的.如果你同意,我们无妨把这一超级生物视为上帝.如果他预测你仅拿盒子 B_2,他将在里面放上 1 百万元;如果他预测你会拿两个盒子,他将使 B_2 是空的;如果他预测你将用掷硬币的随机方式决策,B_2 也将是空的.你在做出决定时完全理解这一情况,超级生物也知道你理解这一情况.

现在的问题是:应该如何合理决策?对此问题可以有两种完全不同的考虑:

(1)相信超级生物的预测是非常准确的.如果同时取两个盒子,则几乎肯定只能得到 1000 元;如果只取 B_2,则几乎肯定得到 1 百万元.因此,按照期望效益极大的决策原则,应只取 B_2.

(2)超级生物在做出预报并放好钱后已经离开了,不论预报是否正确,盒子中的钱不会变了.由此同时取两个盒子的钱,无论如何都会比仅取 B_2 的钱多 1000 元.因此按照最优策略原则,应同时拿走两个盒子.

这是两个彼此矛盾的推理,在假设情况下哪一个正确呢?

1973 年 7 月份的《科学美国人》(Scientific American)杂志在数学游戏专栏发表了这一悖论,在读者间引发了热烈的讨论. 在此后就此问题寄往编辑部的 148 封信件中,大多数认为应只取 B_2,少数认为应同时取两个盒子,不多的几个人建议采用某种欺骗方式,例如取两个盒子,但只打开 B_1,取 1000 元,而把 B_2 卖掉. 还有十余人认为问题的条件是不可能或不相容的,4 人认为这样的预测者不可能存在. 亲爱的读者,你的看法如何呢?

这一悖论并不是无意义的胡编乱造,它直接和数学有关,涉及在博弈问题中如何合理选取决策原则. 期望效益极大原则和最优策略原则可以给出相互对立的决策,原则的确定有时是十分困难的.

这一悖论还不仅涉及准确地预测人的行为是否可能,也涉及如何看待人的自由意志问题. 可以认为,主张只拿 B_2 的人思想上是决定论者,主张拿两个盒子的人崇尚自由意志. 然而,到底什么是"自由意志"呢? 这一名词背后是否也隐藏着悖论? 如果世界是由决定性规律支配的,那么任何人对任何事物的选择事实上也早已被规定,自由选择只是假象;如果世界是按随机规律运行的,自由选择也只是一个无意义的随机因素,因为不能决定事物今后的发展. 因此,无论是决定论还是非决定论的观点,似乎都不支持"自由意志"概念. 不过,还有第三种看法,认为自由意志不能在决定论或非决定论任何一种理论的框架下单独解释,生活就像两口锁着的箱子,每个箱子中装有打开另一箱子的钥匙. 自由既不是命中注定的东西,也不是随机选择,不要把二者视为彼此矛盾相互冲突的概念,实际上,在生活中它们以不可度量的方式互补. 亲爱的读者,你的意见如何呢?

参 考 文 献

[1] QUINE. Paradox. Scientific American,April,1962.

[2] RAPOPORT A. Escape from paradox. Scientific American,July,1967.

[3] 科学美国人编辑部. 从惊讶到思考——数学悖论奇景. 李思一,白葆林译. 科学文献出版社,1984.

[4] STEWARD I. The Magical Maze:Seeing the World through Mathematical Eyes. New York:John Wiley and Sons,1997.

[5] HENNIE F. Introduction to Computability,Massachusetts:Addison-Wesley Publishing Company,1977.

[6] NAGEL E,NEWMAN J R. Gödel's proof. Scientific American,June,1956.

[7] 侯世达 D R. 哥德尔、艾舍尔、巴赫——集异璧之大成. 郭维德等译. 北京:商务印书馆,1996.

[8] 王宪钧. 数理逻辑引论. 北京:北京大学出版社,1998.

[9] QUINE. The foundation of mathematics. Scientific American,Sep,1964.

[10] GARDNER M. Free will revisited,with a mind-bending prediction paradox by william Newcomb. Scientific American,July,1973.

[11] 刘壮虎. 素朴集合论. 北京:北京大学出版社,2001.

[12] 冯友兰. 中国哲学简史. 北京：北京大学出版社，1985.
[13] 基斯·德夫林. 数学：新的黄金时代. 李文林等译. 上海：上海教育出版社，1997.
[14] DELONG H. Unsolved problem in arithmetic. Scientific American，March，1971.
[15] GARDNER M. The Turing game and the question it presents：Can a computer think? Scientific American.

第三讲 对称群、装饰图案、血缘关系

> 这一讲从平面几何中保持三角形不变的等距变换谈起，引入了对称群等概念；然后利用有关概念分析了回文诗、花边、壁纸、艾舍尔的画等具有对称模式的事物，特别是介绍了奇妙的不仅仅是数学游戏的彭罗斯铺砌。最后一节以群论为工具，用数学描述了在澳大利亚和太平洋一些岛屿的土著居民中所发现的人类早期婚姻制度。这是将数学用于社会学的一个十分有趣的实例。

　　对称是一种常见的现象，它既发生在自然规律与自然环境之中，也出现在人为的创造物里。对称又是一种重要思想，通过这一思想，人们试图去欣赏、理解和创造秩序与完美。无论是万有引力定律还是库仑定律，两个质点或点电荷间的相互作用力只能发生在它们彼此间联线的方向上，这与其说是实验结果，倒不如说是对称性的结论；天空中的星球是球状的，只是由于自转和公转的原因，它们才偏离了严格的球对称；小的水滴是球状的，只是由于重力的作用，它们在垂直方向上才被拉伸，但仍保留着轴对称；众多的生物有对称形式的外表，悬浮在水中的低等生物一般呈球状，而由于运动的原因，从水中的鱼到行走的人，丧失了前后的对称性，但都保持着左右对称的外观。对称似乎是宇宙间的一条法则，均匀的条件只能产生对称性的结果，只有不对称的作用才能产生不具对称性的结果。对称的形式与概念已经深入到人类的头脑中，体现在人类社会的思想与实践活动之中。仅就我国历史而论，从汉墓出土的帛画，到历代宫殿的形制，日用的器皿、锺鼎鬲簋的样式与花纹，官制的设立，仪仗的排列，无一不昭示着某种对称性。即使表面上的不严格对称，也暗示着"对称"是隐藏的原则，城市与寺院中的钟楼和鼓楼就是一例。

　　自然与社会的法则越是简单、普遍，它的意义就越是深远。本文无意也没有能力全面探讨"对称性"的各种表现与内涵，我们仅仅试图通过最基本的几何讨论，说明关于对称思想的数学表达，然后利用一些简单有趣的例子，说明如何利用数学描述自然、艺术与人类社会中的对称现象。

§1 从平面几何说起

所有受过中学数学教育的人都对平面几何课程留有深刻印象,它的内容和体例,特别是严格的逻辑论证模式,使我们初次领略了什么是数学.在平面几何中,最基本的内容就是讨论两个三角形是否全等.欧几里把三角形的全等归结为三个定理,即如果两个三角形的两边一夹角,或两角一夹边,或三条边分别相等,则两三角形全等.这组定理可以由(合同)公理导出,而它们实际所说的是,经过适当的平面或空间移动之后,两个平面三角形可以完全重合.其中隐含的规定是,在移动过程中,任何一个图形不发生变形,即图形上任何两点间的距离保持不变.用物理学语言来说,即是考虑"刚体"运动.

两个图形的完全重合可以从另一个角度刻画:两个图形的点之间建立了一一映射,即一个图形的点唯一地映到了另一图形上,后一图形的每一个点在前一图形中都存在"原像",而且这一映射保持任何两点间的距离不变.数学上,把这样的映射称为"等距变换".从这样的观点出发,两个三角形的全等可以表述为:存在一个等距变换,把一个三角形变换为另一个三角形.

以下仍然以平面三角形全等为代表,讨论平面等距变换.如图 3-1(a)中,$\triangle ABC$ 与 $\triangle A^*B^*C^*$,$\triangle A^{**}B^{**}C^{**}$ 都相等,但 $\triangle ABC$ 与 $\triangle A^*B^*C^*$ 顶点排列顺序相同,均为逆时针方向,而 $\triangle A^{**}B^{**}C^{**}$ 的顶点排列为顺时针方向.我们把保持顶点顺序的等距变换称为"直接的",另一种称为"反向的".按照这一区别,平面上的等距变换划分为两类.

如果在一个变换下,一个点被映射到自身,那么这个点称为该映射的不动点.任何具有一个不动点的等距变换,或者是一个以该不动点为心的旋转变换,或者是一个镜面反射变换,反射面通过不动点.如果把镜面反射变换视为平面到平面之间的变换,则平面上表示整个反射面的轴线(称反射轴)上的点都是不动点.旋转给出的等距变换是直接的,反射给出的等距变换是反向的.

一个平面上的反射变换(简称反射)完全由反射轴的位置所决定.我们可以按如下方式理解平面上的反射:先将要变换的图形向反射轴压缩,然后再从反方向把"压扁"了的图形"拉伸"到变化后应有的形状和位置.

平面上的旋转变换(简称旋转)由一点(旋转中心)和一个角度(旋转角度)完全决定.任何一个旋转可以归结为连续两个反射的结果,其中两个反射轴交于旋转中心,且若旋转角度为 θ,则反射轴夹角为 $\theta/2$(见图 3-1(b)).

除反射与旋转之外,另一个重要的平面等距变换就是平移变换.平移变换(简称平移)由点平移的方向和距离决定.平移是直接的,没有不动点.

连续两个平移的结果相当一个平移,且与两个平移施行的顺序无关.这可由平行四边形边与对角线的关系来说明.从图 3-1 可以看出平移、反射和旋转之间的关系.

第三讲 对称群、装饰图案、血缘关系

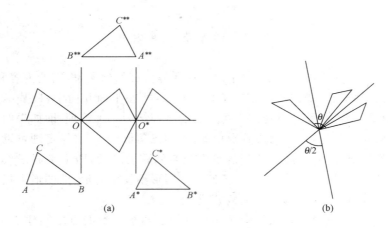

图 3-1 平移、反射和旋转之间的关系

一个平移可以化为垂直于平移方向的两个连续反射，两个反射轴间距恰为平移距离的一半；一个平移还可化为对两个中心 O 与 O^* 的连续两个 $180°$ 旋转，其中第一个旋转中心 O 可任意指定，但 O^* 的选取必须保证使 OO^* 平行于平移方向，且等于平移距离的一半．

两个等距变换连续作用的结果仍然可以看做是一个等距变换，将其称之为两个变换的积．一个 $180°$ 旋转与一个平移之积仍然是一个 $180°$ 旋转，这是因为对乘积变换而言，在过旋转中心沿平移方向的直线上，一定存在一个不动点，不难看出，两变换之积就是以此点为心的 $180°$ 旋转．

最后还要介绍一类重要的平面上的等距变换，即"滑动反射"．它是对一轴的反射与沿该反射轴方向一个平移的复合，由反射轴方向和平移距离决定．此变换是反向的．

图形上任何一点 P，经滑动反射变换到 P^G，P 与 P^G 连线的中点一定在反射轴上．由此，利用变换前后图形对应点连线的中点轨迹可以决定反射轴的方向与滑动距离．

一个平移可以表示为垂直于平移方向的两个反射的连续作用，由此滑动反射可以表示成三个反射，其中一个的反射轴与其他两个的反射轴垂直．从定义还可推知，一个滑动反射还可以表示成一个 $180°$ 旋转与一个反射之积，旋转中心不在反射轴上．反之，任意 $180°$ 旋转与一个反射的连续作用也是一个滑动反射．

综上所述，平面等距变换可归类如下：

直接的等距变换 $\begin{cases} \text{平移（可化为对两个平行轴的连续反射，轴间距为平移距离之半），} \\ \text{旋转（可化为对两个相交轴的反射，两轴夹角为转角之半）；} \end{cases}$

反向的等距变换 $\begin{cases} \text{反射（由一个反射轴决定），} \\ \text{滑动反射（可化为对三个轴的反射，一个轴与其余两个垂直）．} \end{cases}$

§2 对称概念与群的数学定义

前面已经说过对称是人类的一种重要思想,但人们在使用对称这个词汇时却往往表示着十分不同的含义,它至少可有三个不同的层次.比如,我们在欣赏一幅画时,常常称赞构图很对称.这句话的实际含义是指画面上景色或人物的安排很匀称、很均衡,不显得崎轻崎重.而在另一种用法下,对称这个词的含义则明显地更为准确和严密.例如,我们说北京大学办公楼的建筑形制是左右对称的.这里是指对中轴线而言,左右两边的建筑构形完全相同,对称一词在此具有完全确定的几何内容.然而,在数学的一般意义下,对称一词不仅是只包含几何对称,还要包括在更为广泛的抽象意义下,事物对某种变换保持恒定的不变性质.例如,考虑三元多项式

$$f(x_1, x_2, x_3) = x_1 + x_2 + x_3 + x_1 x_2 + x_1 x_3 + x_2 x_3 + x_1 x_2 x_3.$$

在三个变量的任意置换下,此三元多项式保持不变.因此称它是变量 x_1, x_2, x_3 的对称多项式.

为了说明从数学上如何更准确地表达对称概念,仍然从最简单的几何图形开始.考虑一个正三角形 $\triangle ABC$,我们寻找所有将其变换到自身的平面等距变换.记 $\triangle ABC$ 的重心为 O,容易看出所求的变换共有六个,其中三个分别是以 O 为心的三个旋转,转角依次为 $2\pi/3$, $4\pi/3$ 和 2π;另外三个是以 $\triangle ABC$ 过顶点 A, B, C 的三条中线为轴的反射.请注意此时顶点 A, B, C 是指三角形顶点的初始位置.

在如上的六个变换中,绕 O 点旋转 2π 相当所有的点不变,但为了数学上的方便,我们仍然将其视为一个变换,只不过把每个点变到自身,故称之为"恒同变换",用符号 I 表示.设这六个变换的符号表示依次是:$O_{2\pi/3}, O_{4\pi/3}, I = O_{2\pi}, R_A, R_B, R_C$.这六个变换中的任何一个,都把 $\triangle ABC$ 变到自身,因而可以考虑它们的连续作用,即考虑任意两个的乘积.显然连续作用仍然是一个把 $\triangle ABC$ 变到自身的变换.因此可以把正三角形变换到自身的任意两个变换的乘积定义为与两个变换连续作用等价的,将正三角形变到自身的变换.例如,先将正三角形绕中心旋转 $4\pi/3$,再旋转 $2\pi/3$,那么,这两个变换连续作用的结果相当一个绕中心旋转 2π 的等距变换;又如,设顶点 A, B, C 按逆时针方向排列,A 在上,B, C 在下,则先对过顶点 C 的中线反射,再绕中心旋转 $2\pi/3$,所得结果相当将 $\triangle ABC$ 对过顶点 B 的中线反射.用符号表示,上面的两个例子可写成

$$O_{2\pi/3} \cdot O_{4\pi/3} = O_{2\pi}, \quad O_{2\pi/3} \cdot R_C = R_B.$$

这样我们就在将正三角形变换到自身的等距变换集合中定义了"乘法"运算.这一乘法满足结合律,但不满足交换律.例如,将前面第二个例子中的两个变换交换次序,有 $R_C \cdot O_{2\pi/3} = R_A$,与前面的结果不相等.在如上定义的乘法中,变换 I 起着普通数乘法中 1 的作用,任何变换与 I 相乘积仍然是自身.还要指出,任何一个将正三角形变换到自身的等距变换都存在逆变换,

第三讲 对称群、装饰图案、血缘关系

即存在一个变换,与所考虑的等距变换连续作用,无论孰先孰后,积总是 I. 例如:
$$O_{2\pi/3} \cdot O_{4\pi/3} = I, \quad R_A \cdot R_A = I.$$
我们将任何一个变换 X 的逆变换记为 X^{-1}.

上面将正三角形变换到自身的等距变换集合所具有的性质是很普遍的,它们出现在诸多很不相同的自然或社会科学领域中.因此数学家将其抽象出来,创立了"群"的概念.

定义(群) 设 G 是一个非空集合,在 G 内定义了一种乘法运算,即定义了映射
$$G \times G \to G,$$
$$(a,b) \mapsto ab \quad (a,b,ab \in G),$$
且此乘法满足以下运算规则:

(1) 结合律,即 $\forall a,b,c \in G$,有 $a(bc)=(ab)c$;

(2) 有单位元,即 G 内存在一个元素 e,使 $\forall a \in G$,有 $ea=a$;

(3) 可求逆,即 $\forall a \in G$,存在 a^{-1},使 $a^{-1}a=e$,

则 G 称为一个群,其中 e 称为群 G 的单位元,a^{-1} 称为元素 a 的逆元.

粗略说来,群只不过是一个对乘法运算封闭,存在单位元与逆元的集合.从上述定义还可以导出,$aa^{-1}=a^{-1}a$,即一个逆元既是左逆元又是右逆元,而且一个元素的逆元是唯一的.还可以证明,$\forall a \in G$,$ae=a$,且任何一个群只有一个单位元 e.

请注意,在群的定义中并未要求乘法满足交换律.一般而言,交换两个元素相乘的顺序,积是不同的.对某些群,乘法交换律成立,这样的群称为阿贝尔(Abel)群,对阿贝尔群所定义的代数运算称为加法,单位元改称零元,逆元称负元.

与群有关的另一个重要概念是生成元.设 S 是群 G 的非空子集,令 $S^{-1}=\{x^{-1} | x \in S\}$,又设 $T=S \cup S^{-1}$,并定义
$$\langle S \rangle = \{t_1 t_2 \cdots t_n \mid t_i \in T, n=1,2,\cdots\}.$$
易知 $\langle S \rangle$ 是 G 的一个子群,称为由子集 S 生成的子群.如果 $\langle S \rangle = G$,则 S 称为 G 的一组生成元.由此可以看出,生成元只不过是群中这样的一部分元素:它们再加上它们的逆元,按照群中的运算规则,可以构成整个的群.

群 G 中若只含有有限个元素,则称 G 为有限群,其中元素的个数称为 G 的阶.上面所讨论过的将正三角形变换到自身的等距变换构成一个群,称为正三角形的对称群,它是 6 阶的.进而如果对称群中的一个元素即等距变换连续作用 k 次时相当于恒等变换,则称群中这个元素是 k 阶(次)的.

我们可以对正方形作类似的讨论,即考虑所有将正方形变换到自身的平面等距变换,这样的变换也构成一个群,称为正四边形的对称群,此时群是 8 阶的.把这一讨论继续下去,可知正五边形的对称群是 10 阶的,正 n 边形的对称群是 $2n$ 阶的,包括 n 个绕中心的旋转,转角分别为 $2k\pi/n(k=0,1,\cdots,n-1)$,以及 n 个反射,当 n 为奇数时,反射轴是过 n 个顶点的对称轴;当 n 为偶数时,反射轴是每对对边的中点连线和过相对顶点的直线.而对于没有任何

§2 对称概念与群的数学定义

对称性的平面图形只能在恒同变换下保持不变,它的对称群的阶数为 1. 然而,最完美、最对称的平面图形是圆,圆的对称群是 ∞ 阶的,保持圆心不变的任何旋转,对任一直径的反射都是圆对称群的元素,这是一个无限群.

从上述讨论可以看出,一个图形对称群的阶数,反映了此图形的对称程度,而且这个群精确描述了图形所有的对称性质,由此,我们可以通过图形对称群的研究,考虑相应图形的对称性,即利用代数工具研究几何特征.

由于对称性可视为某种不变性,下文有时使用"平移对称"、"旋转对称"、"反射对称"的说法分别表示保持一个图形不变的平移变换、旋转变换和反射变换,或者表示在相应的变换下图形不变.

现在我们从二维平面转向三维空间. 从欧拉定理:一个多面体的顶点数 V 减去棱数 E 加上面数 F 等于 2,即

$$V - E + F = 2,$$

可以推出三维正多面体只能有五种,其论证如下:假设一个正多面体有 F 个面,每个面是一个正 n 边形,每一个顶点有 m 条棱,由于每两个面共一条棱,故通过面与顶点的数目来计算棱的数目可得

$$nF = 2E, \quad mV = 2E.$$

利用上述关系将 V 与 F 均通过 E 表示,代入欧拉定理的表达式,得到

$$\frac{2E}{n} + \frac{2E}{m} - E = 2,$$

变形为

$$\frac{1}{n} + \frac{1}{m} = \frac{1}{2} + \frac{1}{E}.$$

任何一个多面体的顶点至少有 3 条棱,每一个面至少有 3 条边,因此我们有 $m \geq 3, n \geq 3$. 显然,m, n 均不能比 3 大得太多,否则欧拉定理不能成立. 试验所有可能的 m 与 n,我们知道正多面体只能有以下五种,即

正四面体,每个面为正三角形,其对称群的阶数是 $2 \times 3 \times 4 = 24$;
正六面体,每个面为正四边形,其对称群的阶数是 $2 \times 4 \times 6 = 48$;
正八面体,每个面为正三角形,其对称群的阶数是 $2 \times 3 \times 8 = 48$;
正十二面体,每个面为正五边形,其对称群的阶数是 $2 \times 5 \times 12 = 120$;
正二十面体,每个面为正三角形,其对称群的阶数是 $2 \times 3 \times 20 = 120$.

上面五个正多面体对称群的阶数按公式"2×每面棱数×面数"计算,这可解释如下:设想指定正多面体的一个面,首先考虑保持这个面不变的等距变换,它们由数目相等的旋转和反射所组成,数目为每面边数的二倍. 再考虑正多面体的任何一个面都可以由等距变换变到指定位置,由此所有可能的等距变换数还要再乘上面的数目. 这就得到了上面所列的对称群

阶数.

从上面列出的数字可知,正六面体与正八面体有相同的对称群阶数,正十二面体与正二十面体亦然.事实上,这并非偶然,而是出自这两组正多面体几何上的对偶性质.下面以正六面体与正八面体为例加以说明.取正六面体每个面的中心,它们构成一个正八面体的顶点.由此可知,每一个保持正六面体不变的(空间)等距变换必然也保持正八面体不变,反之亦然.由此,正六面体与正八面体必然有相同的对称群.正十二面体和正二十面体的关系可以类似说明.有趣的是:平面正多边形的数目是无限的,而空间正多面体则仅此五种.

§3 花边、壁纸、艾舍尔的画及其他

上面通过简单的几何讨论,说明了数学上如何利用群的概念描述正多边形及正多面体的对称性.本节介绍一些常见的事例,说明对称并非什么玄妙的概念,人类对此早已熟知并加以利用.然而,现象越是一般,越是基本,含义就越是深刻,对称概念实际涉及了自然界最隐蔽的奥秘,有关的课题至今仍是科学探索的前沿.

我们从最简单的实例谈起.多数人幼年时代都玩过万花筒,为其变幻莫测、五颜六色的对称图案所倾倒、所迷惑.然而如果你打开万花筒便会发现,那些令人惊叹的美丽图案,不过是一些彩色玻璃的碎片,在两块或三块相交成一定角度的平面镜下多次反射的幻象.其原理如图 3-2 所示,是真正的"水中月、镜中花".

我们每个人并不真正熟悉自己的声音.当你第一次从录音机中听到自己的发声时,往往认为"不像",怀疑录音效果不佳.实际上,这是因为你所习惯的自己的声音都是通过口腔中的骨骼传到耳的,而录音机发出的声音则是通过空气传播的.与此类似,你通过照镜子所"熟悉"了的尊容并不真正属于你.镜中你的左脸是实际的右脸;镜中的右脸才是真正的左脸.也就是说,你所熟悉的实际是尊容对过鼻子之中线反射后的像.但是我们可以设计一面镜子,它如实反映你的庐山真面目.不过,当你初识真相时,反而可能发生怀疑.由此可见,认识客观不易,认识自己也难.这种给出真容的镜子由两面相交 90°的平面镜给出(见图 3-3),你是

图 3-2 万花筒原理

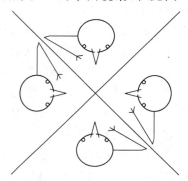

图 3-3 能照出真实面目的宝镜

§3 花边、壁纸、艾舍尔的画及其他

否准备尝试一下呢？

全世界各民族以形形色色的方式创造、欣赏和表达各种独特的对称模式,我国古代的回文诗就是对称在文学领域的奇特产物.杨振宁先生在北京大学百年校庆的演讲中曾引用宋代大文学家苏东坡的一首回文诗：潮随暗浪雪山倾,远浦渔舟钓月明,桥对寺门松迳小,巷当泉眼石波清,迢迢远树江天晓,蔼蔼红霞晚日晴,遥望四山天接水,碧峰千点数鸥轻.这首诗正念倒念都是一首七律诗,用数学语言来说,在反射变换下有不变性.清代女诗人吴绛雪的《四季回文诗》更为有趣,这首诗形式上可以写成如下形式：

《春》 莺啼岸柳弄春晴,夜月明.
《夏》 香莲碧水动风凉,夏日长.
《秋》 秋江楚雁落江洲,浅水流.
《冬》 红炉透炭炙寒风,御隆冬.

以《春》为例,说明此诗的读法.春诗的十个字读做：莺啼岸柳弄春晴,柳弄春晴夜月明,明月夜晴春弄柳,晴春弄柳岸啼莺.其余三首读法相同.可以看出,此处不仅有反射对称,还有平移对称,比起苏东坡的对称形式更为复杂.我们还可以列举更多类似形式的诗句.诚然,这在很大程度上只是一种文字游戏,并不具有重大文学价值；但从另一方面看来,回文诗的制作也独具匠心,说明诗人也注意到形式对称之美.

然而在日常生活中,对称思想表现得最为普遍、多样之处或许还是在服饰,以及建筑形制、外观和雕刻等处,特别是在作为装饰之用的花边与缘饰上.它们展现了各种各样的美妙形式,借用赫尔曼·外尔(Hermann Weyl)的话说,甚至在不对称的情形下,也暗示了对称是一条隐含的原则.除前面已经提到过的钟楼和鼓楼外,我国古代都城布局"前朝后市左祖右庙"的安排也体现了这一点.为不使讨论过于泛泛,此处我们着重对花边或缘饰的对称做一考察.花边或缘饰中包含有丰富的旋转和反射对称,但因为实际的事物永远是有限范围的,因而严格说来,它们不包含平移对称.为了从数学上对这些图案加以研究,我们设想所有的花边或缘饰都是一条向两侧无限延伸且有一定宽度的水平条带.

如果只考虑图案的花纹与色彩,不同民族、地域及不同历史时期会有各自不同的特点,但这是民族学与艺术史研究的内容.如果从数学的观点出发,则应着重研究保持某一特定图案不变的变换群(即对称群).那么可以知道：所有的单色花边,即不考虑图案色彩变化时,仅有 7 种可能.它们的对称形式和相应对称群的生成元如表 3.1 所列,表中对称形式一栏中所用的字母是特别选择的,用以表示图案中基本图形的对称模式,可参照图 3-4 更准确地理解它们的含义.表中相当于共列出了 7 个群,在这 7 个群中,除前两个外,在选择生成元上是有一定自由度的.例如第 3 和第 4 个群中,生成元的一个元素可以选为平移.

第三讲 对称群、装饰图案、血缘关系

表 3.1

序号	对称形式	对称群的生成元
1	…L L L L…	由一平移生成
2	…V V V V…	由两个反射生成
3	…N N N N…	由两个180°旋转生成
4	…V∧V∧…	由一个反射和一个180°旋转生成
5	…LΓLΓ…	由一个滑动反射生成
6	…D D D D…	由一个反射与一个平移生成
7	…H H H H…	由三个反射生成

图 3-4　7 种一维对称图案

图 3-4 给出的是在北京大学校园建筑的装饰、彩绘和石雕中所找到的具有这 7 种对称的图案(其排列顺序与表 3.1 的顺序相同),它们的广泛应用大大美化了我们的环境. 然而,从寻找这些对称图案的经验看来,7 种不同对称被使用的频率有很大差别.

严格说来,由于花边有一定宽度,它的对称群不是真正一维图形的对称群,当然也不是二维的. 无妨将其称为 $1\frac{1}{2}$ 维对称群,它只能在二维平面的一个方向上有平移. 在真正的一维直线上,只能有两个对称群,一个由平移生成,一个由对两个"点镜"的反射生成.

下面我们把同样的讨论扩展到二维. 覆盖平面的具有某种对称性质的模式是花边模式的自然推广,然而它们的精确刻画则要困难得多,此处仅仅给出一些基本的结果.

首先考虑哪些正多边形可以无间隙地铺满整个平面. 容易知道,如果仅限定使用一种正多边形,那么只有三种可能. 为说明这一点,首先引入符号 $\{p,q\}$,其含义是使用正 p 边形铺砌平面,每个顶点处用 q 个. 在这种表示下,使用一种正多边形铺满全平面的方式只有 $\{6,3\}, \{4,4\}, \{3,6\}$ 三种. 这是因为在任何一个顶点,q 个相等的正 p 边形的顶角之和必须等于 $360°$. 对任何一种可能的铺砌方式 $\{p,q\}$,作正多边形每条边的垂直平分线,则这些垂直平分线的交点连线给出了另一种铺砌方式 $\{q,p\}$,我们称这两种铺砌方式彼此对偶. 容易知道 $\{6,3\}$ 与 $\{3,6\}$ 对偶,而 $\{4,4\}$ 是自对偶的.

上述结果暗示,当以某种图形无间隙地铺满整个平面时,保持这一铺砌方式不变的平面旋转只能包含转角为 $180°, 120°, 90°$ 和 $60°$ 的旋转,即用以铺满平面的基本图形只能有 $2, 3, 4, 6$ 阶的旋转对称. 参考图 3-5,这一点可简单证明如下.

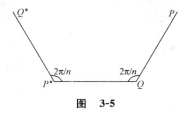

图 3-5

设以某一图形无间隙地铺满整个平面,且具有周期为 n 的旋转对称,点 P 是一个旋转中心. 保持此图形不变的其他对称操作把 P 映到了平面上无穷多个具有同样性质的点,即这些点中的每一个都可作为中心施行前述的旋转变换,并保持平面上的铺砌方式不变. 令 Q 是这些点中与 P 距离最近的一个. 以 Q 为心,将点 P 旋转 $2\pi/n$ 到点 P^*,再以 P^* 为心,将点 Q 旋转 $2\pi/n$,得到 Q^*. 显然

$$PQ = QP^* = P^*Q^*.$$

区分以下情况:

(1) 如果 Q^* 与 P 重合,则 $n=6$,即所讨论的旋转对称是 6 阶的.

(2) 在 Q^* 与 P 不重合的情况下,因为在所有可能的旋转中心里 Q 与 P 最近,必有

$PQ^* \geqslant PQ$,由此 $n \leqslant 4$. 这是因为:当 $n=4$ 时,PQP^*Q^* 是正方形,$PQ^*=PQ$;当 $n=5$ 时,有 $PQ^*<PQ$;当 $n>6$ 时,有 $PP^*<PQ$,与假设矛盾. 这说明平面对称群只能包含 2,3,4,6 阶的旋转对称.

然而,用一个有限范围图形无间隙地铺满整个平面,图形并非一定是规则的. 在这方面,最精彩的例子是画家艾舍尔的多幅名画,其中一幅是《骑士》(见图 3-6). 从此画取任何相邻的、外形完全一样的黑白各一的马上骑士为基本图形,通过两个方向的平移就可以覆盖整个平面. 也就是说与此图形相应的变换群可以由两个不同方向上的平移为生成元. 但是如果不考虑颜色,则可以取一个骑士和它的战马作为基本图形,利用两个滑动反射,将图形铺满平面,此时的变换群有不同的代数表示.

图 3-6 艾舍尔的画《骑士》(部分)

艾舍尔的另一幅画《甲虫》(见图 3-7),用构图相同但具有黑白不同颜色的甲虫铺满平面. 我们可以从相邻的黑甲虫与白甲虫各取一半作为基本图形,然后利用对两个平行的垂直轴的反射与一个沿垂直方向的平移生成整个平面图形. 同样,当不考虑颜色时,取任一甲虫的一半作为基本图形,利用一个沿垂直轴的滑动反射加上一个对垂直轴的反射,可以生成整个平面图形. 此时,我们还可以取任何一个甲虫作为基本图形,用一个垂直平移和一个斜平移将图形扩展到全平面. 通过平移一个不规则图形铺满全平面并不像想象中那么困难,它虽然需要相当的技巧,但还是有章可循的. 俄国依·沙雷金等所著的《直观几何》中介绍了解决这一问题的原则方法:首先,用一个规则几何图形作为基本单元(基本图形),铺满整个平面. 然后对每个基本单元作简单变形,其方法是将每个基本单元按适当方式分割成不相等的两部分,如果两部分的界限是直线,则可以令它们的相对位置沿此直线适当滑动,从而使基

图 3-7　艾舍尔的画《甲虫》(部分)

本单元变形；另外由于所有的基本单元都按同样的方式分割，故还可考虑将原来相邻基本单元的不同部分加以组合，构成新的基本单元，这也可使基本单元变形．经一系列这样的变化，我们就得到了由同一个不规则几何图形铺满的平面．艺术家可以按照最终得到的图形轮廓，将其绘制成适当的图案．当然，这里有高下之分，不仅仅是一个数学问题．作为对如上叙述的一个直观解释，读者可参阅图 3-8．它最初考虑一组规则的矩形网格，然后将左右相邻的矩形用鱼的头尾形态加以组合，上下相邻的矩形，用鱼鳍形态组合，从而导致最终构图．

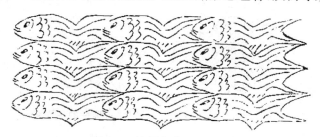

图 3-8　沙雷金方法示意图

对于花边，前面已经说明保持图形不变的变换群只能有 7 种．而对于用单一图形无间隙覆盖的平面，不论这基本图形几何上规则还是不规则，数学上已经证明所有可能的保持图形不变的变换群只有 17 种．有趣的是，在数学家用严格语言论证这一结果之前，13 世纪西班牙的摩尔人（Moors）在他们的 Alhambra 宫的建筑装饰中，即已使用了所有这 17 种对称图案．

如上所讨论的问题可以自然地推广到三维空间，此时涉及的数学理论更为复杂．此处只

第三讲 对称群、装饰图案、血缘关系

介绍一些主要结果. 我们知道, 三维空间的正多面体只有五种, 问题是: 它们是否像正三角形、正方形和正六边形可以无间隙地铺满平面那样, 作为填满三维空间的基本图形呢? 这种讨论实际和晶体结构, 或者说结晶学的研究有关. 晶体是由原子(离子或分子)在空间中周期排列构成的物质, 它的周期结构可以利用空间点阵来描述, 每个点阵格点的邻域状况全都相同. 理想晶体是结构完全相同的单元在空间无间隙地无穷次重复的结果, 因而表现出周期性. 点阵不涉及晶体构成的具体内容, 结晶学已知, 全部晶体共有 14 种点阵形式. 除周期性外晶体还具有对称性. 宏观观察无法察觉晶体结构的微观平移, 但晶体除平移对称外还可以有其他对称, 例如旋转对称和反射对称, 当然这些对称都必须受周期性的附加限制. 因此晶体只能具有 1,2,3,4,6 阶旋转对称. 由此正十二面体和正二十面体不可能是晶体的结构单元. 所有晶体可能具有的旋转对称与反射对称只有 32 种, 也就是说, 不考虑平移时, 所有的晶体点阵可划分为 32 类. 对每类存在有一种齐次正交变换, 使该类晶体基本结构在这样的变换下保持不变. 使不同晶体类保持不变的正交变换彼此不等价. 如果进一步考虑晶体的微观结构, 允许平移, 或更精确地说, 考虑所有在(幺模)不等价的三维非齐次线性变换下, 保持不变的不同晶格数, 显然这个数会更大. 详细的讨论说明, 如上的变换群包含 230 个元素, 即自然界只可能具有 230 种结构不同的晶体.

现在我们回到对二维平面的讨论. 前面已经谈到, 如果限定用一种正多边形无间隙地铺砌整个平面, 只有三种可能; 用一种基本单元无间隙地铺砌全平面, 可能的对称群也只有 17 种, 而且其中只能有 1,2,3,4,6 阶的旋转群(指由旋转变换构成的群). 还应指出的一点是: 当铺砌的图案没有平移不变性, 即没有周期性时, 可以令其具有旋转对称性. 图 3-9 就是两个简单的例子.

图 3-9 没有平移不变性, 但具旋转对称性的平面铺砌

下一个问题是: 如果我们放宽限制, 允许用多种不同的基本单元来铺砌平面, 会有什么结果? 历史上, 在伊斯兰文化中, 艺术家曾经给出了某些美丽的铺满平面的图案, 看起来似乎由几种正多边形组成, 但实际上, 其中利用了人们视觉的误差. 例如: 在一幅这样的构图中, 在一个顶点处会聚了一个正五边形、一个正六边形和一个正七边形. 计算一下这三个正多边形的内角和: $108°+120°+128\frac{4}{7}°=356\frac{4}{7}°$, 不是 $360°$, 因此这不是精确的几何构图. 有意思的是艺术家的想法和数学物理工作者不谋而合. 数学家和物理学家都对利用不同的

§3 花边、壁纸、艾舍尔的画及其他

基本单元铺砌平面进行了研究,并且认识到即使仅仅利用两种规则几何图形就既可以构造出无间隙地周期铺砌平面的方式,也可构造出非周期的铺砌.

在以两种不同基本单元铺砌平面的设计中,最有名的方式是由英国数学家彭罗斯(R. Penrose)提出的,下文将其称为彭罗斯铺砌.这种铺砌可有本质相同但形式有别的两种做法,我们介绍其中的一种.

彭罗斯铺砌既具有重大科学意义,又可以视为一种游戏.它的起源和数理逻辑学家王浩有关.王浩在研究符号逻辑时提出了一个问题:设有一组四方形的骨牌,将骨牌的四边涂以不同的颜色.每种涂色方式都有无穷多张牌.我们试图用这些牌来铺砌平面,限定只有两张牌的邻边颜色相同时二者才能拼接,且不允许将骨牌旋转和反射.因此,当限定一组骨牌的着色方式后,它们可能铺满也可能无法铺满整个平面.问题是:是否存在一个决策程序,对任意给定的一组着色方式,可以对这组骨牌能否铺满平面做出判断?王浩最初猜测这样的决策程序存在,而且在决策程序存在时,一组骨牌如果能非周期覆盖全平面则也一定能周期覆盖全平面.

1964 年,哈佛大学的罗伯特·博格(Robert Berger)在其博士论文中证明了王浩的猜想是错误的.博格构造出了这样一组骨牌,它们只能以非周期方式铺满平面.但他所使用的骨牌着色方式很多,最初达 20000 种以上,经过改进还要有 104 种.此后经他人继续研究,可以减少到 24 种,最终彭罗斯把所需的基本单元降到了 2 种.为了解彭罗斯铺砌的基本单元,请看图 3-10:图形(a)中的 ϕ 表示黄金分割数 1.618…,图形(c)称为风筝,图形(b)称为飞镖,二者面积之比是 ϕ.从图 3-10 可知,这两个基本单元是分割一个平行四边形的结果.为了使它们不能以

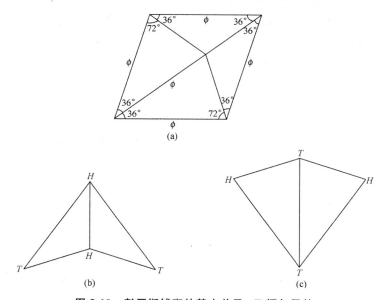

图 3-10 彭罗斯铺砌的基本单元:飞镖与风筝

周期方式铺满平面,限定不能允许它们拼回原来的平行四边形.为此要限定两种图形拼接时允许相邻的边.在飞镖和风筝的每一顶点分别标注了字母 H 和 T(依次表示头和尾),限定不同的基本单元拼接时,在同一顶点只允许有同一字母,即只允许同时是头或同时是尾.

现在我们讨论一下由这样的基本单元做出的铺砌有什么性质.首先,它们铺满平面的方式可以有不可数无穷之多,这一点似乎不足以使我们惊奇.然而使我们感到意外的是:如图 3-11 所示,它可以给出一种称为太阳花的铺满全平面的模式,此模式的新奇之处在于图形展示了 5 阶旋转对称.从前述可知,这在以一个基本单元铺满平面时是不可能出现的.另一更令人惊奇的是,彭罗斯能够说明:任何覆盖全平面的彭罗斯铺砌都不具有平移对称性.下面我们对此给出一个简单然而数学上不完全严格的启发式分析,对本文的目的而言,这已经足够了.为说明这一点,先来看看彭罗斯铺砌的一个简单性质"膨胀与收缩".假设我们已经有了一个覆盖全平面的彭罗斯铺砌.将每一个飞镖从中间剪开,然后,把它们与相邻的风筝分别以适当方式胶接起来.我们发现,可以构成新的放大了的风筝与飞镖,新的放大了的风筝与飞镖仍然给出一个覆盖了全平面铺砌.图 3-12 就是一个解释性的例子,图中阴影部分分别表示一个膨胀后的风筝和一个膨胀后的飞镖,膨胀前的铺砌方式请参见其中所包含的膨胀前的风筝和飞镖.这样的操作称为"膨胀".反方向的操作称为"收缩".对于覆盖全平面的彭罗斯铺砌而言,无论"膨胀"或"收缩",过程都可以无限进行下去.考虑一种覆盖全平面的铺砌,对其进行一系列的"膨胀"操作,将第 n 代的风筝与飞镖数分别记为 x_n, y_n.对覆盖全平面的铺砌而言显然它们都是无穷,但我们真正关心的是二者之比,比值本身可以是一个有限的量.在一定假设下可以利用取极限的办法确定这一比值.先考虑有限范围的覆盖,确定在此范围内两种基本单元的比值,再考虑当区域扩展为全平面时此比值的极限.总之,这两个量是无穷的困难技术上可以克服,唯一需要引进的假设是:当所考虑的覆盖范围趋于整

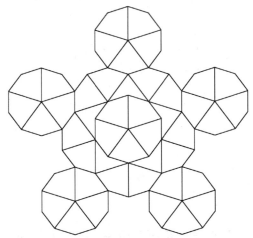

图 3-11 5 阶旋转对称的太阳花模式

§3 花边、壁纸、艾舍尔的画及其他

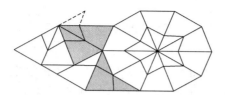

图 3-12 彭罗斯铺砌中"膨胀"与"收缩"的解释

个平面时,$\lim\limits_{n\to\infty}\dfrac{x_n}{y_n}=Q$. 即风筝与飞镖数目比极限存在. 令 $\Delta_n,\widetilde{\Delta}_n$ 分别为第 n 代一个风筝及飞镖的面积. 两个量之比恒为 ϕ. 从前面解释"膨胀"的实例可以看出,膨胀后的风筝包含前一代的 2 个风筝一个飞镖;膨胀后的飞镖包含前一代的一个风筝与一个飞镖. 因此

$$x_{n+1}\Delta_{n+1}=2x_n\Delta_n+y_n\widetilde{\Delta}_n,\quad y_{n+1}\widetilde{\Delta}_{n+1}=x_n\Delta_n+y_n\widetilde{\Delta}_n.$$

由此

$$\frac{x_{n+1}}{y_{n+1}}\phi=\frac{2(x_n/y_n)\phi+1}{(x_n/y_n)\phi+1}.$$

令 n 趋于无穷,得到

$$\phi^2 Q^2-\phi Q-1=0,$$

注意 $Q>0$,解得 $Q=1$. 也就是说,在覆盖全平面的铺砌中飞镖与风筝数之比为 1. 如果全平面的彭罗斯覆盖从一基本图形平移形成,那么基本图形中风筝与飞镖个数也必须相等;彭罗斯铺砌禁止一个飞镖和一个风筝拼成平行四边形,容易想象:除平行四边形外,利用同等数量的风筝和飞镖拼接出一个至少有两对对边平移后完全重合且内部无间隙的图形实际是不可能的.

事实上彭罗斯证明了覆盖全平面的彭罗斯铺砌具有许多奇妙性质,他所给出的局部同构定理(localisomorphism theorem)表明:在一定意义下,所有覆盖全平面的彭罗斯铺砌(可称为彭罗斯宇宙)都是相似的. 确切地说,任何有限彭罗斯铺砌的图形都可以在任何彭罗斯宇宙中找到,而且在每一个宇宙中都包含无穷多个. 进而,如果你在任何一个彭罗斯宇宙中选定一个有限范围图形,无妨设其是个圆域,直径为 d,认定是你的"家乡",你熟悉它的每一条街道. 当你突然被某种魔力抛向了这一奇妙宇宙的另一地方时,从你降落的地点出发,只要方向正确,你一定可以在 $2d$ 的距离内,找到与你的家乡一模一样的有限区域.

需要指出,彭罗斯的工作不仅仅是游戏,也不仅仅具有数学趣味. 前面已经说明,真正的晶体不能具有 5 阶旋转对称性. 然而,1984 年结晶学家首次发现了具有 5 阶旋转对称的准晶物质,彭罗斯铺砌立即成为解释这一结果的模型. 以后又陆续发现了具有 8,10,12 阶旋转对称的准晶物质,人们也设计出了更为复杂的具有同样对称性的彭罗斯铺砌. 因此,彭罗斯铺砌从最初的数学游戏,最多是和墙纸图案一样的地位,变成了物理学中研究准晶体的重要工具,其本身的研究也相应有了巨大进展. 从这一事例中,似乎可使我们对数学与现实的关系有更进一步的理解.

第三讲 对称群、装饰图案、血缘关系

§4 群与血缘关系

群是很一般的数学概念，群的结构不仅出现在自然科学中，而且也发生在人类社会中。下面就是从民族学材料中发现的一个很有意思的例子。

亨利·摩尔根(Henry Morgan)的名著《古代社会》中记载了一种比氏族更古老的社会组织形式，这种形式以"性"，即婚姻制度为基础，这就是婚级制。这一社会形式最初发现于澳大利亚及太平洋一些岛屿的土著居民中。关于它有很多有趣的记载和研究，特别是玛蒂亚·亚瑟(Martia Ascher)的《民族数学》一书中，介绍了如何用代数方法描述有关的婚姻制度。下面我们便依据有关资料，用群论概念转述如下。

人类的婚姻制度曾经历过长期的历史演化过程，从笔者所看过的民族学资料看来，人类早期至少存在有四种婚级制形式，它们是：芒特-干比尔部落婚级制、卡米拉罗依人婚级制、马来库拉人婚级制和瓦培瑞人婚级制。这四种形式均可由群论语言抽象表达。在数学形式下，不仅可以看出它们的共同点，还可看出彼此间的联系，甚至比较它们的复杂程度，从而想象婚姻制度的演化。

芒特-干比尔部落分为两个人群：克洛基人和库米德人，各自作为一个婚级。同一婚级内男女禁婚，而两个婚级的男女则是天生的夫妇，子女属于母亲所在的婚级。这样的婚姻制度排除了母亲及其姊妹所生育的子女间的通婚，但不能避免不同辈分间的近亲婚姻。因此对这样的婚姻制度无法考虑由母亲关系或父亲关系所决定的血缘世系，唯一能考虑的是配偶关系。将克洛基人和库米德人这两群人视为一个集合的两个元素，以符号 I 表示任何一群，无妨视为克洛基人，其意义是以克洛基人为讨论的基点。用 P 表示配偶关系，则克洛基人的配偶是库米德人，由 $PI=P$ 可知库米德人对应符号 P。从符号的意义容易知道 $P^2=I$，即库米德人的配偶是克洛基人。这样所考虑的集合由婚姻关系构成了一个最简单的二阶循环群，几何上可视为一直线段对中点的反射不变性。这个群有两个元素：I,P，表示它的通用符号是 D_1。

为了把数学问题解释清楚且避免重复，对上述提到的其他三种婚级制，我们先讨论出现在澳洲北部的较复杂的婚级制——瓦培瑞人婚级制。澳洲北部土著瓦培瑞(Warlpiri)人的社会结构相对复杂，按血缘关系所有的瓦培瑞人分成了 8 个婚级，每个人属于 8 个婚级之一。合乎习俗的婚姻只能在固定的两个婚级中发生。如果我们将 8 个婚级依次编号为 1,2,3,4,5,6,7,8，那么合乎传统的婚姻只能在 1 与 5，2 与 6，3 与 7，4 与 8 间进行。这种婚姻所生的子女与其父母所属的婚级不同，但由确定的对应关系被母亲的婚级决定。这样的关系可由图 3-13 表示，其中"="表示两婚级可通婚，箭头所示的是子女婚级。例如，按照图 3-13，婚级 1 的男子应与婚级 5 的女子结婚，所生子女婚级为 7；婚级 2 的女子，其丈夫只能从婚级 6 中选择，子女属于婚级 3；如此等等。

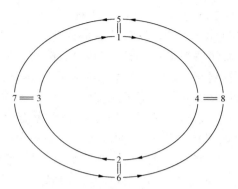

图 3-13 瓦培瑞人婚级关系图示

由于母亲的婚级归属决定了子女婚级,故我们可以按照母系追踪血缘关系,即按"女儿→母亲→外祖母→外曾祖母→…"的顺序追踪整个社会各部分(即各婚级)间的关系. 容易看出,这里有两个互不相交的循环,每个循环包括四个婚级,即

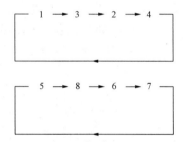

如上两个循环把瓦培瑞人的社会分为两半,每个循环的四个婚级组成一个社会集团,其中人们的相互交往是比较自由的,而在两个集团间人们的交往则要遵从一些相对复杂的社会习俗.

下面考虑父系血缘关系,即按"父亲→儿子→孙子→重孙→…"顺序追踪相应的婚级变化. 容易知道,对父系血缘关系而言,有以下四对互不相交的婚级循环,即

$$\boxed{1\to 7}\quad \boxed{2\to 8}\quad \boxed{3\to 6}\quad \boxed{4\to 5}$$

以第一个循环为例,它意味着婚级 1 的成员,其父属于婚级 7,而婚级 7 成员之父又回到婚级 1. 其他循环的解释与此类似. 依据这四个由父系血缘构成的循环,瓦培瑞人的社会又可划分为四个不同集团,这种划分与上述由母系血缘给出的划分有不同作用. 按父系的划分,瓦培瑞人决定他们的继承权以及某些对土地和在宗教仪式上应履行的责任.

在瓦培瑞人的社会中,8 个婚级还以其他方式划分不同的互不相交的社会集团,每种划分调控一定的社会关系. 然而,在所有这些划分中,以上由母系和父系血缘决定的关系起着最基本、最重要的作用.

第三讲 对称群、装饰图案、血缘关系

为理解这种社会组织的逻辑性质,认识其更深刻的社会含义,下面从群论的观点考虑,引入数学的刻画方式,描述瓦培瑞人由婚级制决定的社会结构.

我们看到瓦培瑞人的血缘关系形成一种称为两面体群的抽象结构.为说明这一点,首先将瓦培瑞人的社会结构符号化.我们用符号 I 表示婚级 1,其意义是将婚级 1 作为讨论的基点.以下将会看到,可以将任何一个婚级作为基点而不影响结论.下面考虑其他婚级与 I(即婚级 1)的关系,并以表示这种关系的符号代表所考虑的婚级.以符号 m 表示所考虑对象的母亲,I 的母亲一定出自婚级 3,因而婚级 3 对应符号 m.类似地婚级 3 的母亲来自婚级 2,即婚级 2 可以视为 I 的母亲的母亲,因此对应符号 $m \cdot m = m^2$.同样的考虑使婚级 4 有符号 $m \cdot m \cdot m = m^3$.而婚级 4 的母亲又来自婚级 1,故我们有关系 $m^4 = I$.同样可以考虑父系血缘关系.以 f 表示所考虑对象的父亲,婚级 1 的父亲出自婚级 7,故婚级 7 的符号是 f.利用与母亲关系类似的讨论,婚级 5,8,6 分别得到符号表示 mf, m^2f, m^3f.将上述结果列成表 3.2. 表中各婚级的符号反映了各个婚级与婚级 1 成员的血缘关系.例如,婚级 2 的符号 m^2 表示其成员可视为婚级 1(即 I)成员的外祖母.当然,这一说法是在可以相差 m^4 的意义下成立,即再相差四代的意义下成立,也就是说,如果不是外祖母关系,则可能是外祖母的外高曾祖母,外祖母的外高曾祖母的外高曾祖母,等等.又如婚级 5 的符号 mf 表示婚级 1 成员父亲的母亲,即祖母.类似于前可能再相差四代的附加说明同样适用.

表 3.2

婚级	1	2	3	4	5	6	7	8
符号	I	m^2	m	m^3	mf	m^3f	f	m^2f

实际上,利用上述符号表示,对任何一个婚级的成员可以讨论他们母亲或父亲的婚级.例如,

$$m(mf) = m^2f, \quad f(mf) = m^3,$$

这两个式子表达婚级 5 的母亲来自婚级 8,而父亲则是婚级 4 的成员.更进一步,我们可以把如上决定父系与母系血缘关系的符号法则视为一种运算,这种运算可以发生于 8 个婚级的任意两个之间.例如,$(mf)(m^2) = m^3f$,其意义是:婚级 2 成员(他们可视为婚级 1 的外祖母,对应符号 m^2)的祖母(对应符号 mf)属于婚级 6(对应符号 m^3f).我们把这种由血缘关系决定的运算称为"乘法".按照所讨论的婚姻制度,在所有代表 8 个婚级的符号间可有如表 3.3 的乘法表.从表 3.3 不难看出,这种运算对 8 个婚级是封闭的,即运算结果一定是 8 个婚级之一.同时运算满足结合律.例如:

$$mmf = m(mf) = (mm)f = m^2f,$$

表 3.3

	I	m	m^2	m^3	f	mf	m^2f	m^3f
I	I	m	m^2	m^3	f	mf	m^2f	m^3f
m	m	m^2	m^3	I	mf	m^2f	m^3f	f
m^2	m^2	m^3	I	m	m^2f	m^3f	f	mf
m^3	m^3	I	m	m^2	m^3f	f	mf	m^2f
f	f	m^3f	m^2f	mf	I	m^3	m^2	m
mf	mf	f	m^3f	m^2f	m	I	m^3	m^2
m^2f	m^2f	mf	f	m^3f	m^2	m	I	m^3
m^3f	m^3f	m^2f	mf	f	m^3	m^2	m	I

即考虑一个人的父亲的母亲的母亲,相当考虑祖母的母亲,或者考虑父亲的外祖母. 在如上考虑母系与父系血缘关系的运算中,I 起着单位元的作用,任何符号与 I 的作用,相当保持自身不变. 而且,表的任何一行或一列有唯一的元素 I,这说明对任何婚级的成员有唯一的"逆"血缘关系.

归纳以上四点:在 8 个婚级间定义了一个二元运算,称为"乘法",它满足结合律,有单位元,有逆元. 由此,瓦培瑞人按血缘关系形成的社会结构数学上构成一个 8 阶群. 进一步分析表明,这个群还是一个称为二面体群的特定的群,m 和 f 是群的生成元. 关系 $m^4=I, f^2=I, (mf)(mf)=I$ 从数学上定义了这个群. 这三个式子分别反映了母系循环、父系循环和婚姻关系. 对后一关系解释如下:以 (X,Y) 表示任何一对合乎习俗的婚级,即婚级对 $(1,5), (2,6), (3,7), (4,8)$ 所规定的婚姻关系,易于验证 $mf(X)=Y, mf(Y)=X$,故最后一个定义式成立.

8 阶二面体群可以有如下的几何解释:考虑一个正方形,它的对称群包含 4 个旋转及对水平方向、垂直方向和两条对角线的反射变换,相应的变换可由图 3-14 表示. 设正方形的初始位置对应符号 I,以 m 表示 90° 旋转,f 表示对水平方向的反射对称,则图 3-14 中 8 个正方形的位置分别对应符号 $I, m, m^2, m^3, f, m^2f, mf, m^3f$. 这是一个 8 阶群,而且 $m^4=I, f^2=I, (mf)(mf)=I$. 它们的意义是:连续四次 90° 旋转,或连续两次对水平轴反射,或连续两次对同一对角线反射,正方形保持不变. 这一讨论告诉我们,瓦培瑞人的婚姻关系所具有的对称性可以和正方形的对称性类比.

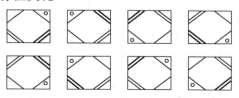

图 3-14　8 阶二面体群的几何解释

第三讲　对称群、装饰图案、血缘关系

这样的数学结构说明：瓦培瑞人的8个婚级是完全平等的，因此取任一婚级为基点（即用符号I标识）都有同样结果．通过血缘传递的世系关系把8个婚级联结在一起，所有的社会关系可以按8个婚级分解，而且无论世系如何延伸，也不会突破8个婚级的范围．

下面我们考察介于芒特-干比尔部落和瓦培瑞人之间的婚级制，首先是卡米拉罗依人婚级制．这一婚级制由芒特-干比尔部落婚级制转化而来，分为4个婚级．它的通婚关系是一种转级制度，具体内容是：第1,2级与第3,4级永远不能通婚，规定第1,2级男女互婚，所生子女婚级视母亲而定，母亲属婚级1则子女属婚级3，母亲属婚级2，子女属婚级4；类似的，3,4婚级互婚，母亲属婚级3则子女属于婚级1，母亲属婚级4则子女属婚级2．利用类似于前的方式对此婚姻制度进行数学描述，考虑由母亲关系或父亲关系决定的血缘世系．沿用前面的符号，以I表示婚级1，所考虑的婚级1,2,3,4分别相应符号I, mf, m, f，此时它们也构成一个乘法群，其运算由如表3.4的乘法表定义．数学上，这是一个4阶二面体群D_2．几何上可用保持矩形不变的等距变换加以解释，符号m和f分别表示水平方向和垂直方向对称反射．群的运算反映了矩形的对称关系．

表　3.4

	I	mf	m	f
I	I	mf	m	f
mf	mf	I	f	m
m	m	f	I	mf
f	f	m	mf	I

民族学研究还告诉我们，南太平洋中马来库拉(Malekula)人有6个婚级，他们的婚级关系可由图3-15表示：两两夹角120°的三个汇聚箭头表示三组血缘关系；箭头一侧的长短线依次表示同一代作为兄妹的男或女，长线与附加的短线表示已婚男子和他的妻子，箭头另一侧的同样符号表示父代或子代；带箭头的弧线表示女子嫁往何方，或男子应从何处娶妻．请注意这里婚姻关系的相互性质，即两个婚级同代男子相互以对方姐妹为妻，而且两代之间的组合方式是交替的．如果用前面的方法对这一婚姻制度加以分析，我们可以发现，它构成一个6阶二面体群，即由关系$m^3=I, f^2=I, (mf)(mf)=I$定义的6阶群．它对应的是把正三角形变换到自身的对称群．

现在让我们对上述讨论作一简单归纳：从芒特-干比尔部落婚级制，到卡米拉罗依人婚级制，再到马来库拉人婚级制，最后是瓦培瑞人婚级制，它们越来越复杂．芒特-干比尔部落的婚级制不能避免父母与子女间的婚姻，因而无法考虑血缘世系，形式上它只能表示为群D_1，即只有简单的反射对称；而从卡米拉罗依人婚级制开始，由婚级制所决定的社会结构都可由二面体群表示，只不过群的阶分别是4,6,8，阶数越高，社会不同成员的地位对称性越好．有趣的是，为什么它们都表现为二面体群？这是由于我们的资料有限，还是其中蕴涵有

图 3-15 马来库拉人的婚级关系图示

某种含义？我们期待着进一步的研究与发现. 但无论如何, 这里的内容告诉我们, 数学不仅在自然科学中有用, 即使在社会科学中也是十分有力的工具. 它使我们发现了仅凭一般性的语言描述无法看到的更深刻内容.

参 考 文 献

[1] COXETER S M. Introduction to Geometry. New York: John Wiley, 1969.
[2] 赫尔曼·外尔. 对称. 冯承天等译. 上海: 上海科技教育出版社, 2002.
[3] WANG H. Games, Logic and Computers. Scientific American, Nov, 1965.
[4] GARDNER M. Extraordinary nonperiodic tiling that enriches the theory of tiles. Scientific American, Jan, 1977.
[5] STEWARD I. The Magical Maze: Seeing the World through Mathematical Eyes. New York: John Wiley and Sons, 1997.
[6] ASCHER M. Ethnomathematics: A Multicultural View of Mathematical Idea. Brooks/Cole Publishing Company, 1991.
[7] 亨利·摩尔根. 古代社会. 杨东莼等译. 北京: 商务印书馆, 1977.
[8] 欧潮泉. 基础民族学. 贵阳: 贵州人民出版社, 1999.
[9] 何伟, 杨筑慧. 关于"级别婚"的数学分析. 数学的实践与认识, 2006, 36(3): 164.

第四讲 斐波那契序列及有关模型

> 斐波那契序列最初是一个描述兔子繁育的生态学模型,然而人们发现它与花瓣数目、叶子的排列等多种自然现象有关.文中从一个基本自然规律,即相继发育的植物原基其位置必定相差一个黄金分割角出发,利用数学工具,再现了凤梨表面和向日葵花盘所展示的自然模式,介绍了为进一步理解有关现象的物理考虑.文中还介绍了斐波那契序列的其他应用,这一序列不仅启示我们在图像传输中如何压缩信息量,还告诉我们如何分析某些游戏是否公平,魔术表演者甚至利用它的性质设计了有趣的节目.

在这一讲中,我们讨论有关植物生长的数学内容,这里的数学模型涉及一个数学中早已知道的无理数,即黄金分割数.开普勒(Kepler)曾经说过:"几何学有两件珍宝:一是勾股定理,一是黄金分割.前者可以比做纯金作成的量具,而后者则是一颗名贵的宝石."开普勒的话是不错的,随着对自然探索的步步深入,人们发现黄金分割数在许多自然现象中起着重要作用,而且这个数往往出现在意想不到之处.这使我们不能不赞美自然规律与数学之间优美而奇妙的关联.下面先从一个简单的生态模型谈起.

§1 斐波那契的兔子

或许你已经熟悉以下的序列:
$$1, 1, 2, 3, 5, 8, 13, 21, 34, 55, 89, \cdots,$$
你能说出它的生成规则吗?知道它与什么事物有关吗?能用一个简洁的公式表示它的通项,并由此更深刻认识它的性质吗?这一序列称做斐波那契(Fibonacci)序列,而构成它的数则称为斐波那契数.这一序列不仅和众多自然现象有关,甚至还出现在畅销的悬念小说《达芬奇密码》里.

斐波那契序列最初被斐波那契作为一个生态模型引入,目的是讨论兔子繁殖问题.假设所考虑的兔子是永远不死的,而且一雌一雄永远配成一对. 开始时, 只有一对未成熟的兔子, 一个季节后这对兔子发育成熟, 再过一个季节, 它们第一次生育, 生育一对幼兔. 以后每个季节, 它们都繁殖一对幼兔. 这个模式被所有的兔子所继承, 每对幼兔均需一个季节发育成熟; 每一季节, 每对成年兔都生育一对幼兔, 幼兔继续重复上面的模式. 问题是: 对任何以季节为单位的确定时刻, 有多少对兔子生存着? 按照上面的叙述, 可知最初几个季节的兔子对数为 $1,1,2,3,5,8,13,21,34,55,\cdots$, 这就是斐波那契序列. 下面考虑问题: 延续这个序列的一般规则是什么?

以 x_n 表示第 n 个季节的兔子对数, 对斐波那契序列开始若干项进行观察, 可以看出有关系:
$$x_n = x_{n-1} + x_{n-2} (n \geqslant 2), \quad x_0 = x_1 = 1.$$
事实上, 这种表达的确是对的, 其理由如下: 由于假设兔子是不死的, 故第 n 个季节兔子对数 x_n 中应包含上一季节即第 $n-1$ 个季节已存在的兔子对数 x_{n-1}; 而在每一个季节, 每对成年兔还要生育, 到季节 n 成年兔对数等于 x_{n-2}, 这也就是 x_n 中所应包含的幼兔的对数. 这样我们就从机制上说明了如上关系的正确性. 数学上如上形式的关系称为差分方程. 这一方程把三个不同时刻的量联系在一起, 称为二阶差分方程, 其中 x_0, x_1 称为方程的初值, 对任何的 n, x_n 可从初值由方程递推算出. 读者可以把二阶差分方程与二阶微分方程相比较, 看看它们之间的相同与不同之处. 从任何一部介绍如何利用差分技术求解微分方程的教科书上, 读者均可发现有关内容.

现在的问题是: 能否找到一个简洁的代数式, 用以表达斐波那契序列的通项 x_n? 下面就来讨论这一点.

设 $x_n = r^n$, 代入方程 $x_n = x_{n-1} + x_{n-2} (n \geqslant 2)$, 得到 r 应满足 $r^2 - r - 1 = 0$. 记此二次方程的两个根为 $r_{1,2} = (1 \pm \sqrt{5})/2$, 则 $x_n = c_1 r_1^n + c_2 r_2^n$, 其中常数 c_1, c_2 由初值决定. 对斐波那契序列, 将 $x_0 = x_1 = 1$ 代入得到
$$\begin{cases} c_1 + c_2 = 1, \\ c_1 r_1 + c_2 r_2 = 1. \end{cases}$$
联立求解, 得到
$$c_1 = \frac{\sqrt{5}+1}{2\sqrt{5}}, \quad c_2 = \frac{\sqrt{5}-1}{2\sqrt{5}}.$$
如上方法对求解常系数差分方程是有一般意义的. 在求解常系数常微分方程时, 我们假设解的形式为 $\exp(kx)$, 待定的是常数 k. 这两种方法本质上也是相同的.

我们来分析一下斐波那契序列的通项表达式:
$$x_n = \frac{\sqrt{5}+1}{2\sqrt{5}} r_1^n + \frac{\sqrt{5}-1}{2\sqrt{5}} r_2^n.$$
容易看出其中相加的两部分随时间增长有不同的变化趋势. 注意到 $|r_1| > 1$, 而 $|r_2| < 1$, 所以随时间指标 n 增大, r_2 的贡献是衰减的; 当 n 趋于无穷时, 只有 r_1 的项在起作用. 由此可知,

兔子的种群会无限增长下去.

　　从上述讨论揭露了另一个有趣的事实,即对足够大的 n,相邻斐波那契数之比 x_{n+1}/x_n 以 $(1+\sqrt{5})/2=1.618034\cdots$ 为极限. 我们把这个数记为 ϕ,它就是所谓的黄金分割数,满足式子 $1/\phi=(\phi-1)/1$. 可以就序列的前若干项直接验证这一结果. 我们有

$\quad$ $1/1=1.000$, $\quad$ $2/1=2.000$, $\quad$ $3/2=1.500$, $\quad$ $5/3=1.666$, $\quad$ $8/5=1.600$,

$\quad$ $13/8=1.625$, $\quad$ $21/13=1.615$, $\quad$ $34/21=1.619$, $\quad$ $55/34=1.617$, $\quad$ $89/55=1.618$.

从这一计算可以看出:斐波那契序列相邻两项之比向极限值的收敛是很快的,而且相邻的两个比值一个大于极限值,一个小于极限值,即收敛过程是振荡的. 这一点可从理论上严格证明.

　　古希腊人特别喜欢黄金分割数,认为这个数与几何中的美有关,特别关系到正五边形的作图. 对于边长为 1 的正五边形,不相邻顶点的连线长就是 ϕ. 希腊人对黄金分割数的喜爱似乎是有道理的,黄金分割数的确是一个奇妙的数,因为大自然也钟爱它. 下面我们就引入有关的例证.

§2　花瓣的数目与叶子的排列

　　几百年前人们就发现花瓣数目与斐波那契序列有关. 例如,某种刺梅花有 2 片花瓣,百合花有 3 片花瓣,梅花、迎春花和玻璃翠花有 5 片花瓣,翠雀花或飞燕草花有 8 片花瓣,万寿菊花或金盏草花有 13 片花瓣,紫苑花有 21 片花瓣,雏菊花有 34,55 或 89 片花瓣. 当然,这一规律不是绝对的,花瓣的数目并不完全遵守以上规则,例如常被误认为迎春花的连翘花就有 4 片花瓣. 事实上花瓣数目还有两个例外序列,但仍然和斐波那契序列有关,一个由两倍斐波那契数构成,即序列为 $2,4,6,10,16,26,42,\cdots$;另一个仍然遵从斐波那契序列规则,但是以 4 和 7 为初始的两项,这一"奇异"序列是 $4,7,11,18,29,47,\cdots$.

　　人们还发现,植物叶子的生长也是有一定规律的. 榆树和椴树的叶子是互生的,即时间上前后相继长出的两片叶子,在与茎垂直的平面上相差角度为 1/2 个圆周,称之为有叶序 1/2;而山毛榉树和榛子树相继长出的叶子在茎上呈螺旋上升式排列,相继叶子平面投影的角度相差 1/3 个圆周,即有叶序 1/3;橡树和杏树(apricot)有叶序 2/5;白杨树和梨树有叶序 3/8;柳树和巴旦杏树(almond)有叶序 5/13. 如果注意到正方向旋转 2/5,3/8,5/13 圆周与反方向旋转 3/5,5/8,8/13 圆周几何效果是一样的,那么不难发现如上叶序是相邻斐波那契数之比. 当然,叶序也有例外.

　　类似现象还可在向日葵花盘上发现. 我们可以观察一下成熟的向日葵的花盘. 在长满葵花子的花盘上,可以清楚地看到两组螺线:一组顺时针方向旋转,另一组逆时针方向旋转. 两组螺线的数目是相邻的斐波那契数,例如 21 与 34,或 34 与 55. 有时这样的数目在花盘的中心部分和外围还可以不同,从数对 (m,n) 过渡到 $(n,m+n)$,例如从 $(5,8)$ 过渡到 $(8,13)$,或

从 (8,13) 过渡到 (13,21). 实际上还可以观察到第三组螺线，其数目也是斐波那契数. 这种现象，也可以在冷杉松果和凤梨外表的鳞片上观察到，这些鳞片一般也按顺时针与逆时针方向的三组螺线排列，而各组螺线的数目是相邻的斐波那契数.

对这样一些现象我们不能不感到惊异，大自然竟然也如此钟爱斐波那契数，或者说钟爱斐波那契序列相邻两项的比值黄金分割数. 这中间必定有更深刻的内涵. 人们对此类现象已进行了超过百年的研究. 最初的讨论是描述性的，试图说明什么样的构造方式可以形成我们所见到的几何结构; 从 20 世纪后半期开始，又发展为机理性的探索，试图从模拟与模型的角度说明有关现象深一层的逻辑原因. 下面我们以凤梨鳞片的几何生成为代表，说明黄金分割数在有关现象中的意义. 这一说明只要稍加修改，即可描述如何从数学上生成向日葵花盘或冷杉球果鳞片的外貌.

§3　凤梨鳞片排列方式的几何描述

首先介绍一点几何知识. 考虑一个平面网格点阵，它由两组平行直线的交点构成，每组平行线都有无穷多条，且是等间距的. 容易看出，任何两个格点的连线都将等间距地穿过无穷多格点. 无妨认为所考虑的格点图形是由一个平行四边形沿两个边的方向平移生成. 原始的平行四边形可认为是一个"基本区域"，所谓"基本区域"是指通过这样一个区域的平移，可以生成整个网格. 注意：这样定义的基本区域并不唯一，它甚至可以是非直线形的（指边界含有曲线段）. 这可以从图 4-1(b) 中看出，图中所有粗线围成的区域都可作为基本区域，而且它们仅仅是几个例子. 在所有可能作为基本区域的平行四边形中存在有一个所谓的"约化平行四边形"，在能够生成所给格点图形的所有基本平行四边形中，它具有可能的最短的边，即它的一条边在所有可能选取的平行四边形的边中是最短的，另一边具有同样最短或次短的长度. 将约化平行四边形最短边的方向取做 x 轴方向，另一边的方向作为 y 轴方向，使它们的夹角不超过 $\pi/2$. 将图 4-1(a) 中的格点 1 沿 x 轴或 y 轴方向平移一个网格距离，则可生成 x 轴或 y 轴方向的下一格点. 将这样的两个平移变换依次记为 X 与 Y，它们的逆记为 X^{-1} 和 Y^{-1}. 这两个变换及它们的逆的重复使用可以生成整个平面上的所有格点. 对任何一个格点可以定义一个区域，即所谓该格点的狄利克雷 (Dirichlet) 域，它由平面上这样一些点所组成，与这些点最靠近的格点就是所讨论的格点，该格点恰位于此域的"中心". 作为一个说明，考虑格点 1 邻域内的六个格点，分别以从格点 1 生成它们的变换标记，这六个点依次是 X, Y, $X^{-1}Y$, X^{-1}, Y^{-1}, XY^{-1}. 从格点 1 到此六个点连线，作六条连线的垂直平分线，这些垂直平分线在格点 1 周围组成了一个区域，它就是该点的狄利克雷域 (见图 4-1(a) 阴影部分). 显然所有格点的狄利克雷域形状相同，对图 4-1 中的网格，都有六边形形状. 易于看出，任何格点的狄利克雷域也是一个基本区域. 对一般的点阵，狄利克雷域为六边形或矩形，矩形对应 x 轴方向与 y 轴方向垂直的情况.

第四讲 斐波那契序列及有关模型

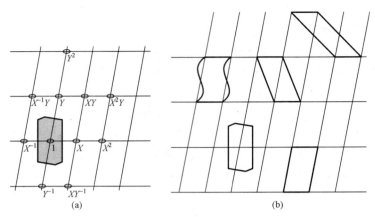

图 4-1 平面网格点阵及其基本区域

现在讨论凤梨表面的几何描述.从观察可知,凤梨表面上的鳞片排列相当规则,从它们的排列中直观上可以识别出三组不同方向的平行螺线,且三组螺线的数目是相邻的斐波那契数.下面我们尝试着从数学角度描述这一现象.作为一种理想化的讨论,将凤梨的形状视为圆柱,我们通过以下步骤构造圆柱表面的鳞片结构.

首先考虑一个无限大的平面,在平面上建立一直角坐标系 Oxy,并考虑一条通过原点的直线 $y=xh/\phi$,其中 h 是一取正值的参数,其值待定,$\phi=1.618\cdots$ 为黄金分割数.在前述直线上考虑一系列格点,它们的坐标为 $x=n\phi, y=nh$,n 为任意整数.任何一个格点以其坐标所对应的整数 n 编号.这也相当将格点按其与 x 轴的距离编号,距离越大,编号数值越大.

其次,以 y 轴为母线方向,把上述平面卷成底面周长为1(注意不是半径为1)的圆柱,则平面上的直线变成缠绕在柱面上的一条螺线.此时上半圆柱及表面上的螺线如图 4-2(a)所示.再将柱面沿过原点的母线剪开,展成平面上在 [0,1] 范围内的一条垂直的带形区域.此时柱面上的格点在此区域中形成一个点阵,如图 4-2(b)部分所示.在柱坐标下原来编号为 0 的格点展开后对应带形区域平面坐标为 (0,0),(1,0) 两个点;原来编号为 n 的点的坐标化为 $x=n\phi-[n\phi], y=nh$,符号 $[n\phi]$ 表示小于等于 $n\phi$ 但最接近它的整数.如进一步设想将带形区域周期开拓出去,使开拓后的范围覆盖了全平面,则我们得到全平面上的一个点阵.这一点阵的格点可视为两组平行直线的交点.考虑点阵中每个格点的狄利克雷域,一般而言它们应该是六边形的.

如此得到的圆柱面,实际就是我们理想中的凤梨表面;把柱面展开,相当把凤梨表面展成平面.平面上每个格点的六边形狄利克雷域被想象成理想凤梨表面的一个鳞片.每个鳞片与位于其中心处的格点有同样的编号.图 4-2(c)就给出了这样的结构.最初柱面上由平面直线生成的螺线给出凤梨表面在空间中按时间发育的生长螺线,它按号码顺序通过每个鳞片的中心,但对长成的凤梨说来,这一生长螺线在视觉上并不显著.

§3 凤梨鳞片排列方式的几何描述

图 4-2(c)展示的是 $h=0.0068\approx 1/147$ 的结果,在带形区域中与格点 0 最靠近的格点编号为 5,8 和 13(注意带形区域左右两条垂直边在圆柱面上是重合的一条直线,因而格点 8 也可画在格点 0 的左上方),视觉上明显看出狄利克雷域按三个不同方向顺序排列,这三个方向实际由狄利克雷域的三组平行的对边决定. 它们分别相应于展开图中连接格点 0 与 5,0 与 8,0 与 13 的直线方向,每个方向有一组平行线,每组平行线都将穿过所有格点. 在所讨论的实例中,格点 0 与 5,0 与 13 对应的两组平行线所构成的平行四边形是约化平行四边形. 想象每个狄利克雷域是一个凤梨鳞片,当带形区域卷成圆柱时,上述三组平行鳞片就形成了三组柱面螺旋式的条带. 在图示的有限高度范围内,以鳞片 0,2,4,1,3 开始,平行于格点 0 与 5 连线方向的 5 条倾角最小的平行螺旋线从左向右上方平缓地延伸;另有一组以鳞片 0,5,2,7,4,1,6,3 开始的 8 条方向平行于格点 0 与 8 连线方向的平行螺旋线,以较陡的倾角指向左上方;还有一组以鳞片 0,5,10,2,7,12,4,9,1,6,11,3,8 开始的平行于格点 0 与 13 连线方向的最陡的 13 条平行螺旋线,延伸向右上方. 狄利克雷域在从编号为 0 到编号为 8 的鳞片方向上对边距离最短,因而相应的螺线最引人注目;其次就是从编号为 0 到编号为 5 的

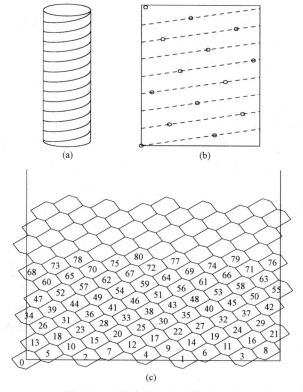

图 4-2 凤梨表面几何结构的生成

第四讲 斐波那契序列及有关模型

鳞片方向.在任何一条螺线上,鳞片编号成一等差级数,公差取决于该螺线的方向.对格点 0 与 X 连线方向,公差为 X,且螺线有 X 条.从图 4-2 可以看出,这实际就是说沿格点 0 与 X 连线方向的螺旋可以从 $0,1,2,\cdots,X-1$ 这样 X 个不同编号的鳞片开始.

下面以格点 0 与 5 连线方向排列的鳞片为例,说明这种现象形成的原因.由前述被视为凤梨表面的圆柱面上各点的生成方式可知,将圆柱面展开得到一带形区域,带形区域可周期开拓为平面,在此平面上编号为 0 的鳞片中心坐标为 $(0,0)$,而编号为 5 的鳞片中心横坐标为接近于零的正小数 $5\phi-[5\phi]$,纵坐标为 $5h$.这一点实际出自斐波那契序列的性质.前述的构造过程隐含了鳞片中心的横坐标 x 要对 1 取模,即只考虑小于 1 的小数部分.又由于 $5\phi-[5\phi]$ 是小量,故编号为 10 的鳞片中心坐标仍可表示为

$$(10\phi-[10\phi],10h)=(2(5\phi-[5\phi]),2\cdot 5h).$$

类似的说法对鳞片 $10,15,20,\cdots$ 都适用.这说明编号相差 5 的鳞片在圆柱面展开成平面时化为一条倾斜直线,故是圆柱面上的一条螺线.

现在再来说明凤梨表面形态为何与相邻的斐波那契数有关.考虑带形区域中与鳞片 0 最邻近的鳞片编号.当鳞片为六边形时,如图 4-2(c) 所示,这些号码是三个相邻的斐波那契数,其原因在于:这些鳞片在原点邻近,故中心格点横坐标应近似为 0.按照上述编号规则,每个鳞片中心的横坐标是 $x=n\phi-[n\phi]$.注意到相邻斐波那契数的比值 f_{k+1}/f_k 很快收敛到 ϕ,所以对不大的 k,$f_k\phi$ 就近似为整数,即近似等于 f_{k+1}.因此在圆柱面展开后的平面上,最靠近 y 轴的必是编号为斐波那契数的格点.一旦编号为 f_k 的格点落在了原点邻近,由斐波那契序列的收敛性质和对格点纵坐标的规定,格点 f_{k+1},f_{k+2} 自然有类似性质.而其他编号的格点则出现在离原点较远的位置.这从上面的图示是不难理解的.

上面讨论的关键在于模型中所假设的格点横坐标 x 与 ϕ 的关系,而另一参数 h 的作用尚未完全阐明.显然 h 不同时,前面提到的生长螺线沿圆柱旋转一周范围所容纳的鳞片数是不同的,h 越大,鳞片数越多.本节假设 $h=0.0068$,它恰使鳞片 $5,8,13$ 与鳞片 0 相邻.如果增大 h,将会缩小鳞片 0,5 中心间连线与 0,8 中心间连线所夹的钝角,当 h 持续增加到某一临界值时,狄利克雷域将由六边形化为矩形;减少 h 将使鳞片 0,8 中心间连线与 0,13 中心间连线夹角加大,在某一临界值时,化为直角,同时鳞片 21 与鳞片 0 相邻.

如上讨论说明:h 取值的改变,造成鳞片 0 邻域状态的变化,由此引起凤梨表面不同方向螺线数目的变化(尽管它们都还是斐波那契数).我们讨论这一变化发生时 h 的临界值.由上述可知,当以 f_k 与 f_{k+1} 编号的两个鳞片与鳞片 0 相邻且在相互垂直的方向上时,即向量 $(f_k\phi-f_{k+1},f_kh)$ 与 $(f_{k+1}\phi-f_{k+2},f_{k+1}h)$ 正交时,螺线的数目要发生改变.利用正交条件的内积表示,得到这一条件是

$$(f_k\phi-f_{k+1})(f_{k+1}\phi-f_{k+2})+f_kf_{k+1}h^2=0.$$

再利用斐波那契数的性质:

$$\phi^{-k}=f_{-k}\phi+f_{-k-1}=(-1)^{k+1}(f_k\phi-f_{k+1})\quad\text{(其证明见附录)},$$

可以得到临界值 h 满足条件：
$$f_k f_{k+1} h^2 = \phi^{-k} \phi^{-(k+1)} = \phi^{-(2k+1)}, \quad 即 \quad h = (f_k f_{k+1})^{-1/2} \phi^{-(k+1/2)}.$$
由此可知，为使不同方向螺线数目为斐波那契数 f_{k-1}, f_k, f_{k+1}，应选择参数 h 使之介于两个相邻的临界值
$$(f_{k-1} f_k)^{-1/2} \phi^{-(k-1/2)} \quad 与 \quad (f_k f_{k+1})^{-1/2} \phi^{-(k+1/2)}$$
之间。一个方便的满足上述条件的参数选取方式是令 $h = f_k^{-1} \phi^{-k}$。上述讨论说明，当 h 变化经过临界值时，螺线的模式会发生变化。植物生长过程中当茎的加粗快于增高时，相当 h 的值发生改变。这一点可以解释在实际中观察到的螺线数目发生变化的现象。

§4 向日葵花盘上的螺线模式

对向日葵花盘讨论类似问题时，上述圆柱面螺线应化为平面上的对数螺线，因此，在具体讨论向日葵花盘的几何形式之前，先让我们简单考察一下对数螺线的性质。所谓对数螺线是指满足如下极坐标参数方程的平面曲线：
$$r = a\mu^t, \quad \theta = t, \quad -\infty < t < +\infty,$$
其中 $a > 0, \mu > 0$ 是两个已知参数。我们关心的是 $t \geq 0$ 的范围。从上式可以看出 $a = r|_{t=0} \xlongequal{\text{记为}} r_0$，即 a 为参数 $t = 0$ 时的矢径，故矢径方程亦可表示为 $r = r_0 \mu^t$。图 4-3 是对数螺线的一个实例，从图中可以看出，当角度 t 成等差变化时，矢径 r 成等比变化（如当 t 按公差 $\pi/2$ 变化时，矢径 r 按公比 $\mu^{\pi/2}$ 变化）。此外对数螺线还有以下重要性质：

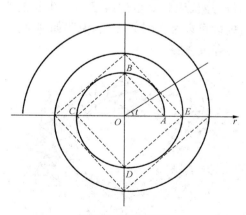

图 4-3 对数螺线

（1）在对数螺线表达式中，若将极角 θ 变换为 $\theta + \theta_0$，那么矢径将化为
$$r = r_0 \mu^{\theta + \theta_0} = (r_0 \mu^{\theta_0}) \mu^\theta = r_{\theta_0} \mu^\theta, \quad r_{\theta_0} = r|_{t = \theta_0}.$$
可见螺线方程的形式不变，只不过将作为参数出现的 $t = 0$ 时的矢径改用 $t = \theta_0$ 时的矢径代

替.这一简单性质表明:对数螺线任何时刻的生成规律是一样的,曲线具有"自相似性".历史上,数学家雅格布·伯努利(Jacob Bernoulli,1654—1705)就已发现了对数螺线的这一性质.他生前为自己设计的墓碑上刻有一条对数螺线,同时伴有铭文"虽然改变,我仍将再现".

(2) 从对数螺线的参数方程,容易计算得

$$\frac{dr}{d\theta} = r\ln\mu.$$

如果以 ψ 表示对数螺线上任何一点矢径与切线的夹角,易于看出:

$$\cot\psi = \frac{dr}{rd\theta} = \ln\mu.$$

也就是说,在螺线上任何一点,切线与矢径的夹角是恒定的.因而对数螺线又称等角螺线.

(3) 以 s 表示从某一给定点开始计算的对数螺线的弧长,那么

$$\frac{dr}{ds} = \cos\psi \xrightarrow{\text{记为}} c(\text{常数}).$$

由此可以计算出对数螺线在任意两条矢径 r_1, r_2 间的弧长是

$$s_{1,2} = (r_2 - r_1)\sec\psi.$$

很多观察表明对数螺线与生物生长有关.这或许来自于它的自相似性.20世纪初,英国学者特奥多·安德列·库克(Theodore Andrea Cook)写了一本十分有趣的书——《生命的曲线》,其中有大量的生动资料说明螺线与动植物形态的关系.此书中附录还有这样一段有趣的资料:此书作者在一件1720年的中国瓷器上发现了一个绿色图案,这个图案包括一个圆,圆内绘有一条对数螺线,而在圆外上方则是一图案化了的植物形状.作者问道:"这说明了什么?是否图案的绘制者已经认识到对数螺线是植物生长的原则?"当然,对此问题我们不可能有确切的答案.然而的确可以利用对数螺线,说明如何从几何上构造向日葵花盘的结构(见图4-4).下面就来叙述有关内容.

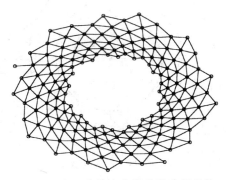

图 4-4 向日葵花盘上螺线的几何结构

观察表明,植物花朵所有有意义的部分,包括花瓣、种子、花蕊、萼片等,都是从一些称做原基(primodia)的小块植物组织生长发育而成的.植物生长时原基出现在顶部,且向外生

长. 测量表明, 相继长出的原基在水平面上投影间的夹角非常接近 $137.5°$, 也就是所谓的黄金分割角. 注意

$$360° - 137.5° \approx 360° \times 0.618\cdots \approx 360° \times \frac{1}{1.618\cdots} = \frac{2\pi}{\phi}.$$

上一节构造凤梨表面几何结构时, 我们令最初的平面直线上之格点横坐标为 $n\phi$, 再将平面卷成底面周长为 1 的圆柱, 数学上这相当令格点横坐标对 1 取模, 因而不同格点间横坐标之差必为在模 1 意义下 ϕ 的整数倍, 这实际相当规定了相继鳞片间夹角限定为黄金分割角. 此处所要做的是, 再次利用这一观察所得规律, 构造向日葵花盘的几何结构. 我们采用可由计算机模拟的离散构造方式, 这样不仅说明起来方便, 而且读者可以利用现成的计算机软件, 例如 Matlab 自己动手实际检验.

设想相继原基的出现是有一定时间间隔的, 故考虑离散时间 $t = 1, 2, \cdots, N$. 初始时刻, 即 $t = 1$ 时, 花盘从半径为 ρ 的植株茎部开始生长. 第一个原基生长在极坐标点 $(\rho, 0)$ 处. 假设向日葵花盘随时间的生长服从几何级数关系, 即时刻 n 的花盘半径为 ρ^n. 每一离散时刻长出一个新原基, 位置仍然在花盘内缘的茎部, 即矢径 ρ 处, 但与上一时刻长出的原基相差一个黄金分割角的位置, 即相差弧度 $2\pi/\phi$. 所有已经长出的原基随着花盘的长大沿径向向外移动, 但保持极坐标下的角度不变. 这样在经过 N 个离散时刻后, 共有 N 个原基演化出的小花或种子. 为方便, 我们仍将它们统称为原基, 且按生长的先后顺序将它们从 0 开始, 逐个编号到 $N - 1$. 注意, 编号越小的原基长出越早, 越靠近花盘边缘, 原基 0 的极坐标为 $(\rho^N, 0)$, 原基 l 的极坐标为 $(\rho^{N-l}, 2\pi l/\phi)$. 下面说明, 存在有按正向与反向旋转的两组对数螺线通过上述所有原基, 且两组螺旋所包含的螺线数是相邻的斐波那契数.

假设沿一个旋转方向有 m 条同族的对数螺线, 它们通过了所有原基. 那么由圆的旋转对称性考虑, 原基 $0, 1, \cdots, m-1$ 应是不同 m 条螺线的端点, 而原基 0 与原基 m 则应在一条螺线上. 原基 m 的幅角是 $2\pi m/\phi$, 它应当接近原基 0 的幅角 0, 即 m/ϕ 应近似为整数. 由前面讨论过的斐波那契数的性质可知, m 应是一个斐波那契数. 从这一推理还可知, 幅角接近 0 的原基编号一定对应斐波那契数, 而且相邻斐波那契数对应的原基若一个幅角小于 0, 则另一个必大于 0. 这是因为数学上不难证明: 斐波那契数之比构成的序列振荡收敛到黄金分割数.

我们首先考虑如何确定过编号为 0 与 m 的两个原基的对数螺线, 注意这一螺线应不同于向日葵花盘的生长螺线. 假设 $m = f_k$, f_k 是第 k 个斐波那契数, 即序列 $1, 1, 2, 3, 5, 8, \cdots$ 的第 k 个数. 由对数螺线的自相似性, 我们可以参考螺线上任何一点写出方程. 现在取原基 m 为参考点, 记它的矢径长为 r_m, 那么, 由对数螺线的一般形式, 可设方程为 $r(t) = r_m \mu_m^t$, 参数 μ_m 待定, t 是以第 m 个原基生长时刻为 0 的离散时间. 要求此螺线通过原基 0, 而原基 0 与 m 都在原始的生长螺线上. 原基 0 经历了 N 个生长时间, 其矢径为 $r_0 = \rho^N$, 原基 m 的矢径为 ρ^{N-m}; 原基 0 与原基 m 幅角差的绝对值是 $|2\pi\{m/\phi\}|$, 符号 $\{\cdot\}$ 表示花括号中数的小数部分. 由斐波那契序列性质可知, 绝对值符号下的值随 $m = f_k$ 的参数 k 正负振荡. 为处理方便,

第四讲 斐波那契序列及有关模型

我们规定不论原基 $m=f_k$ 的幅角大于还是小于原基 0 的幅角，一律规定从原基 m 到原基 0 的角度取为正，即对 $m=f_k$，令

$$\{f_k/\phi\} = |(f_{k-1}\phi - f_k)/\phi| = (-1)^{k-1}(f_k - f_{k-1}\phi)/\phi.$$

由此参数 μ_m 应满足关系

$$r_0 = r_m \mu_m^{|2\pi(m/\phi)|} = r_m \mu_m^{(-1)^{k-1} 2\pi(f_k - f_{k-1}\phi)/\phi},$$

式中 $m = f_k$。上式给出了 r_0/r_m 与 μ_m 的关系。另一方面，注意

$$\ln \frac{r_0}{r_m} = \ln \frac{\rho^N}{\rho^{N-f_k}} = f_k \ln \rho,$$

再由将在本讲末附录中给出的斐波那契序列的性质可知

$$\phi^{-(k-1)} = (-1)^{k-1}(f_k - f_{k-1}\phi).$$

由此得到

$$f_k \ln \rho = 2\pi \phi^{-k} \ln \mu_m, \quad 即 \quad \ln \mu_m = \ln \mu_{f_k} = \frac{f_k}{2\pi} \phi^k \ln \rho.$$

这样确定的螺线只依赖于参数 $m = f_k$ 和 r_0/r_m。由本节开始所述确定原基位置的方法可知，编号 km 与 $(k+1)m$ 的两个原基与编号 $0, m$ 的两个原基相互间的关系是相同的，由此如上得到的螺线不仅通过原基 $0, m$，而且还要通过编号为 $2m, 3m, \cdots$ 的原基。这样我们实际说明了可以有同一旋转方向的一族 $m=f_k$ 条螺线通过了所有原基。显然上述推理过程可用于论证其他组对数螺线的存在。

实际上，类似于凤梨的表面，我们可以比较明显的从直观上分辨出三组螺线，它们与以相邻斐波那契数 f_{k-1}, f_k, f_{k+1} 编号，极坐标下幅角接近 0 的三个原基有关，每两个原基的连线方向对应一族螺线的方向。问题是：哪三个斐波那契数编号发生？这实际与我们生成原基位置时所用的参数 ρ，即向日葵花盘的径向生长速率有关。下面就来讨论这一关系。

类似于凤梨表面螺线模式临界参数值的讨论，可以判定：当对应斐波那契数 f_k, f_{k+1} 和 f_{k-1}, f_k 的两组螺线正交时，向日葵花盘的螺线形式处于临界状态。由对数螺线性质，螺线上任何一点的切线与矢径夹角 ψ 为常数，且 $\cot\psi = \ln\mu$。由此，改变向日葵花盘螺线模式的临界条件是 $\psi_{f_k} + \psi_{f_{k+1}} = \pi/2$。利用三角函数关系，再利用螺线切线斜率的表达式，有

$$\cot\psi_{f_k} \cot\psi_{f_{k+1}} = \ln\mu_{f_k} \cdot \ln\mu_{f_{k+1}} = \frac{f_k}{2\pi}\phi^k \ln\rho \cdot \frac{f_{k+1}}{2\pi}\phi^{k+1} \ln\rho = 1,$$

得到

$$\ln\rho = (f_k f_{k+1})^{-1/2} \phi^{-(k+1/2)} \cdot 2\pi.$$

按如上公式计算可以给出如下的临界参数：

$$k = 4, \quad \ln\rho = 0.1860932, \quad \rho = 1.205;$$
$$k = 5, \quad \ln\rho = 0.0704316, \quad \rho = 1.073;$$
$$k = 6, \quad \ln\rho = 0.0269962, \quad \rho = 1.027;$$

$$k = 7, \quad \ln\rho = 0.0102981, \quad \rho = 1.010.$$

计算机模拟证实,如上的临界值是正确的.

类似的螺线构造方法和论证,还可用于讨论冷杉松果的鳞片形态.实际上,对向日葵花盘我们考虑的是平面极坐标,对凤梨表面考虑的是圆柱坐标,对冷杉松果只要利用锥面坐标即可.读者可将其作为一个练习.

§5 叶序的数学物理解释,从物理考虑出发的计算机模拟

上一节的讨论实际是一种几何描述,关键之处是参数 ϕ 被选定为黄金分割角,而这一选择来自观察,是对自然界的直接模仿,现实表明植物相继生长的原基间的夹角是黄金分割角. 我们仍然考虑向日葵花盘. 如果设想原基间的夹角是 2π 的有理数倍,那么它们只能在有限条射线上向外发散. 例如,相继生长的原基间夹角如果是 $\frac{5}{8} \times 2\pi$,设第一个原基与 x 轴夹角为 $0°$,则相继的原基将依次出现在与 x 轴夹角为 $\frac{5}{8} \times 2\pi, \frac{10}{8} \times 2\pi, \frac{15}{8} \times 2\pi, \frac{20}{8} \times 2\pi, \frac{25}{8} \times 2\pi, \frac{30}{8} \times 2\pi, \frac{35}{8} \times 2\pi$ 的八个方向上,而再下一个原基又回到了 x 轴方向.也就是说,所有的原基只能出现在彼此夹角为 $2\pi/8$ 的八条射线上. 只有当夹角是 2π 的无理数倍时,相继生长的原基才可能形成螺线. 但什么样的角度才可以使原基以最密集的方式铺满平面,即产生最紧密堆积呢? 一个自然的想法是,应当选择原基间的夹角是 2π 的这样一个无理数倍,这个无理数在某种意义下与有理数最不相同,或者说这个无理数"最难"被有理数逼近,这样由它产生的原基分布"最"不同于射线式分布. 从这一想法看来,自然界所以选择黄金分割角的数学原因就在于:在一定意义下,黄金分割数是最难由有理数逼近的无理数. 那么为什么黄金分割数属于"最难"由有理数逼近的无理数呢? 为说明这一点我们简略地叙述一点连分式理论.

我们知道,任何一个实数 α 都可以展开成简单连分式,即形为

$$\alpha = a_1 + \cfrac{1}{a_2 + \cfrac{1}{a_3 + \cdots}}$$

的表达式,其中 a_1 是既可正,也可负,亦可为零的整数,$a_i (i \geqslant 2)$ 为正整数. 如上的连分式也可用更简洁的记号 $\alpha = [a_1, a_2, \cdots, a_n, \cdots]$ 表达. 当 α 为有理数时,连分式展开在有限步终止;对无理数而言,展开过程无限继续. 这一无限展开的意义在于可以从中得到 α 的任意有限近似,即可得到实数 α 的一串近似分数. 例如,取 $c_1 = p_1/q_1 = a_1/1, c_2 = p_2/q_2 = a_1 + 1/a_2 = (a_2 a_1 + 1)/a_2$,其中 $p_1 = a_1, q_1 = 1, p_2 = a_2 a_1 + 1, q_2 = a_2$,则由归纳法可以得到

$$c_j = \frac{p_j}{q_j} = \frac{a_j p_{j-1} + p_{j-2}}{a_j q_{j-1} + q_{j-2}} \quad (j \geqslant 3);$$

第四讲　斐波那契序列及有关模型

数学上还可以证明，c_j 作为 α 的近似值，近似程度随指标 j 的增大越来越好，而且
$$|\alpha - p_n/q_n| < 1/(a_n q_n^2).$$
从前面的各关系式可以看出，正数 a_n 增长越快，则 q_n 增长也越快，p_n/q_n 收敛到 α 就越快。从这样的观点看来，$\phi = 1.618\cdots = (\sqrt{5}+1)/2$ 是"最难"用有理数逼近的无理数之一。为说明这一结论，先来看 $(\sqrt{5}+1)/2$ 的连分式展开。显然 $(\sqrt{5}+1)/2$ 满足方程
$$x^2 = x+1, \quad \text{即} \quad x = 1 + 1/x,$$
反复利用这一等式，有
$$x = 1 + \frac{1}{x} = 1 + \cfrac{1}{1+\cfrac{1}{x}} = 1 + \cfrac{1}{1+\cfrac{1}{1+\cfrac{1}{x}}} = \cdots.$$
上述展开给出了表达 ϕ 的连分式，用前面介绍过的简单记号得
$$\frac{\sqrt{5}+1}{2} = [1,1,1,\cdots,1,\cdots].$$
从这一展开可以看出，从 a_1 开始，所有的 a_k 均取最小正整数 1，因而此连分式是 a_k, q_k 增长最慢的连分式之一。因此，在这个意义上，黄金分割数属于"最难"用有理数逼近的无理数。

如上的论述是有道理的，但不是一个严格数学意义下的论证。有人利用计算机模拟说明黄金分割角给出原基的最紧密堆积，但这样的模拟也只是一个近似的"实验"。无论精度多高，计算机上也不能真正数值表达无理数（符号运算除外），因而对黄金分割角仍然是用有理数近似的，这样的验证只能在一定精度、一定时间范围内说明问题。除数学讨论外，还有学者从物理思想出发，探索以上现象更深刻的成因。

为寻求隐藏在叶序背后的深层逻辑关系，法国巴黎统计物理实验室的两位研究工作者杜阿迪(S. Douady)和库代(Y. Couder)用物理装置模拟了向日葵花盘螺线的生成。其实验装置如下：一个充满硅油的水平圆碟放置在垂直磁场 H 中，令可磁化的液体以等时间间隔 T 一滴一滴地按同等体积落入圆碟中心。为模拟植物生长过程，圆碟中心有一个小的、截断半径为 R_0 的圆锥，因此落在其上的液滴很快地滑向四周。液滴被磁场磁化，形成偶极子，彼此间有斥力，又由于圆碟边缘磁场强度略高于中心，液滴还受一径向的力，因而有径向运动，但它在距中心 r 处的运动速度 $V(r)$ 受硅油黏性调节，可以被控制为一个适当的值。以 V_0 表示径向特征速度。实验观察一定时间内等时间间隔落下的液滴在圆碟上的平面分布。

分析表明，这一实验所产生的结果被无量纲参数 $G = V_0 T/R_0$ 的值所控制，显然 G 是可由实验条件调节的。当 $G \approx 0.15$ 时，液滴的分布给出了类似于向日葵花盘螺线的模式，两组最显著的螺线数目分别为斐波那契数 3 和 5，相继"原基"间夹角约 $139°$，即近似黄金分割角。

在实验基础上，杜阿迪和库代还依据同样的原理进行了计算机模拟。令"原基"从一半径为 R_0 的圆周上开始产生，圆心为原点，所有原基是按等时间间隔产生的粒子。新产生的粒子

与在它产生时已存在的每个粒子间有排斥能 $E(d)$, d 为两粒子间的距离. 新粒子产生在与已存在所有粒子排斥能之和最小的位置. 在一个新粒子产生后, 所有粒子以速度 $V(r) = V_0 r/R_0$ 沿径向向外移动一段距离 $V(r)T$, 其中 T 为时间间隔参数. 除此之外, 已产生的粒子不再因后产生的粒子而有其他的位置改变. 计算中试验了几种不同的能量函数形式, 如 $1/d, 1/d^3, \exp(-d/l)$, 其中 l 为一参数. 在适当的参数选择下, 模拟结果和观测十分相符, 即"原基"间的夹角近似黄金分割角 $137.5°$. 如上的模拟表明, 如果每一新粒子选择出现在有最大生长可能的位置, 即排斥能最小的位置, 则黄金分割角出现在相继粒子位置的关系里, 而与斐波那契数的联系则是这一机制的又一数学表现形式.

应当指出: 在杜阿迪和库代所做的计算机模拟中, "原基"间的夹角对 G 的依赖实际有十分复杂的模式, 对不同的 G 结果不同, 而且有分支现象发生, 粗略说来, 只有当 $G > 0.4$ 时, 主要分支上的结果才给出黄金分割角.

综上所述, 叶序现象是一个涉及植物学、物理学、数学的多方面课题. 它是由遗传决定, 还是由外部影响引发的动力学机制所造成, 抑或是二者综合作用的结果, 似乎尚无定论. 至今已有的数学讨论不能认为已经达到完善的地步. 但它启示我们, 在观测基础上, 将问题适当理想化, 利用数学进行逻辑推理与利用计算机进行数值模拟的方法具有广泛的应用前景.

§6 斐波那契序列的其他表达方式

上一节的讨论着眼于单个原基发生的机制. 但植物学家对叶序现象的生成还有另一种观点, 即认为它是由一系列不对称分支过程形成的. 这一想法可以很好地解释某些海藻的形态. 已经有很多学者进行了这一方面的探讨. 此处我们不涉及机制, 仅仅给出基于这一思想的一个纯"几何"描述. 首先, 以 I, M 分别表示一对幼兔和一对成年兔, 则斐波那契序列初始部分可表示如图 4-5. 实际上图 4-5 的形成规则十分简单: 从一对幼兔 I 开始, 任何一代的 I 向下延伸出一对成年兔 M, 形式化为 $I \to M$; 而任何一代的 M 有两个分支, 一支延伸出 I, 一支延伸出 M, 形式化为 $M \to I, M$, 表示成年兔繁殖与继续存活. 按照上述规则, 这个图可以无限延续下去. 计算机科学家侯世达以一种更整齐的图形方式, 表达与斐波那契序列相关联的不对称分支过程: 从图 4-6(a) 所示的一个基本图形出发, 按图 4-6(c) 所示的方式, 经过一次次的生长, 可以得到一个完整结构. 如果在如图 4-6(c) 所示的这一结构下面沿垂直方向再补上一个格点 (图上未画出), 可以清楚发现, 这一图形逐层的格点数恰恰组成斐波那契序列. 以 Fibo(1) 表示未画出的第一层格点数 1, Fibo(2) 表示图 4-6(c) 的最下一层格点数 1, 用 Fibo(i) 表示第 i 层格点数目, 易于看出它们满足递推关系

$$\text{Fibo}(1) = \text{Fibo}(2) = 1, \quad \text{Fibo}(n) = \text{Fibo}(n-1) + \text{Fibo}(n-2) \ (n > 2).$$

第四讲 斐波那契序列及有关模型

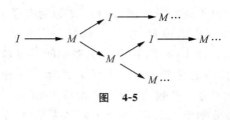

图 4-5

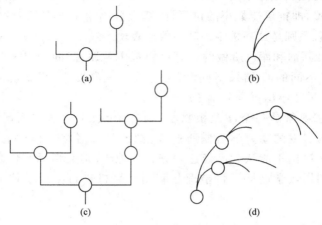

图 4-6 不对称分支过程的图形表示

实际上,整个结构还可以利用以下递归定义的函数给出.定义一个以正整数为自变量的函数:

$$G(0) = 0, \quad G(n) = n - G(G(n-1)) \quad (n>0).$$

考虑以自然数顺序编号的 n 个格点,对编号为 k 的格点计算 $G(k)$,显然 $G(k)<k(k\geqslant 2)$.将格点 k 与编号为 $G(k)$ 的格点相连,就可构成和图 4-6(c)同一结构的分支图形.

上面表达斐波那契序列的分支图形是由反复使用一个基本单元生成的,图形的整体与任何局部都是"相似"的,这一点实际代表了一个十分普遍的自然规律.为简单说明有关现象,让我们考虑另一个更为简单但稍许艺术化了的基本图形.这一基本图形与植物生长有关,用一小圆表示树叶,用一段带分支的细线表示嫩枝(见图 4-6(b)),它可以看做是从成年兔及幼兔的关系图演化而来,但现在我们不再关心兔子种群的数量关系,而是关心反复使用同一基本图形的几何结果.上述基本图形的反复叠加,即不断地将树叶放置在嫩枝的顶端,可以生长出一棵"树"(见图 4-6(d)).和前面的图形一样,树的各个部分是"相似"的,即任何小支的进一步发育遵从同一基本形式,而且植株的整体和任何局部都与基本图形的形态相似.它提供了由一简单规则生成整个植株的一种可能方式.这样的一个结构可以称为一个"L系统".这样的系统对生成和研究许多称做"分形"的自然与数学结构是十分有用的.

前面的讨论不仅有理论意义,而且在信息传输上有实际应用.例如,在发送电视信号或通讯中,如果需要传递一个类似于前面的"自相似"图形,我们可以只传送它的基本图形和生成规则,收到传送的少量基本信息后,再在接收地将其还原成所要的全部图形,这就大大减少了需要传送的信息量,提高了传输速度.

§7 斐波那契序列与游戏和魔术

斐波那契序列不仅出现在与自然和科学有关的场合,它往往还在意想不到的地方发生作用.下面我们介绍与斐波那契序列有关的一个游戏和一个魔术.首先介绍游戏.

假设游戏开始时有 m 根火柴,规则限定两个比赛者轮流从现有的火柴中每次取走 1 根或 2 根;轮到谁必须取走剩下的最后一根火柴,谁就输掉了这盘游戏.以 $N(m)$ 表示从 m 根火柴开始的所有可能发生的游戏情况数,显然 $N(m)=N(m-1)+N(m-2)$ 且 $N(1)=1$,$N(2)=2$,即对任意根火柴,游戏可能的变化情况被斐波那契序列决定.事实上,这一游戏还可用图论中的"树"来分析、说明只要先走者不犯错误,那么一定赢.因而此游戏是不公正的.下面我们以 $m=5$ 的情况具体说明.

假设现在有 5 根火柴,轮到游戏者 A 提取.将此情况表示为图 4-7 的一个格点,记为 A_5.按照规则,游戏者 A 可取 1 根火柴也可取 2 根火柴,故 A 取之后轮到游戏者 B 取火柴时,可以有两种不同情况发生,即还剩 4 根或 3 根火柴的情况,在图中它们分别对应从格点 A_5 分支的向上与向下的两个格点.按照与 A_5 同样的命名规则,这两个格点依次记为 B_4 与 B_3.完全相同的讨论可以一直继续下去,直到最后一层格点,它们表示剩下的火柴只有 1 根或 0 根,因而无法继续分支.由此从最后一层格点的火柴剩余数,可以清楚判断每个格点代表 A 获胜还是 B 获胜.我们将 A 获胜的格点标记为 $A+$(等价于 B 失败,即 $B-$),A 失败的格点标记为 $A-$(等价于 B 获胜,即 $B+$),然后从后向前标记每一个格点,其规则如下(见图 4-7):

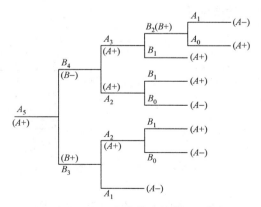

图 4-7 火柴游戏的解释

(1) 对每个以 A 表示的格点,如果其下一层的子格点均标记为 $A+$,则表示在这一步无论 A 怎样选择,他都将获胜,故将此格点标记为 $A+$.

(2) 对每个以 B 表示的格点,如果其下一层的子格点均标记为 $B+$,则表示在这一步无论 B 怎样选择,他都将获胜,故将此格点标记为 $B+$.

(3) 对每个以 A 表示的格点,如果其下一层的子格点均标记为 $B+$,则表示在这一步无论 A 怎样选择,他都将失败,故将此格点标记为 $B+$.

(4) 对每个以 B 表示的格点,如果其下一层的子格点均标记为 $A+$,则表示在这一步无论 B 怎样选择,他都将失败,故将此格点标记为 $A+$.

(5) 对每个以 A 表示的格点,当其下一层的子格点既有以 $A+$ 标记者,又有以 $B+$ 标记者时,该格点标记为 $A+$. 这是因为我们假设 A 是足够聪明的,他会做出正确的获胜选择. 同样的规则适用于以 B 标记的格点,当然此时格点标记为 $B+$.

当图形完全标记完毕时,在游戏参加者足够聪明的假设下,即完全不犯错误的假设下,在游戏开始之前我们就可以知道谁胜谁负. 因此,这样的游戏实际是不公正的. 我们可以把这一讨论推广到任何步数有限,且每步只有限种选择的游戏上去,同样可以从理论上证明:除非游戏规则中包含有一方不能赢时也有阻止对方获胜的办法,否则这样的游戏实际是不公正的,即在游戏双方都足够聪明,不犯错误的假定下,胜负早在游戏开始之前就已决定了.

利用斐波那契数的一个小"魔术"是这样的:如图 4-8(a)将一块 13×13 平方米的地毯裁成 4 块,将裁出的小块重新排列,可以拼成一个 21×8 平方米的长方形地毯(见图 4-8(b)). 但是 $13 \times 13 = 169$,而 $21 \times 8 = 168$,损失的 1 平方米面积何处去了呢? 实际上丢失的 1 平方米拼接时消失在了对角线上,这一魔术不仅利用了人们视觉的不精密,还利用了斐波那契序列的性质: $f_n^2 = f_{n-1} \times f_{n+1} \pm 1$,其中 f_n 表示斐波那契序列中的第 n 个数. 这一关系不难从斐波那契序列的通项表达式证明.

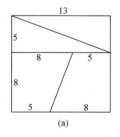 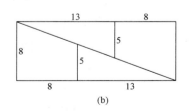

图 4-8 一个小魔术的图示

附录 斐波那契序列的一个性质

以 f_k 表示斐波那契序列中的第 k 个数,且设 $f_0 = 0, f_1 = 1, \phi$ 为黄金分割数. 那么对 $k =$

1 显然有
$$\phi^k = f_k\phi + f_{k-1}, \quad \phi^{k+1} = f_{k+1}\phi + f_k.$$
假设上述两个式子对正整数 k 成立. 将上面两个式子相加,由黄金分割数与斐波那契数的定义,得到
$$\phi^{k+2} = f_{k+2}\phi + f_{k+1}.$$
这表明此关系对一切 $k \geqslant 0$ 成立. 再对负整数定义斐波那契数,即令
$$f_{-k} \equiv f_{-k+2} - f_{-k+1} \quad (k > 0).$$
直接验证可知,令 $f_{-k} = (-1)^{k+1}f_k$ 即满足要求. 同样由数学归纳法易于证明,关系式 $\phi^k = f_k\phi + f_{k-1}$ 可以推广到 k 为负整数,即
$$\phi^{-k} = f_{-k}\phi + f_{-k-1} = (-1)^{k+1}(f_k\phi - f_{k+1}).$$
这就是正文中,为导出凤梨表面螺线模式改变临界值时所用到的斐波那契数的性质. 此性质的一个等价表示是:
$$(-\phi)^{-k} = f_{k+1} - f_k\phi = f_{k-1} - f_k\phi^{-1}.$$

参 考 文 献

[1] COXETER. Introduction to Geometry. 2nd ed. New York:John Wiley and Sons,1980.
[2] DOUADY S, COUDER Y. Phyllotoxis as a self-organized groth process,Physical Review Letter,1992 (68):2098-2101.
[3] JEAN R V. Mathematical Approach to Pattern and Form in Plant Growth. New York:Wiley,1984.
[4] 特奥多·安德列·库克. 生命的曲线. 周秋麟等译. 吉林:吉林人民出版社,2000 年.
[5] STEWART I. The Magecal Maze. New York:John Wiley and Sons,1997.
[6] 伊恩·斯图尔特. 自然之数——数学想象的虚幻实境. 潘涛译. 上海:上海科学技术出版社,1996.
[7] 奥尔德斯 C D. 连分数. 张顺燕译. 北京:北京大学出版社,1985.
[8] 科学美国人编辑部编著. 从惊讶到思考——数学悖论奇景. 李思一,白葆林译. 科学文献出版社,1984.

第五讲　有关生命现象的几个数学模型

> 这一讲的第一节首先介绍了元胞自动机的基本概念,然后叙述了它的一个典型代表——康维的生命游戏,进而介绍了沃尔夫对一维元胞自动机的模拟研究.第二节讨论涉及生命现象的另一模型——图灵扩散,并介绍了对有关问题进行数值模拟的基本方法.第三节从博弈论的观点出发,解释了生物群体雌雄性别比一般为 1∶1 的原因.

计算机的出现和发展,大大改变了世界的面貌,它不仅改变了传统的生产模式,而且渗透进了人们的日常生活,甚至影响了部分人的思维方式.当前,在世界范围内,不仅学习与应用计算机的热潮澎湃汹涌,同时还泛滥着部分人对计算机的顶礼膜拜与图腾.计算机的确是一个好东西.但是学习、普及计算机必须有正确的观点,在任何情况下,计算机都只能是人所掌握的工具.永远是人支配机器,而不可能是机器支配人.我们面临的问题是:如何更好地发挥计算机的潜能,更好地使用计算机?但要切忌沦为机器的附庸与奴隶,把思维沦落为计算机的刻板机械模式.要清除一切神化计算机的反科学宣传,把计算机称做"电脑"是一种比喻,电脑绝对赶不上人脑.计算机在什么意义下拥有"智能"?这种"智能"的限度是什么?诸多此类问题一直是学术界关心的课题.

当然,计算机的确有"过人之处",问题是:这一过人之处到底是什么?事实上,计算机无疑优于人脑之处只是它的算术运算速度.正像起重机比人的手臂更有力,汽车比人跑得更快、更持久,计算机能够快速运算自然是它的极大优点,现代计算机的所有优越性基本说来都建立在这一点之上.应该充分认识这一优点的巨大意义和潜能,但不应在这一能力之外认为计算机具有其他"超人"的能力.实际上,计算机特有的算术运算能力对于生物生存并不是最基本的需要.如果这种能力对生物和人类是必需的,那么可以想象,经过几十亿年之久的进化过程,现在的人类早就发展出了超过计算机的此类本领.如果对"计算"这一概念从更广的意义上加以理解,即不是指纯粹的加减乘除,而是把与生物生存有关的

第五讲 有关生命现象的几个数学模型

各种信息的收集、识别、估计、判断、整理、加工包括在内,那么我们就会发现,人脑的工作"语言"并不是现在通行的数学语言,更不是现在的计算机语言.人脑在上述各方面都大大优于电脑.例如,不足一岁的婴儿就能识别人脸,会对父母微笑;而直至今日,人脸识别还是计算机科学的前沿课题之一.人脑是稳健的、容错的,神经细胞每天都有生有死,但我们的记忆和思维并未因此而受到影响.然而,计算机存储系统一个二进位的偶然跳动,就有可能引起整个系统瘫痪.人脑具有很强的学习功能,我们从一降生开始,就在与外部世界的接触过程中,通过经验不断地学习,或者说改变着自身思维器官的功能与结构.这是一种天赋的能力,无须经由特定的外部设备,把利用某种人工语言,例如C++或JAVA精心编制的程序化了的信息强行输入.而且人脑可以处理具有概率意义的,模糊或不确定的信息,其中可以包含"噪声",甚至不相容的矛盾内容.这不但不会引发混乱,有时还会产生意想不到的结果,如引发了灵感,引发了创造,进而产生了社会进步.然而,如果你发给计算机的指令中有矛盾,看看会产生什么后果,它可能使你焦头烂额.人是可以一心二用的,很多同学一边听报告,一边记外语单词,而且从容不迫.这说明人脑有并行处理的功能.现代计算机也可以有类似的功能,但无论是机器结构还是具体应用,都要经过专门设计.从耗能的观点,人脑也大大优于电脑.人脑体积很小,结构紧凑,只消耗很少的功率,而对计算机而言,尽管元件的集成度不断提高,模数、数模转换器件的尺度越做越小,但在耗能上仍然无法与人脑相比,尤其对大型计算机系统说来,电费仍是一笔可观的支出.

还在现代数字计算机发明不久的时候,它的创始人冯·诺依曼就已认识到计算机的局限,它并不是一个最理想的机器.在很多方面,现代计算机远远不及生物所具有的广义计算能力.因此冯·诺依曼在20世纪50年代初就开始了新的探索.实际上,人脑时时刻刻都在进行"计算",我们在见到任何一副面孔的同时就在识别、搜索或存储与之有关的一切信息;我们行走或行驶在一条道路上时,随时依据各种情况进行估计与判断,以避免碰撞并选择最佳路线;人们在百货商店琳琅满目的货架间漫步,不经意间已经决定了自己所选择的商品,它们通常具有最高的性能价格比.在进行上述活动时,人们并不认为自己运用了什么高深的学问或技能,但是你如果试图利用计算机处理上述问题,则其中任何平凡的一部分,肯定是计算机科学的尖端领域之一.事实上,生物系统在用一种与现代计算机完全不同的原则处理问题.它既不需要算术运算,也不需要离散近似,在生物进化的数十亿年间,已创造出不计其数既灵巧又高效的方式,解决各种各样的涉及"计算"的问题.冯·诺依曼认为,人类有必要研究某些生物的基本功能,但这种研究不是简单机械地模仿.他提出,首先我们应当研究那些具有类似生物系统功能,具有自组织能力的系统.所谓"自组织能力"是指一种自我生长、自我复制、与环境交换信息交互作用的能力.这种能够自我复制的系统似乎是有生命的,故冯·诺依曼称之为"活的机器".但是冯·诺依曼深知,利用已有的技术无法造出一台真正的活机器,因而他转而考虑用计算机模拟一类模型,探寻这种活机器"生命"过程的逻辑.为实现这一设想,冯·诺依曼最终采用了他的同事与学生乌拉姆(Ulam)为解决这一任务所提出的一个极其聪明的建议,即以一种抽象方式,建立一个一般性框架,称之为"元胞空间",在此空间中建立模拟生命过程的模型.这是今日诸多科学与工程领域的多种离散模型的共同来源.当今更为流行的名字是"元胞自动机".下面就对有关内容作一简单介绍.

§1 元胞自动机的基本概念

元胞自动机实际是一类数学模型的总称,是今日众多离散模型的共同框架.首先,设想一个几何上规则的空间点阵,或者说一块规则的晶体.然后把每个格点(或格子)视为一个细胞,因此所考虑的是一个细胞组成的世界.每一个细胞可以处于有限多种不同的状态,例如存活或死亡,这时可以由两种不同的编码如 0 或 1 表达.在一般情况下,细胞的有限个不同状态可以由一组 2 进制数字表征.对于任何一个格点(或格子),按照一定规则,指定其邻近的一组有限格点(或格子),作为所讨论格点(或格子)的邻域.在所考虑的细胞组成的世界里,时间是离散的.在离散的时间进程中,细胞状态随时间变化,任何时刻一个细胞的状态仅取决于此细胞及其邻域内细胞在上一时刻的状态.给定了这样一组两个时刻细胞状态间的对应规则和一组细胞的初始状态分布,我们就可以在时间进程中跟踪元胞自动机整体的状态演化,研究它的发展和规律.在元胞自动机的框架下,可以有多种多样的具体模型.例如仅就平面模型而言,点阵就可以取做正三角形、正方形或正六边形;由于问题不同,细胞可以有不同数目的有限状态;而变化规则更可有各种不同,它们可以是确定性规则,也可以引入随机性考虑,这些都大大丰富了模型的种类.正是因为元胞自动机所具有的如此丰富的内涵,使之成为了今日多种科学与工程领域大量离散型模型的基础.然而,此类模型都具有如下的共同特点:(1)空间是离散的;(2)时间是离散的;(3)细胞(因而,自动机)状态是离散的;(4)细胞状态随时间的演化规则是局域的.由于上述特点,又有人将此类模型称为全离散模型.

冯·诺依曼和乌拉姆设计这样一台机器的目的之一是试图寻找一种完全不同于现代计算机原理的工作方式,为实现广义意义上的"计算"任务,开辟新的途径.然而,从理论上说来,元胞自动机完全可以具有现代计算机的功能,尽管实现起来十分复杂.最重要的是,元胞自动机有极强的模拟功能,几乎所有自然科学领域,如数学、物理学、化学、生物学、地质学、地理学、医学、生态学、材料学等学科的众多课题都可利用元胞自动机加以模拟.这已为今天的科学发展所证实.

利用如上的想法,冯·诺依曼生前曾设计出了十分复杂的"活机器",这一机器采用正方形网格,每个格子上下左右的四个方格是它的邻域,每个细胞有 29 种状态.在给定了一组状态转换规则后,冯·诺依曼证明:存在有一个大约包含 20 万个单个细胞状态决定的"位形",即所有这些细胞状态集体决定的"组态",具有自我复制的能力.这一设计之所以如此庞大,原因在于冯·诺依曼在他的设计中,要求元胞自动机具有模拟图灵机,即一台通用理论计算机的功能.显然,对于一个能部分模拟生物功能的系统而言,这一点并非是必要的.冯·诺依曼没有来得及将他的设计付诸实际模拟便去世了,然而他的天才想法继续吸引着后来的研究者.人们发现,仅就一般意义的自我复制而言,并不需要使模型具有一台图灵机的功能,简单的自我复制可以在很简单的元胞自动机中实现.下面就是一个精巧的例子,它是麻省理工学院(MIT)的弗雷德克(E. Fredkin)在 20 世纪 60 年代构造的.这一元胞自动机仍采用正方形网格,具有与冯·诺依曼相同的四邻域结构.但每个细胞仅有两种状态:"存活"或"死亡",分别用保有一个棋子或空来表示.其状态转换规则十分简单:每个细胞不论存活或死亡,如果在离散时刻 t 与偶数(如 0,2,4)个"存活"的细胞相邻,则 $t+1$ 时刻该细胞状态变成或保持为"死亡";反之如果其邻域内有奇数个"存活"细胞,则下一时刻该细胞状态变为或保持"存活".例如,从图 5-1(a)所示的初始位形出发,经过两个时间步达到如图 5-1(b)的位形,我们发现初始位形已被复制,放大为原来的四倍;图 5-1(c)所显示的是四个时间步后的位形,而图 5-1(d)则是六个时间步后的位形.读者可以把这一构造继续下去.显然,这样一个简单元胞自动机已经具有生物的自我复制、生长的功能.乌拉姆等人也对各种不同邻域、不同状态数目和转换规则的元胞自动机进行了研究.类似的设计也可采用正三角形或正六边形网格,在这样一些网格上的元胞自动机看起来与方格网上的不同,但这仅仅是表面现象,由适当定义的"邻域"概念,不同格网上的元胞自动机可以是等价的.所谓的"邻域"也并非必须由相邻的格子组成.有些学者认为,象棋、跳棋和围棋都可以视为广义的元胞自动机,只不过它们的邻域定义和状态变换规则更为复杂.例如象棋中一个马的邻域就由所有它可以跳到的空格和可以吃子的格子组成.而每一时刻,棋手则在所有规则允许的下一时刻状态中选择,以便使自己最先达到某个称为"赢"的最后状态.

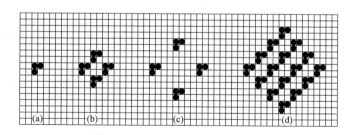

图 5-1 一个可以自我复制的简单活机器

除冯·诺依曼和乌拉姆之外,最值得注意的元胞自动机研究者或许就是英国数学家康维(J. H. Conway).1968 年,他创造了一种称之为"生命"的计算机游戏,实际是一种元胞自动机.这一游戏引起了世人的广泛注意,在冯·诺依曼之后,再次点燃了世人对元胞自动机模型的热情,使冯·诺依曼和乌拉姆的天才设想繁育出了灿烂的花朵与果实.

§2 康维的生命游戏

康维是一个纯粹数学家,早就以康维群的理论知名于数学界,同时他还热衷于数学游戏的发明与研究.他对彭罗斯铺砌也做出过重要贡献,然而在数学游戏领域他的最大成就应当属于"生命游戏".20 世纪 60 年代后期,康维在剑桥大学任教,他在那里创造了这一游戏,试图以此说明甚至如活的生命这样复杂的事物,也可能起源于一组极其简单的规则.这一游戏立刻吸引了剑桥大学的年青学子,它风靡一时,并且很快引起了世界范围的关注.下面我们就来看看生命游戏的玩法.

按照元胞自动机的语言,这一游戏所展开的空间是一平面上无限大的正方形网格.因此在开始游戏前,你至少需要准备一张棋盘.围棋盘、象棋盘都可以,但为了足够大,最好是利用计算机屏幕,当然这就要先花费些心思编制或寻找适用的软件.棋盘上的每一个格子(或格点)代表一个细胞,与其相邻的上、下、左、右、左上、右上、左下、右下八个格子(或格点)构成该格子(或格点)的邻域.任何一个细胞可以处于"存活"与"死亡"两种状态,这可以用两种不同颜色的棋子,例如白色与黑色区分.考虑离散时间,在初始时刻 $t=0$,游戏者按照自己的意愿,在棋盘上随意放置若干活细胞,称为初始位形.我们把任何时刻所有格点上的细胞的总体状态称为该时刻元胞自动机的位形.从初始位形开始,以后任何新时刻的位形按照如下规则产生:

(1) 存活.在 $t=k$ 时刻的一个活细胞,如果在它的邻域中同时有两个或三个活细胞,则在 $t=k+1$ 时刻该细胞继续存活.

(2) 死亡.在 $t=k$ 时刻的一个活细胞,如果在它的邻域中同时有大于等于四或者小于等于一个活细胞,则在 $t=k+1$ 时刻,该细胞或者由于生存空间过于狭窄,或者由于过于孤独而死亡.

(3) 繁殖.在 $t=k$ 时刻的一个死细胞,如果此时与三个活细胞相邻,下一时刻此细胞被激活,即在 $t=k+1$ 时刻此位置被一活细胞取代.

这三条规则是康维精心设计的,设计原则是力图使尽可能多的初始位形在你能够判断它的最终命运前经历尽量长时间的变化.你当然可以按照自己的意思修改这些规则,但实践表明似乎任何其他规则都不会比康维的考虑更有趣.

按照康维的演化规则,从任意给定的初始位形开始,所有的细胞将一代一代的演化下去.这里所说的一代是指同一离散时刻的所有格点上的细胞.由于初始位形的不同,演化的进程是各式各样的,而且往往产生出乎意料、富含韵味的美丽图形.有些位形最终消失了,有些达到了某种不变状态,还有些在两个固定形态间震荡,当然还有许多初始位形经过了很长时间还不能判断它的最终结局.让我们以三个活细胞组成的初始位形为例,考虑它们的演化.如果初始时刻三个活细胞连续排成一横行,那么按照上述规则,下一时刻它们将转化为三个细胞的纵向连续排列,以后的任何时刻位形将在这两种状态间不停地变来变去;然而如果三个活细胞初始时刻占据了棋盘上一个最小正方形的三个角点,那么下一时刻,不仅这三个细胞继续存活,而且一个新生的细胞出现在小正方形的第四个角点的位置上,这四个细胞组成的紧凑位形将永远持续下去,相当得到一个稳定解;除上述情况外,所有三个细胞的其他初始排列最终都导致消亡.这表明仅就只包括了三个活细胞的初始状态而言,生命游戏就已包含了意味着生物种群演化过程振荡、稳定和灭绝的不同结果.实际上,康维已经做过很多试验,他系统地观察过由不多于六个活细胞组成的初始"细胞团"的演化过程,追踪过排成一行的 $n(n\leqslant 20)$ 个细胞的生命史以及其他若干情况.

生命游戏是成功的,它最迷人之处就在于,对于任何一个初始位形,除了按照规则观察它的演化,一般而言我们无法预知它的命运如何,即没有一个规则,使得可以无须经过实际推演,就可事先判断任何一个初始位形的未来.这一点似乎可以视为图灵停机定理在生命游戏中的表现.为使读者确信这一点,我们介绍一个有趣的发现,请看图 5-2.

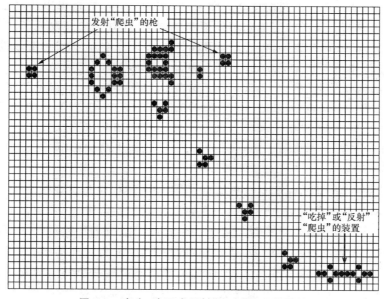

图 5-2 产生、消灭或反射"爬虫"的巧妙设计

图 5-2 中间部分从左上到右下断续展示了四组由五个活细胞构成的位形,这一位形是康维及其同事们的重要发现,康维把它称为"滑翔机",而本书更愿意称其为"爬虫",因为爬虫是有生命的.这一位形的演化非常有趣,如果将任何一组视为初始位形,那么三个时间步后的位形是初始位形沿对角线的反射,但位置下移了一格;容易知道,再经过三个时间步,图形恢复原状,但与初始位置相比沿角线向右下方移动了一格,由此这一图形构成的"生物",将会沿确定方向"爬行"下去.也就是说,这一简单的构想,展示了元胞自动机有模拟生物在

第五讲 有关生命现象的几个数学模型

空间和时间中运动的能力. 然而故事并未到此结束,"爬虫"还引发了更为有趣的结果. 这要从康维对元胞自动机的一个猜测谈起. 康维猜测, 按照生命游戏的规则, 似乎不存在任何一个初始位形, 它的活细胞数会随时间无限增长. 但无论从理论上还是实践上, 康维都不能证实这一点, 因此, 他于 1970 年通过马丁·嘉德纳(Martin Gardner)在杂志《科学美国人》的"数学游戏"专栏悬赏 50 美元公开征解. 令人感到意外的是, 麻省理工学院的一个人工智能研究小组在一个月内就解决了此问题. 他们设计出一支可以不断发射"爬虫"的"枪"(shuttles), 这就是展示在图 5-2 上面的部分. 这一位形中间部分会在空间前后移动, 但从初始位形开始, 经过 40 个时间步后, 向其右下方"发射"出第一个"爬虫". 这支"爬虫枪"还是一个周期 30 的振荡器, 从第一个爬虫开始, 每隔 30 个时间步, 射出一个新爬虫. 由此对这一设计而言, 活细胞的增长是无限的, 它否定了康维的猜测. 然而令人拍案称奇的并不只此, 此人工智能的研究小组还发现了与爬虫有关的其他有趣的事情. 他们设计出了另一个周期为 15 的振荡器, 起名为 pentadecathlon, 这展示在图 5-2 的右下方. 这一设计的功能是"吃掉"每一个来到它嘴边的爬虫. 如果改变一下此振荡器与爬虫接触时的角度, 它还可以将爬虫反射 180°. 这样就可以使爬虫在两个这样的装置间不停地爬来爬去. 此外他们还发现了许多利用爬虫枪的其他有趣方式. 除上述装置外, 很多其他研究者也发明了各种不同的奇妙设计, 作为它们的代表, 读者可将如图 5-3(a), (b)和(c)所示的位形作为初始位形, 按生命游戏的规则观察其演化. 其中(a)的变化类似一个通常用在理发馆门口不停旋转的"幌子", 它实际也是一个振荡器; (b)开始时表示一只猫的脸, 经六个时间步则只剩下一张微笑着的猫嘴, 而第七个时间步后, 猫完全消失了, 永远留下的是由四个细胞组成的猫的爪痕; (c)是一台收割机, 随着时间变化, 它可以沿着右上方向无限地开过去, 且每隔四个时间步, 就在收割过的土地上留下一捆谷草.

  生命游戏, 更一般地说, 元胞自动机模型, 所带来的不仅仅是游戏的愉悦, 它们还引发了一系列重要而有趣的理论问题. 例如, 是否存在这样的初始位形, 它可演化出所有希望看到的位形? 也就是说, 生命游戏中是否包含了一位万能的建筑师? 针对此问题, 有人证明了: 在生命游戏规则下, 存在有一些称做"伊甸园"的位形, 除非将这样的组态取做初始位形, 否则它们绝不可能由演化过程自发产生, 即任何位形都不可能是伊甸园的前一代. 遗憾的是: 这一点尽管已在理论上证明了, 但似乎人们还没有在"生命游戏"中找到一座具体的"伊甸园". 实际上, 是否存在"伊甸园"的问题可以对任意规则的元胞自动机讨论. 与上述问题相关的另一个问题是: 利用康维的生命游戏规则, 是否能够找到一种方式, 模拟一台通用图灵机, 即模拟一台可以完成任何计算任务的通用计算机? 这一问题本质上相当问: 是否可以利用康维的生命游戏规则实现任何复杂形式的自我复制? 我们已经知道的答案是: 对于一个细胞仅取两个状态, 采用冯·诺依曼四邻域结构的游戏而言, 这是不可能的.

  现在, 元胞自动机已经成为科学与工程领域进行模拟研究的有力工具, 例如在流体力学中模拟湍流的发生与发展; 在物理学中模拟晶体生长、悬浮体的聚集、自旋系统的相变; 在化

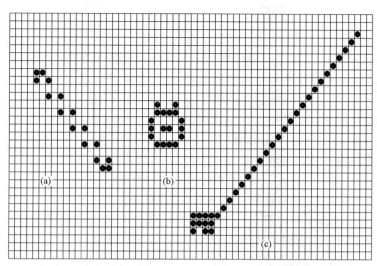

图 5-3 理发馆的"幌子"、猫脸和割草机的初始位形

学中模拟反应扩散系统中的振荡与螺旋波;在生命科学中模拟心脏纤颤与肿瘤生长;在天文学中模拟星系悬臂结构的形成;在地质学中模拟地壳的断裂以及多孔介质中的渗流;在地理学中模拟草原生态的变化、森林火灾、道路交通与城市发展等;甚至有人利用元胞自动机在犯罪学中模拟研究一定条件下罪案易发的地点,各种例子不胜枚举.事实上仅仅"生命游戏"的出现,就已引发了一个新的数理科学领域,即所谓的"人工生命".有生命的物质具有自我复制、在遗传中进化和通过神经系统控制行动的特点,这些都与适当设计的元胞自动机的性质相似.可以期待,"人工生命"的研究无论在理论和工程实践上都可能带来巨大进展.作为一个简单例子,下面介绍沃尔夫(S. Wolfram)对一维元胞自动机的研究,特别是这一研究的成果对生物学的启示.

沃尔夫利用电子计算机系统地研究了一维元胞自动机.为弄清楚使用计算机进行研究的必要性与可能性,首先对所有可能发生的一维元胞自动机的数目作一估计.可以把一维元胞自动机的格点设想为实数轴上的整数点,将 t 时刻坐标为 i 的细胞状态记为 S_i,而下一时刻,即 $t+1$ 时刻细胞 i 的状态记为 S_i',每个细胞假定可取 k 个状态. S_i' 可一般地表示为

$$S_i' = f(S_{i-r}, \cdots, S_{i-1}, S_i, S_{i+1}, \cdots, S_{i+r}),$$

这表明对任何一个格点,取左、右各 r 个相邻格点为邻域,f 表示状态转换规则,它是 $2r+1$ 个变量的函数.显然,有多少不同的函数 f,就有多少种如上形式定义的一维元胞自动机.现在算一下这个数目.

函数有 $2r+1$ 个自变量,即依赖 $2r+1$ 个细胞在前一时刻的状态,每个细胞有 k 个可能状态,即任何一个 $S_j(j=i-r,\cdots,i+r)$ 可有 k 个不同取值,因此若将 $(S_{i-r},\cdots,S_{i+r})$ 视为一个向量,它可以有 k^{2r+1} 个不同的取法,即函数的定义域包含 k^{2r+1} 个点.而对于自变量的任何

一个值,函数值即 S_i^t 的状态,还可以有 k 种不同的选择,因此不同的函数共有 $k^{k^{2r+1}}$ 个. 当 $r=1,k=2$ 时,$2^{2^{2+1}}=256$;当 $r=1,k=3$ 时,这个数就变成了 $3^{27}\approx 7.6\times 10^{12}$. 由此可见,即使使用计算机,我们也只可能对具有小邻域与状态数不大的元胞自动机进行穷举方式的研究.

设 $r=1,k=2$,即考虑每个细胞有两种状态,且每个格点以左、右各一个格点为邻域的自动机. 按照上面的讨论,这样的元胞自动机共有 256 种. 我们把这 256 种不同的元胞自动机按照下面的方式从 0 到 255 编号:在 $t+1$ 时刻,任何细胞 S_i^t 的状态由自变量 S_{i-1},S_i,S_{i+1} 的状态决定,自变量的值取为 0 或 1,故 $S_{i-1}S_iS_{i+1}$(将其看做一个二进制表示的数)所有可能取值是从 0 到 7;而函数值可能是 0 或 1. 如表 5.1 将自变量(此处把整体 $S_{i-1}S_iS_{i+1}$ 视为自变量)所有可能的值由小到大,从右向左依次排列,对任何一种确定的元胞自动机,再将与自变量对应的函数值(0 或 1)写在自变量下面. 把这样得到的一行 8 个 0 或 1 的符号串视为一个二进制表示的整数,它一定落在 0 到 255 之间,而且对规则不同的元胞自动机说来这一整数必然不同(表 5.1 相应规则对应的整数为 126,即规则编号为 126). 也就是说,给定了任何一个 0 到 255 间的整数,就决定了一个 $r=1,k=2$ 的一维元胞自动机.

表 5.1

自变量	111	110	101	100	011	010	001	000
函数值	0	1	1	1	1	1	1	0
编号				$2^6+2^5+2^4+2^3+2^2+2^1=126$				

显然,根据上述一维元胞自动机规则的编号,可以设计一个计算机程序,利用数字计算机对 $r=1,k=2$ 的情况进行研究,从屏幕上系统方便地观察任何初始位形按任一可能规则的演化结果. 图 5-4 给出的就是由规则编号 126 的一维元胞自动机所生成的一种图案. 图中横坐标表示空间方向,纵坐标表示时间轴,最下一行是初始位形,其中的初始位形是利用投掷一枚硬币随机选定的. 对任何时刻,黑色小圆表示所在位置细胞状态为 1,无色表示状态为 0. 为方便,令任何时刻细胞状态在空间方向的分布是周期的. 从初始位形开始,自动机的状态随时间按给定规则逐层演化下去. 读者很容易把这一图案看做是贝壳或动物毛皮上的花纹. 这种相似性,至少使得我们对于生物花纹形成的可能机制,有了某种设想. 这是一件很有趣的事情. 当然,我们不能肯定,生物界的花纹一定是依据一维元胞自动机的规则生成的,因为,其他的想法也可以产生同样的结果. 如上的想法虽有趣但有缺陷,原因在于:我们把一维元胞自动机与动物身上的花纹相联系,完全是从计算结果引发的纯从现象考虑的联想,其中不包含任何生物发育机制的考虑,这样的联想尽管极具启发性,但严格说来,依据不足. 实际上,对生物外观颜色与花纹的形成,科学工作者已从数学生物学角度,进行了长期的、有成效的多方面探索.

在介绍另外一种同样可以解释生物外观模式形成的想法之前,让我们对元胞自动机在数学发展上的意义作一点补充. 元胞自动机具有极强的模拟功能,因而已在诸多领域模拟多

图 5-4 一维元胞自动机的编码图示举例（规则 126）

种自然与社会现象上得到应用. 一个典型的例子就是用于模拟流体力学问题的格气模型以及在此基础上进一步发展起来的格点玻尔兹曼方程模型. 模拟方法的发展直接推动了数学理论的探索. 格气模型是利用元胞自动机从分子水平对流体运动建立的离散模型. 为了从理论更深入地探讨, 我们希望知道: 在某种极限意义下, 离散模型性状所服从的宏观连续方程是上什么? 它是否就是宏观流体力学所满足的方程? 对于格气模型而言, 可以认为这一问题已经解决. 然而这一问题是有一般性的, 也就是说, 给定了一个由微观机制刻画的, 在分子或分子团水平上运行的离散模型, 应当问: 它所对应的宏观方程是什么? 对这一问题的探讨产生了一个数学分支, 即水力学极限. 比从微观机制探讨宏观方程更困难的问题是: 给定了任意一个描述宏观物理现象的微分方程, 能否构造出相应的, 分子水平上的元胞自动机? 显然, 后一问题的解决会对微分方程的数值研究带来巨大好处.

下面介绍不同于前述一维元胞自动机的唯像讨论, 但同样可以解释生物外观模式形成机制的一种想法——图灵扩散.

§3 图灵扩散

这里所说的图灵, 就是前面多处提到过的英国数学家与计算机科学家图灵, 他对动物身上的花纹如何生成同样有兴趣, 并且进行了研究. 这是一个生动的例子, 表明优秀的科学家往往关注多方面的问题, 这不仅不妨碍他们取得成功, 而且常常使得他们的成就丰富多彩. 在介绍图灵的有关想法之前, 我们先大致叙述一下与动物外观颜色和花纹有关的一些观察

第五讲 有关生命现象的几个数学模型

结果与已有知识.

不同动物在外观上可以具有不同的颜色与花纹,这些颜色与花纹的作用或是使动物混同于周围的生存环境,隐匿自己,或是对潜在的敌人产生警告与威慑效应,但不同物种外观形成与变化的机制并不相同.有些深海鱼类可以随着环境的变化,迅速改变体表颜色,这种改变被生物激素或神经信号所控制,称之为生理学颜色变化,它不是此处所要讨论的问题.我们所关心的是动物在慢得多的生长过程中,由连续不断的刺激所造成的体表颜色与条纹的生物形态学特征.例如,虎、豹、山猫等动物的毛皮上除了特定的颜色,还有不同的条纹或斑点,这些美丽的图案随着动物的生长成比例地放大.同种动物体表花纹类型相同,但具体形式千差万别.海洋中的天使鱼类展示了又一个例子:几种不同的天使鱼在幼鱼成型阶段表现了相似的生长模式,即在幼鱼体表的黑色背景上可以看到几条白色略微弯曲的垂向条带.随着鱼的长大,鱼身的长度增加了,此时在原有的每两条条纹间出现了新的白色条纹,它们最初是狭窄且模糊的,但随着鱼的长大而清晰、而变宽.这样的过程在达到成鱼阶段前要发生一次到两次.有趣的是,观察发现,对某些天使鱼鱼种,当鱼身长度发育为原来的两倍时,条纹数也增加了一倍.从这些观察产生了一个问题:动物体表的图案及颜色特征是如何形成的? 当然,它们肯定是遗传的结果,是基因在起作用.然而这并没有完全回答问题,我们希望答案细致一些,希望知道这些颜色与花纹形成的更具体的机制.这样的研究不仅有助于了解动物从胚胎阶段开始的个体形成过程,也可能对人类某些皮肤病的病因提供启示.长期以来,从胚胎阶段开始的动物年龄与生长和体表模式间的关系既吸引着试验工作者的注意,也吸引着理论工作者的兴趣.

1952 年,图灵基于反应-扩散理论设想了一种分子间的作用机制.按照这种想法,有可能从初始时刻动物胚胎表面化学物质的分布,自动演化出非均匀的周期分布模式.图灵试图用这一理论解释生物形态学中动物体表颜色与花纹的形成,他设想:初始时刻动物胚胎表面分布有不同种的化学物质,这些物质彼此会发生反应,化学反应产生了新的物质成分,因而产生了颜色的变化;同时由于物质的扩散效应,因而造成了浓度波,它可以解释动物身体表面有颜色、花纹移动的原因.图灵还猜测:胚胎中化学物质的初始分布决定了任何一种动物表面花纹的先天模式,它使得老鼠决不会长出狮虎一样的毛皮;但是同种动物,在不同的后天条件下,由扩散机制所发展出的花纹不会完全相同.最初,生物学家对图灵提出的设想感到振奋,但当他们冷静下来时则认为这一设想与经验不完全一致,认为即使按照图灵的设想可以产生与动物身上相似的花纹,这也仅仅是一种偶合.然而有趣的是,图灵的思想从来没有被完全放弃,从 20 世纪中期以来,不断有研究者遵循这一基本思想进行探讨,并由此产生了一类研究动物生长模式的数学模型,统称为此类问题的反应扩散型模型.例如,20 世纪 60—70 年代就有人利用图灵的思想研究哺乳动物体表的花纹;1995 年出版的《自然》(Nature) 杂志 376 卷上,发表了日本学者关于利用图灵的思想,讨论天使鱼体表花纹的成因,并与实验观察进行了成功对比的文章;还有的学者把类似的思想用于研究细菌生长过程所表现出来的分支现象和手征性质.事实上这种讨论组成了生物数学中的一个分支——生物模式形成的研究.

  动物体表显示出特定颜色的条纹是某种色素细胞在特定区域聚集的结果.然而,特定颜色的色素细胞并非一开始就出现在特定位置,而是经历了一个复杂的产生、迁移、分异的过程.其中的很多因素,生物学上至今并不清楚.不过可以肯定的是,在这一过程中,化学反应起着重要作用.也就是说,动物体表所展示的颜色模式实际被一种或多种化学物质的分布和反应所控制.现阶段要想给出一个有关模式的细致模型是不可能的,我们只能满足于有一定生物学基础,能够再现生物学现象的相对简单的数学描述.

  下面,我们大体按照莫瑞(J. D. Murry)研究此问题的线索,对基于反应扩散机制的生物外观模式形成的数学思想作一概要说明.为了简单,只考虑两种化学物质与动物外观模式形成有关,它们的浓度分布决定了动物体表的颜色及花纹.这两种物质间可以进行化学反应,同时各自以不同的速率在动物胚胎表面扩散.如果不存在扩散,那么当使两种物质充分混合的化学反应发生之后,整个系统将达到一个均一的稳恒态.如果两种物质有相同的扩散率,任何空间不均匀性最终也会消失.然而,在此处的模型中假设两种物质的扩散速率是不相等的,在任何给定点上,反应速率不可能由扩散调节而达到平衡,也就是说系统可以因非均匀扩散的存在而失去某种(线性)稳定性.在这样的扩散作用下,胚胎表面与生俱来的、在某种意义下(线性)稳定的化学物质均匀分布模式失稳,任何一个小扰动都可诱发出化学物质在空间中某种非均匀分布的新模式,又由于物质间非线性相互作用,新生的不均匀分布模式最终可以是非线性稳定的,它决定了动物体表的颜色与花纹.

  为了对上面的想法有一个更为直观的了解,请考虑莫瑞用过的如下比喻性说明:设想干旱气候下的一片森林,由于雷击或其他气象原因,几处随机分布的地点突然同时起火.如果任其发展,随着火线的推移(即火的扩散),火场将连成一片,整个森林将化为灰烬,从而最终给出一个稳定的均匀状态;但如果在火灾发生时救火队员乘直升机及时赶到,从每个火场中心向外喷洒灭火剂(灭火作用的扩散),由于飞行速度极快,他们很快超过了火头,在每个火场之外,形成了一个隔离区.此时,大火被限制在几个圆域之内,森林的其他部分仍然是绿色的,这样最终在大片的绿色背景下,形成了由若干圆斑装点的非均一的图案.这样一个模式由两种不同速率的扩散效应所造成.

  下面更具体地从数学上对有关模型作一简要介绍.我们已把动物外观模式的形成,归因于两种物质相互作用的结果.将这两种物质分别视为活化剂和抑制剂,依次以 A 和 I 表示.两种物质都在动物胚胎的二维表面扩散,且相互控制着对方在任何时刻、任何一点的数量.无妨认为 A 的浓度分布决定了颜色模式.为了简便,字母 A 和 I 还用以表示两种物质的浓度,显然它们是空间与时间的函数.从守恒律的基本考虑出发,认为其中任何一种物质的浓度均遵从以下机制,即任何时刻在胚胎表面任何一点,有

  物质浓度变化率 = 物质的生成速率 − 化学反应的消耗速率 + 表面扩散项.

第五讲 有关生命现象的几个数学模型

由此 A 和 I 应满足偏微分方程组

$$\begin{cases} \dfrac{\partial A}{\partial t} = F_A - G_A(A, I) + D_A \nabla^2 A \xrightarrow{\text{记为}} \gamma U(A, I) + D_A \nabla^2 A, \\ \dfrac{\partial I}{\partial t} = F_I - G_I(A, I) + D_I \nabla^2 I \xrightarrow{\text{记为}} \gamma V(A, I) + D_I \nabla^2 I, \end{cases} \quad (5.1)$$

式中 A, I 二者都以位置 x 与时间 t 为自变量,F_A, F_I 是由表面之外的源所提供的物质 A 与 I 在表面任何一点任何时刻的产生率,而 G_A, G_I 则表示两种物质由于化学反应所造成的损失率,D_A, D_I 是扩散系数,$\nabla^2 A, \nabla^2 I$ 表示由浓度不均匀所造成的扩散。$\gamma U(A, I), \gamma V(A, I)$ 由方程组(5.1)定义,它们依次表达了各自方程中除扩散效应外的物质浓度变化率。

以上方程组的一个具体例子是:

$$\begin{cases} \dfrac{\partial A}{\partial t} = D_{A'}(A_0 - A) - \dfrac{K_1 A I}{K_2 + I + I^2/K_3} + D_A \nabla^2 A, \\ \dfrac{\partial I}{\partial t} = D_{I'}(I_0 - I) + \dfrac{K_1 A I}{K_1 + I + I^2/K_3} + D_I \nabla^2 I, \end{cases} \quad (5.2)$$

式中 A_0, I_0 是两个已知参数,只有当活化剂或抑制剂浓度低于相应的值时,物质浓度才有正的产生项,$D_{A'}, D_{I'}$ 是刻画线性产生速率的两个常数;右端第二项是精心构造的反应项,当抑制剂浓度 I 很低,接近零时,这一项的效应跟 A 与 I 之积成正比,当 I 的值增大时,这一效应比随 I 线性增长要低,实际变化情况由参数 K_1, K_2, K_3 调节;D_A, D_I 的数值反映扩散效应的强弱。

数学中讨论无量纲方程是最为方便的,无妨假设方程组(5.1)已经过了无量纲化处理。在无量纲形式下,不失一般性可设 $D_A = 1, D_I = d$,即已将物质 A 的扩散系数取为单位 1,而假设物质 I 的扩散系数是 d。而参数 $\gamma > 0$ 也是一个无量纲量,它的大小实际与胚胎的几何尺度有关,γ 越大,反映胚胎线度越大。

以下通过对如上方程组的定性讨论,说明动物外观模式形成的一种可能机制。先不考虑扩散,即暂假设 $D_A = D_I = 0$。在 OAI 平面上,画出物质变化率的零值线 $U(A, I) = 0$ 与 $V(A, I) = 0$。一般而言,这两条曲线相交,二者把平面划分为几个区域,从每个区域 U 与 V 的符号,可看出不同区域对应的不同反应类型。此时重要的是两条零反应速率等值线的交点。一般这样的交点或者有一个或者更多,每个交点可能线性稳定也可能不稳定(线性稳定的确切含义将在下文说明),每个稳定交点均代表不存在扩散时,两种物质在胚胎表面可能的一种均匀分布。

将 $U(A, I) = 0, V(A, I) = 0$ 的交点所对应的均匀状态取为方程组(5.1)的初始状态,这样的初始状态显然满足包含扩散效应的方程;在平面有界区域的边界上取零通量条件作为方程组(5.1)的边界条件,它表示系统与外界无物质交换;再适当选定所有的参数值,方程组(5.1)所对应的问题就得到了完整的数学描述。然而,如上例所示,这样的问题是非线性的,严格的数学讨论很不容易,一个通常的做法是在适当选取的参数下对方程组作数值模拟。为了成功模拟出所希望得到的有意义结果,初始状态和方程组参数的恰当选择是十分重要的。正是在这些问题上,图灵思想指导下的数学讨论起着重要作用,以下对此作一简要说明。

图灵认为,动物外表的花色模式是由扩散驱动的线性不稳定性所引起的。下面首先给出这一说法的数学含义。为了简单,讨论空间是一维的情况,并假设 $0 \leqslant x \leqslant a$,扩散系数 $D_A = 1, D_I = d, d \neq 1$。对此问题,将未考虑扩散的无量纲方程,或者说扩散系数均为零的方程,在满足条件 $U(\tilde{A}, \tilde{I}) = 0, V(\tilde{A}, \tilde{I}) = 0$ 的初始点 $(\tilde{A}, \tilde{I})$ 线性化,得到线性方程组

$$\frac{\partial \boldsymbol{W}}{\partial t} = \gamma \boldsymbol{M} \boldsymbol{W}, \quad 0 \leqslant x \leqslant a, t > 0,$$

其中 $\boldsymbol{W} = (A - \tilde{A}, I - \tilde{I})^\mathrm{T}$ 表示对均匀初始状态的扰动向量,$\boldsymbol{M}$ 是 2×2 的系数矩阵:

$$\boldsymbol{M} = \begin{bmatrix} U'_A & U'_I \\ V'_A & V'_I \end{bmatrix} \bigg|_{A = \tilde{A}, I = \tilde{I}}.$$

所谓初始均匀状态的线性稳定性是指如上线性化方程组的解 $\boldsymbol{W}$ 随时间衰减,这相当要求特征值问题 $|\lambda \boldsymbol{I} - \gamma \boldsymbol{M}| = 0$ 的根 λ 的实部小于零(这里 $\boldsymbol{I}$ 为单位矩阵),即二次方程

$$\lambda^2 - \gamma(U'_A + V'_I)\lambda + \gamma^2(U'_A V'_I - U'_I V'_A) = 0$$

的根有负实部。从根与系数的关系,这相当要求

$$\mathrm{tr}\boldsymbol{M} = U'_A + V'_I < 0, \quad |\boldsymbol{M}| = U'_A V'_I - U'_I V'_A > 0.$$

以下的讨论中,按照图灵的思想要求初始状态是线性稳定的,即假设 $\boldsymbol{M}$ 的迹和行列式满足上述条件。

现在考虑扩散效应。在状态 $(\tilde{A}, \tilde{I})$ 将方程组(5.1)线性化,即考虑方程组

$$\frac{\partial \boldsymbol{W}}{\partial t} = \gamma \boldsymbol{M} \boldsymbol{W} + \boldsymbol{D} \nabla^2 \boldsymbol{W}, \tag{5.3}$$

其中 $\boldsymbol{D} = \begin{bmatrix} 1 & 0 \\ 0 & d \end{bmatrix}$。在所讨论的一维区域和零通量边界条件下,拉普拉斯算子的特征函数为 $\cos(n\pi x/a)(n = 0, 1, \cdots)$ 再乘一个任意常数。令 $k = n\pi/a$,对方程组(5.3)尝试寻找形式为

$$\sum_k \begin{bmatrix} c_{1k} \\ c_{2k} \end{bmatrix} \exp(\lambda_k t) \cos(kx)$$

的解。将此形式代入方程组,可知 λ_k 应满足特征方程

$$|\lambda_k \boldsymbol{I} - \gamma \boldsymbol{M} + \boldsymbol{D} k^2| = 0, \tag{5.4}$$

即 λ_k 是如下二次方程的根:

$$\lambda^2 + \lambda[(1+d)k^2 - \gamma(U'_A + V'_I)] + h(k^2) = 0, \tag{5.5}$$

其中

$$h(k^2) = dk^4 - \gamma(dU'_A + V'_I)k^2 + \gamma^2 |\boldsymbol{M}|. \tag{5.6}$$

显然 λ_k 是化学物质 I 之扩散系数 d 的函数,即 $\lambda_k = \lambda_k(d)$,而且当 λ_k 的实部大于零时,相应波数成分的解随时间无限增长,是不稳定的。按照图灵的思想,动物体表颜色与花纹是从扩

散系数为零时的稳定均匀状态在不均匀扩散作用驱动下失稳演化而成，因此，我们要找出这样的一些波数成分，即这样一些不为零的参数 k，它们对 d 的某些值，使扩散系数 d 的函数 $\mathrm{Re}\lambda_k > 0$，也就是使解中相应的波数成分对线性化后的方程组 (5.3) 是不稳定的。因而这些波数成分的扰动对线性化方程组而言将随时间无限增长。为了更直观地理解如上讨论的意义，请参阅如图 5-5 所示的 $\mathrm{Re}\lambda_k$ 对 k^2 和扩散系数 d 依赖关系的可能图形。当 d 小于某个临界值 d_c 时，对一切波数成分，线性化方程组的解都是稳定的；当 $d > d_c$ 时，在波数范围 $k_1^2 < k^2 < k_2^2$ 内，线性化方程组的解失稳。在所有这些不稳定波数成分中，易于想象（而且数值模拟也证实)，最不稳定即增长最快的成分对最终模式的形成起支配作用。也就是说，动物外表的最终形态与可能的最不稳定波数成分的形式密切相关。不难看出，如上涉及 d_c，失稳波数范围和初始状态选择的讨论对确定数值模拟参数的重要意义。

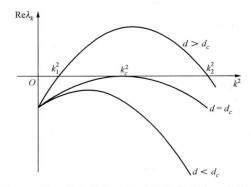

图 5-5　稳定性与波数和扩散系数的一种可能关系

应当指出：支配生物体内物质成分 A, I 变化的是非线性方程组，对非线性方程组而言，线性化方程组失稳波数成分的作用，只是使方程组的解离开线性稳定的初始状态，造就了达到一个新的不均匀定态的可能，线性不稳定性不会无限发展下去，当失稳的解增长到一定限度时，线性化分析不再有效。对解的演化实际取决于原方程组复杂的非线性作用，非线性作用最终仍使生物具有稳定的外观。这一稳定的最终形态与最不稳定波数成分密切相关，这一点已为大量数值模拟工作所证实。数值模拟结果表明图灵的想法是合理的，但遗憾的是：这一点至今缺乏严格完整的数学论证。

为说明动物外观与最不稳定波数成分的关系，请参阅图 5-6. 将最不稳定波数所对应的那部分解记为 u，无妨设 u 代表色素细胞的浓度。从物理意义考虑，应有 $u \geqslant 0$. 图 5-6 中函数 u 近似为迭加了一个正常数的一条余弦曲线的形式，但只有半个周期，且完全在 x 轴之上，平均高度为 u_0. 把 u_0 视为色素细胞的平均浓度，可以认为它就是均匀初始状态的值。在 u 曲线的前半周期 $(x < x_0)$，$u < u_0$，即色素细胞浓度低于初始状态，而在 u 曲线的后半周期 $(x > x_0)$，$u > u_0$，即色素细胞浓度高于初始状态。将色素浓度高的部分用黑色条纹覆盖，低的部分保持无色，那么我们就在一个周期的范围内得到了有两种不同颜色组成的动物外观模式。这里所给出的着色规则相当以 u 的数值为基础,再考虑了某种类似哈维塞德函数形式的阈值函数的非线性作用,它不难找到合理的生物学解释. 有趣的是,如上例子中所讨论的前后两种不同毛色的动物的确是存在的,例如前半身黑、后半身白的 Valais 羊就是如此. 如果胚胎可以容纳的不稳定波数成分包含不止一个周期,那么类似的讨论不难说明动物外表如何形成花纹.

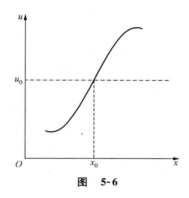

图 5-6

遵照图灵思想的基本数学分析不仅对数值模拟有指导意义,从中还可得到许多有意义的定量或定性结果. 一个重要的理论结果是:为使扩散驱动的不稳定性得以发生,必须有 $d \neq 1$,即两种物质的扩散能力必须不同. 这一点可论证如下:

利用代数方程根与系数的关系,从表达式(5.5)与(5.6)可知,要使对某些波数 $k \neq 0$ 有 $\mathrm{Re}\lambda_k > 0$,必须使决定 λ_k 取值的二次方程中一次项的系数小于零,或者常数项 $h(k^2) < 0$. 但当不考虑扩散时,要求均匀初始状态稳定,故有 $\mathrm{tr}\boldsymbol{M} = U'_A + V'_I < 0$ 且 $k^2(1+d) > 0$,所以对一切 $k^2 \neq 0$ 必有一次项系数 $k^2(1+d) - \gamma(U'_A + V'_I) > 0$,因此唯一发生扩散驱动之不稳定性的可能是使 $h(k^2) < 0$. 注意 $h(k^2)$ 的表达式,同样由初始状态的稳定性可知常数项 $\gamma|\boldsymbol{M}| > 0$,故发生 $h(k^2) < 0$ 的唯一可能是一次项系数的因子 $dU'_A + V'_I > 0$. 但 $dU'_A + V'_I = (d-1)U'_A + (U'_A + V'_I)$,而已知 $U'_A + V'_I < 0$,故发生扩散驱动不稳定性的一个必要条件是 $d > 1$,使 $(d-1)U'_A > 0$. 这意味着为使动物外表形成非均匀的色彩花纹,活化剂与抑制剂必须有不同的扩散系数,而且抑制剂要扩散得更快.

数值模拟还表明,动物外观模式的形式还与动物胚胎的几何形态及尺度有关. 这不仅与实验观测结果一致,且也可以用图灵倡导的机制加以解释,其定性讨论如下:一般说来,小动物,例如老鼠,毛色是均一的;而条纹、斑点或其他的花色模式通常只出现在中等大小的动物,例如虎、豹、山猫身上;对于体积特大的动物,例如大象、犀牛、河马,体表颜色又是均一的. 从前面的数学分析可知,动物的颜色和花纹是均匀状态失稳的结果,而失稳的波数成分一般要限定在一个有限范围内. 也就是说失稳的解有一个最小或最大波长. 假设对一切动物而言,决定外观模式的发育阶段有相同的时间长短,且有关颜色形成的细胞或化学物质扩散

第五讲 有关生命现象的几个数学模型

能力与物种无关. 那么, 可以想象, 对于小的动物, 由于胚胎尺度的限制(即方程定解区域的限制), 不能容纳一个最小波长的失稳解, 因而不可能发生由扩散驱动的不稳定, 扩散使色素永远均匀分布, 故体表颜色均一; 而对大型动物, 不均匀性的确出现了, 但由于整个区域范围很大, 相对说来, 局部的不均匀如零散的星点, 从整体看来, 仍是均一的背景颜色决定了外观; 只有多数中等大小的动物体表展示了斑斓的色彩和花纹. 以上的分析也使我们对动物体表不同部位花纹的差异有了更深的了解. 我们看到很多躯体上有斑点, 四肢有条纹的动物; 但从未发现躯体有条纹, 尾巴或四肢有斑点的兽类. 这是因为躯体的尺度大, 尾巴、肢体的尺度小, 前者既允许存在展示为斑点的二维特征解, 也允许存在表现为条纹的特征解; 而后者的区域本质上是一维的, 只能存在表现为条纹的一维解.

前面的讨论说明动物胚胎的几何形态与尺度大小影响外观模式的形成. 但胚胎尺度在发育期不是一成不变的. 基于反应扩散型数学模型的计算机模拟表明, 胚胎发育的不同增长方式, 可以导致不同的外观模式. 就数学讨论而言, 胚胎发育反映在微分方程定解区域要随时间增长. 此处以如下的简单实例说明有关的数学思想. 设某种化学物质的密度 $c(\boldsymbol{x},t)$ 在一个不随时间变化的固定区域内满足方程

$$\frac{\partial c}{\partial t} = D \nabla^2 c + f(c), \quad \boldsymbol{x} \in \Omega,$$

其中 D 为扩散常数. 为模拟胚胎发育, 区域 Ω 应随时间增大, 即边界应随时间移动. 由于定解区域的扩张, 区域内点的位置有可能移动, 由此应考虑这一效应对方程的影响, 将上述方程相应修改为

$$\frac{\partial c}{\partial t} + \nabla \cdot (uc) = D \nabla^2 c + f(c),$$

式中 $u = \mathrm{d}\boldsymbol{x}/\mathrm{d}t$ 是点 $\boldsymbol{x}$ 随时间移动的速度, 其具体形式则依赖于胚胎生长的具体方式. 为简单仅考虑一维区域的增长. 设原方程的求解区域 $\Omega = [0, L(t)]$. 一般数值模拟时采用离散网格, 设区域内第 i 个格点位置为 x_i. 讨论以下两种求解区域的增长情况:

(1) 原点不动, 整个区域均匀扩张: 设 $x_i(0) \in (0, L)$, L 为常数, 以 $L(t)$ 表示一维区域在 t 时刻的长度, 显然 $L(0) = L$. 令 $x_i(t) = x_i(0) L(t)/L$, 这相当以 0 时刻的区域长度为单位, 即意味着 $t = 0$ 时区域长度为 1. 在这一表示下 $u = xL'(t)/L$. 由此, 原方程应修改为

$$\frac{\partial c}{\partial t} + \frac{cL'(t)}{L} + \frac{xL'(t)}{L} \cdot \frac{\partial c}{\partial x} = D\nabla^2 c + f(c).$$

为便于数值模拟, 进一步作变量替换 $(x,t) \rightarrow (y,t), y = x/L(t)$, 即任何时刻以区域长度 $L(t)$ 为长度特征量, 则方程变换为

$$\frac{\partial c}{\partial t} = \frac{D}{L^2} \cdot \frac{\partial^2 c}{\partial y^2} + f(c) - \frac{L'(t)}{L} c.$$

对变换后的方程, 求解区域是固定的, 不随时间改变, 即在此方程中 y 视为与 t 独立的空间变量. 此式中以 (y,t) 为变量的 $\frac{\partial c}{\partial t}$ 相当上一方程中以 (x,t) 为变量的 $\frac{\partial c}{\partial t} + \frac{xL'(t)}{L} \cdot \frac{\partial c}{\partial x}$ 两项

之和.

(2) 仅考虑边界生长：假设 $x_i(0) \in (0, L)$，L 为常数，令 $x_i(t) = x_i(0)$. 此时有 $u=0$. 为考虑不随时间变化的区域，回到未加修正的方程，令 $y=x/L(t)$，简单的计算给出方程

$$\frac{\partial c}{\partial t} = \frac{D}{L^2} \cdot \frac{\partial^2 c}{\partial y^2} + \frac{yL'(t)}{L} \cdot \frac{\partial c}{\partial y} + f(c) \quad (0 < y < 1).$$

数值实验表明，两种不同的区域增长模式对同一方程模拟产生的结果是不同的，例如令 $L(t)=L_0 \exp(rt)$，适当选定区域的几何尺度，采用整个区域均匀增长模式，可以产生条纹模式的倍增序列. 这与在天使鱼类中观察到的，鱼的长度加倍则条纹数加倍的实际现象相似. 但在同样的 $L(t)$ 假设下，采用边界增长模式，则模拟给出完全不同的结果. 此时边界处生物组织会以一个指数速率增长，这是不实际的. 已有的数值实验还考虑了其他类型的增长方式，此处不再详述.

以上我们介绍了以图灵扩散为指导思想的动物外观模式形成的数学讨论，相应的数值模拟可以再现某些实验观测现象，说明这一理论有其合理因素. 但应指出，同样存在有依据其他原理的数学模型，它们也可在一定程度内模拟出与现实相似的结果. 涉及生物外观模式形成的理论仍处于探索、发展之中.

§4 关于性别比的数学讨论

前面的讨论涉及数学与生物形态学的关系，然而数学在生命科学中的应用是极其广泛的. 下面引述一个完全不同的例子，即一个关于生物雌雄比例的数学讨论，看看博弈论在生物学中是怎样应用的.

在自然界中，对多种不同的动物群体，雌雄个体的数目是相近的，这一点可以从博弈论原理得到某种解释. 在一个雌性多于雄性的动物群体中，一夫多妻的雄性个体可以活得更好；反之，在一个雄多雌少的动物群体中，雌性也得到更多的方便. 然而，史密斯(Maynard Smith)在 1982 年令人信服地证明了，如果令性别比 $r=1/2$，即雄性个体在整个群体中所占的比例为一半时，进化过程保持稳定，也就是说 r 保持不变. 下面就来介绍这一论证. 请注意，以下性别比一词均按此处的定义，即是雄性个体在群体中的比例.

假设性别比是一种生物遗传特征，这包含以下两重含义：首先，每个生物个体具有一个"性别比"指标，这一指标是由母系遗传决定的，即每一子代个体的性别比与母亲相同；其次，不同雌性个体的后代中雌雄比例不同，这一比值由该雌性个体所具有的性别比决定. 设母亲一代有 N 个雌性个体，第 i 个母亲的性别比为 r_i；每个母亲在同代雄性间随机地选择配偶，且每个母亲子女数相等，以后这个数目用记号 k 表示. 易知，母亲一代的平均性别比是

$$\bar{r} = \frac{1}{N} \sum_{i=1}^{N} r_i.$$

第五讲　有关生命现象的几个数学模型

进化论的基本原理是"物竞天择,适者生存",然而,应当用什么样的指标描述生物个体或群体对环境的适应能力呢？一个合理的想法是采用他们的后代数,后代越多的生物个体适应性越强.这样的一个指标应当是性别比 r 的函数,进而假定,无论对整个群体而言,还是对任何一个雌性个体而言,适应性指标作为性别比的函数形式是一样的.由此可以说明,这一指标应是性别比的非线性函数.这是因为,当 $r=0$ 或 $r=1$ 时种群只有一种性别,不可能继续繁殖,适应性指标应取值零.如果适应性指标是 r 的线性函数,它有两个零点就只能恒等于零,显然这是不合理的.

由于已假设每个雌性个体都有 k 个子女,故我们不宜利用子代个体数作为雌性个体的适应性指标,而是采用每个雌性个体的第三代即孙辈数来标志她的适应能力.而对整个种群而言,子代个体总数为 Nk,其中雄性（儿子）数是 $\bar{r}Nk$,雌性（女儿）数为 $(1-\bar{r})Nk$. 对于一个具有性别比 r 的个体母亲,她的儿子数是 rk,女儿数是 $(1-r)k$. 每个女儿又要有 k 个后代,故一个母亲通过女儿得到的孙辈数目为 $(1-r)k^2$. 又母亲所有的 rk 个儿子在同代雄性中占有比例 $rk/\bar{r}Nk$. 在雌雄随机结合的假设下,这些儿子占有的雌性总数为

$$\frac{rk}{\bar{r}Nk}(1-\bar{r})kN.$$

由此一个母亲从儿子方面得到的孙辈数为

$$\frac{rk}{\bar{r}Nk}(1-\bar{r})k^2 N.$$

在上面的讨论中隐含了世代分离,不允许异代间婚配的假设,即实际讨论的是离散、不连续的动力学变化.

由上述可知,一个具有性别比 r 的雌性个体,其对环境的适应性应用如下的量来度量,即

$$W(r,\bar{r}) = k^2\left[\frac{1-\bar{r}}{\bar{r}}r+(1-r)\right] = \boldsymbol{R}\cdot\boldsymbol{F}(\bar{\boldsymbol{R}}),$$

其中 $\boldsymbol{R}=(r,1-r)$,$\boldsymbol{F}(\bar{\boldsymbol{R}})=k^2((1-\bar{r})/\bar{r},1)^T$. 而群体的平均适应能力,或者说群体的平均增长率则可表示为

$$\bar{\boldsymbol{R}}\cdot\boldsymbol{F}(\bar{\boldsymbol{R}}) = 2k^2(1-\bar{r}),$$

式中 $\bar{\boldsymbol{R}}=(\bar{r},1-\bar{r})$.

从博弈论的观点,$\boldsymbol{R}=(r,1-r)$ 可以视为一个雌性个体在生存博弈中随机选取两种不同生殖策略的概率,即一雌性个体在生存博弈中选择生男或生女的概率,这是她的混合策略；雌性个体选择混合策略的原则是在进化博弈中获胜.如果总体的平均策略 $\bar{\boldsymbol{R}}=(\bar{r},1-\bar{r})\neq(1/2,1/2)$,那么可以说明,最终整个群体一定被具有混合策略 $\boldsymbol{R}_{1/2}=(1/2,1/2)$ 的个体所控制.以下利用简单的动力学论证说明此结论.

首先我们说明：性别比 $r=1/2$ 的个体比起具有平均性别比 $\bar{r}\neq 1/2$ 的个体有更好的适应性指标,即有更多的孙辈.这可以按照前面的讨论直接通过计算予以说明.这种使用混合

策略 $R_{1/2}$ 的个体其适应性指标为

$$\left(\frac{1}{2},\frac{1}{2}\right)\cdot k^2\begin{bmatrix}(1-\bar{r})/\bar{r}\\1\end{bmatrix}=\frac{k^2}{2\bar{r}}>2k^2(1-\bar{r}).$$

用上面的符号，这一结果可表示为

$$\boldsymbol{R}_{1/2}\cdot \boldsymbol{F}(\bar{\boldsymbol{R}})>\bar{\boldsymbol{R}}\cdot \boldsymbol{F}(\bar{\boldsymbol{R}}).$$

在作了如上准备之后，下面对命题本身进行论证。假设整个群体包含两种性别比不同的部分，有 N_1 个个体具有性别比 r，N_2 个个体性别比为 $1/2$. 总的群体个体数目为 $N=N_1+N_2$. 无论 N_1 还是 N_2 都随世代，即随时间变化。考虑二者各自的适应性指标，也就是各自的第三代个体数。设现在时刻为 t，将第三代时刻记为 $t+1$，那么

$$N_1(t+1)=N_1(t)W(r,\bar{r})=N_1(t)\boldsymbol{R}\cdot \boldsymbol{F}(\bar{\boldsymbol{R}}),$$
$$N_2(t+1)=N_2(t)W(1/2,\bar{r})=N_2(t)\boldsymbol{R}_{1/2}\cdot \boldsymbol{F}(\bar{\boldsymbol{R}}),$$

而

$$\begin{aligned}N(t+1)&=N_1(t+1)+N_2(t+1)\\&=N(t)\frac{[N_1(t)\boldsymbol{R}+N_2(t)\boldsymbol{R}_{1/2}]}{N(t)}\cdot \boldsymbol{F}(\bar{\boldsymbol{R}})\\&=N(t)\bar{\boldsymbol{R}}\cdot \boldsymbol{F}(\bar{\boldsymbol{R}}).\end{aligned}$$

上式最后一个等号利用了适应性指标的定义。以 $P(t)$ 表示 t 时刻性别比为 $1/2$ 的个体数 N_2 在整个群体中所占的比例，则

$$P(t+1)=\frac{N_2(t)\boldsymbol{R}_{1/2}\cdot \boldsymbol{F}(\bar{\boldsymbol{R}})}{N(t)\bar{\boldsymbol{R}}\cdot \boldsymbol{F}(\bar{\boldsymbol{R}})}=P(t)\frac{\boldsymbol{R}_{1/2}\cdot \boldsymbol{F}(\bar{\boldsymbol{R}})}{\bar{\boldsymbol{R}}\cdot \boldsymbol{F}(\bar{\boldsymbol{R}})}.$$

前面已经证明 $\boldsymbol{R}_{1/2}\cdot \boldsymbol{F}(\bar{\boldsymbol{R}})>\bar{\boldsymbol{R}}\cdot \boldsymbol{F}(\bar{\boldsymbol{R}})$，即上式右端的分数是大于 1 的，因此，对任何时刻 t，$P(t+1)>P(t)$. 也就是说具有性别比 $1/2$ 的个体在总群体中的比例永远是上升的，这意味着最终群体性别比将变为 $1/2$.

数学对群体遗传学的贡献也是多方面的，上面只不过是一个简单有趣的例子。读者可以从数学生物学领域的文献与书籍中发现更为生动丰富的内容。

本讲的内容涉及数学对理解生命现象，研究生物生长发育以至进化的意义。当然，这里的叙述是十分肤浅的，这首先是限于笔者本人的水平，其次也因为生命现象的复杂。数学在科学发展中的作用，常常是一个引起争议的话题。对于物理学或力学这样的学科，数学的作用已被公认，特别是，在某种意义下，在某些领域，例如理论物理，物理学与数学实际已融为一体。但是在某些学科，例如生命科学中，数学的应用长期以来似乎进展缓慢。所幸的是这一点现代已发生了巨大变化，在生物学研究中数学已经展示出巨大的潜力，它开始进入生命现象研究中更核心的领域，数学生物学已被数学界公认为一个独立的领域，数学在生物学中的应用也不再仅仅是描述、统计，出现了若干意义更为深刻的工作。笔者并不认为数学是万能的，他所希望看到的是像数学与物理学的关系一样，数学与生物科学本质上的结合，这对两

种学科都会带来重大的进展. 然而要使生物学界普遍接受数学, 似乎还有很长的路. 在结束本讲之前, 让我们回忆一段有趣的历史, 它也许能从某种角度给我们以启示, 告诉我们数学与生物学结合之路的艰辛.

生物进化论在 20 世纪取得了巨大进展, 特别是在 1930—1950 年之间, 某些学者将这段时间称为"Evolutionary synthesis"时期. 在这一期间内进化论的发展综合了遗传学、分类学、古生物学和细胞学等多种学科的成就. 问题是: 在这一过程中, 数学群体遗传学者和他们建立的数学模型到底起了什么作用? 在 20 世纪 50 年代, 这一问题的答案似乎显然是肯定的. 到 50 年代初, 多不赞斯基(Dobzhansky)利用数学模型进行讨论的著作《遗传学和物种起源》已经再版了三次(1937, 1941, 1951). 1955 年在冷泉港(Cold Spring Harbor)召开的群体遗传学会议, 主持者在开幕词中即明确指出: "群体遗传学的基础主要是被数学演绎推理所奠定, 这些演绎的基础源自于包含在孟德尔、摩尔根以及他们的追随者工作中的基本前提. 哈尔登(Haldane)、瑞特(Wright)和费歇(Fisher)是群体遗传学的先锋. 他们的主要装备是纸张和墨水, 而不是显微镜、野外观测设备、装果蝇的瓶子或鼠笼. 这是最好的理论生物学, 它为严格的定性实验和观测提供了指导."

上述观点在 20 世纪 50 年代处于支配地位, 只有少数学者质疑这一看法. 然而, 随着时间的流逝, 反对的声音强大起来, 反对者不承认数学及数学遗传学家的作用. 1959 年, 同样是在冷泉港召开的"遗传学与 20 世纪达尔文主义"座谈会上, 生物学家梅尔(E. Mayr)公开说道: "确切地说, 迄今为止, 数学对进化理论的贡献到底是什么? 请允许我提出这一敏感的问题."他本人对上述问题的答案是: 或许数学以一种精巧的方式改变了进化论中对遗传因子和遗传时间的思想模式, 但不是做出了什么惊人的新发现.

这一争论引起康乃尔(Cornell)大学历史系自然科学史教授普鲁外恩(W. B. Provine)的注意, 为探究历史事实, 他认真研究了有关的文献和史实, 在此基础上写成了专门的论文《1930—1940 年间数学群体遗传学对进化论发展的作用》. 他的结论是: 理论群体遗传学的数学模型不是理解进化过程的魔棒, 每个模型都含有重要的简化, 模型只是指出了各种可能性, 不能在这些可能中加以区分; 但是数学模型组成了进化论综合发展的关键部分, 模型对进化论者的观点有重大影响. 尽管有些人没有读过费歇等人的数学论文, 但在 1930—1940 年间的许多进化论者对费歇等人所强调的问题、假设和结论是关注的, 已被费歇等人所影响.

笔者认为普鲁外恩的观点是客观的. 数学对很多学科发展的作用, 或许都和群体遗传学相似, 数学是有用的, 但它的演绎基础来自相应学科的基本原理, 它从数学角度展示各种可能, 它所强调的问题、假设和结论影响相关学科研究者的观点, 数学正是通过这种影响在很多非数理学科中起作用的. 当然, 数学不能取代任何其他门类的科学.

这一段"历史"迟早会被遗忘, 而且现在就已很少被人提起. 然而数学与其他学科的融合, 人类对自然的理解就是这样一点一滴、一步一步地前进的. 这段历史似乎还告诉我们, 历史学者、人文工作者在自然科学史研究和在自然科学发展中的作用. 为了真正做出贡献,他们不能满足于仅仅是从所谓"自然哲学"观点出发的原则判断与说教,不能高踞于自然科学之上,满足于一知半解或是纯粹的门外汉水平,而是要深入到具体学科中去,那时他们的"哲学观点"、"人文素养"才会具有实在的价值.

参 考 文 献

[1] 冯·诺依曼. 计算机与人脑. 北京:商务印书馆,1991.

[2] GARDNER M. The fantastic combination of John Conway's new solitaire game "life". Scientific American, Oct, 1970: 120-123.

[3] GARDNER M. On cellular automata, self-reproduction, the Garden of Eden and the game "life". Scientific American, Feb, 1971: 112-117.

[4] HASSLACHER B. Discrete Fluids. Los Alamos Science Special Issue, 1987.

[5] 赵凯华,朱照宣,黄畇. 非线性物理导论. 北京:北京大学非线性中心,1992.

[6] MURRAY J D. Mathematical Biology II: Spatial Models and Biomedical Applications. 3rd ed. New York: Springer, 2003.

[7] MURRAY J D. How the leopard gets its spots. Scientific American, March, 1988: 62-69.

[8] MURRAY J D. Lectures on Nonlinear Differential Equation Models in Biology. Oxford: Clarendon Press, 1977.

[9] KONDO S, ASAI R. A reaction-diffusion waves on the skin of the marine angelfish Pomacanthus. Nature, 1995(376).

第六讲 速降线问题与变分法

> 这一讲首先介绍速降线问题和雅格布·伯努利对此问题的巧妙解法,说明了速降线被称为几何学中的海伦之缘由.此后对变分问题从数学上进行了讨论,引进了包括迪多问题、普莱都问题和弹性膜平衡等问题在内的变分问题实例,导出了欧拉方程,讨论并叙述了包括强、弱变分在内的若干变分问题重要性质.然后概述了物理学中的变分原理,除简要的历史发展外,说明了拉格朗日方程与哈密尔顿原理和牛顿力学的关系.这一讲的最后较详细地谈到了经典变分问题的发展之一,即最优控制问题;结束处简要介绍了变分法在应用领域的一个最新进展——几何水平集方法.

自然与社会科学中的诸多问题往往归结为优化问题.最简单的优化问题是求一个实函数的极大或极小值问题.然而,有大量极为重要的问题不能由简单的函数极值来描述,其中包括所谓的泛函极值问题.粗略说来,泛函极值问题的解答是要从无穷多个可能的函数中选择在某种意义下最好的一个,也就是说,它的解是一个函数,而不是一个简单的数.在历史上,这类问题是由约翰·伯努利(Johann Bernoulli)首先提出的,然而他最初讨论的只是一个具体问题,即速降线问题,以后经过众多数学家的艰苦努力,从中发展出了一个重要的数学分支"变分法".古典变分法是最优控制理论的先导,它的出现与今日数学的许多重要领域密切相关.实际上,变分法不仅有重要的数学意义,而且在物理学、力学中都有极其重要的应用;变分法同时富含深刻的哲学内容,直接关系着人类对整个世界规律性的认识.变分法的历史回顾告诉我们,提出并研究一个"好问题"如何重要.抽象化、一般化是数学的本质特点,但所有的抽象化与一般化并非是无源之水和无本之木,对典型问题的认识与理解是不可少的先导.

这一讲我们从速降线问题和雅格布·伯努利对此问题的巧妙解法谈起.这一解法是数学推理与物理思维结合的极其宝贵的例子,极具创造性与启发性. 我们通过有关内容的叙述, 希望展示数学与物理学等其他科学的密切关系, 说明数学思维不仅仅限于形式逻辑, 对问题的直观认识与联想对数学思维有不可估量的作用. 这些内容还表明, 数学不仅仅是一门科学, 不仅仅是推理的工具, 它的思想包含着影响人类世界观的生动内容. 同时, 有关内容还展示了数学的美: 内在的美、形式的美、和谐统一的美、简洁明快的美. 它告诉我们, 不仅要学会理解数学, 还应学会欣赏数学. 数学不仅给人以智慧, 还使你身心愉悦.

我们的介绍基本限定在经典变分问题范围之内, 现代与变分法有关的若干重大进展, 例如大范围变分法, 不在叙述之列.

§1 一段有趣的历史和速降线问题

在数学、物理学和力学中, 很多结果以伯努利命名, 但这些发现并非属于一人, 而是属于一个家族. 伯努利家族活跃于 17—18 世纪, 原来居住在比利时, 后来移居瑞士. 在这一家族最活跃的三代人中, 产生了八位数学和物理学家. 更有趣的是, 他们其中的多个人原来的职业本是律师或医生, 然而命运最终还是让他们投身数学和物理学并取得成就. 这一现象引起了很多人的兴趣与疑问: 这其中遗传因素是否起了决定作用? 为解决这一疑问, 甚至有人对伯努利家族的后代进行了追踪调查, 发现其后代虽不乏事业成功者, 但似乎在数学与物理学上并未再度辉煌.

在约翰·伯努利时代有一种时尚, 数学家把他研究解决了的问题发表在杂志上, 但不发表解答, 只刊出问题, 从而向其他数学家发出挑战. 速降线问题即是由伯努利家族最活跃的三代人中之第二代成员约翰·伯努利(这一家族的后代仍有人以约翰为名, 故此处的约翰有时又译为约翰第一)提出并发表于 1696 年 6 月份的《教师学报》上, 题为《新问题——向数学家们征解》. 1697 年元旦, 他再次在杂志上发表"公告", 就速降线问题第二次"向全世界最有才能的数学家"提出挑战.

下面, 依照李文林先生在《数学珍宝》一书中的译文, 将约翰·伯努利征解的公告转录如下:

"关于最速降线的力——几何问题.

(在一垂直平面上)给定与水平面距离不等, 不在同一垂直线上的两点. 求连结这两点的曲线, 使一在自身重力作用下从上方一点出发运动的质点, 沿此曲线最快地降落至下方一点.

问题的意义是这样的: 在连结两给定点或从一点到另一点画出的无限多条曲线中, 选择这样一条曲线, 使若用一条细管或狭槽来代替该曲线时, 其上的小球被释放开后, 将以最短的时间从一点滑至另一点.

为了避免混淆, 我们在这里不言而喻地接受伽利略的假设, 在忽略摩擦的情形下, 任何

第六讲 速降线问题与变分法

明智的几何学家都不会怀疑这一假设的真实性:一自由下落物体所具有的实际速度,与它下落高度的平方根成正比.然而我们的解题方法是完全一般的,可以被应用于任何假设情形."

公告中下面的部分与问题表述无关,但笔者认为转述一下对今日仍然是有益的.约翰•伯努利写道:"因为已不再有模糊之处,我热切地请求当代所有的几何学家都摩拳一试,运用他们珍藏的一切秘密武器,全力以赴攻克堡垒.愿他们能尽快膺获我们允诺的奖赏.当然,这奖赏不是黄金也不是白银,金银只能诱惑那些卑鄙而容易收买的灵魂,对这些人我们绝不能指望任何值得称赞和有益科学的东西.相反,美德是她自身最需求的奖赏,名声则是一种强有力的激励.因此我们提供的奖赏是由荣誉和赞美编织的桂冠,适合品格高尚的人士.我们将通过公开或私下,书面或口头等各种形式大力颂扬伟大的阿波罗的出名智慧."

此后,1697 年 5 月的《教师学报》上同时发表了莱布尼茨、牛顿、洛必达,以及约翰•伯努利和雅格布•伯努利两兄弟各自的解答.雅格布•伯努利的方法更具有以后发展起来的变分法的一般特征,且从数学物理的观点看来,其解法也颇具有启发性.下面就来介绍雅格布•伯努利的解法.在此之前,先叙述一则有关牛顿对此问题解答的趣闻.当时牛顿已不再专门从事学术工作,他的职务是皇家造币厂的厂长.有人将约翰•伯努利征答的事情告诉了他.牛顿仅用某天下班后的一个晚上便一举给出了正确答案,并将结果匿名发表于 1697 年 224 期的《哲学汇刊》(Philosophical Transaction)之上.尽管匿名,约翰•伯努利看到这一解答后还是认出了作者是牛顿,他惊呼:"我从这锋利的爪痕上认出了这头雄狮."这一逸闻告诉我们,数学并不是一门纯"客观"的科学,它同样具有个人的风格.

本讲对雅格布•伯努利解答的叙述,主要参考柯朗在《数学是什么》一书中的内容.为了说明雅格布•伯努利的方法,我们先来回忆一下两个光学定律:反射定律与折射定律.

反射定律可以这样表述:光在两种介质的光滑界面上反射时,反射光线位于入射光线与界面在入射点处的法线所组成的平面内,反射光线与入射光线位于法线两侧,且反射角与入射角相等.

为说明折射定律,考虑图 6-1 所示情况.设有两种介质 1 与 2,其光速依次为 v_1 与 v_2,入射光线与界面在入射点处的法线之间的夹角称为入射角,记为 α_1.折射光线与上述法线之间的夹角称为折射角,记为 α_2.折射定律表明:折射光线在入射光线与入射点法线所决定的平面内,而且

$$\frac{\sin\alpha_1}{v_1} = \frac{\sin\alpha_2}{v_2}.$$

事实上,如上两个定律可由费马(Fermat)原理统一表述.费马原理告诉我们:光在介质中的两点间实际传播的路径使传播时间在所有可能路径中取极值;在此处讨论的反射与折射问题中取极小值.

反射定律与费马原理一致是易于说明的,这是中学平面几何课的一道习题.为说明折射

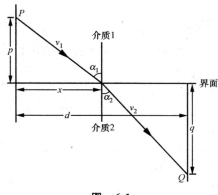

图 6-1

定律也是费马原理的一种表现则需使用一点初等微积分知识. 考虑图 6-1 所示的两点 P 与 Q. 设点 P 在介质 1 中, 与界面的垂直距离为 p, 与入射点的水平距离为 x; 点 Q 在介质 2 中, 与界面垂直距离为 q, 与点 P 水平距离为 d. 那么光线从点 P 经过界面上与 P 点的水平距离为 x 的点折射传播到点 Q 所需的时间为

$$T(x) = \sqrt{p^2 + x^2}/v_1 + \sqrt{q^2 + (d-x)^2}/v_2.$$

费马原理表明实际传播路径所对应的点 $x = x_c$ 应使 $T(x)$ 达到极小值. 由极值必要条件, 在这样的点上

$$\left.\frac{dT}{dx}\right|_{x=x_c} = \frac{1}{v_1} \cdot \frac{x_c}{\sqrt{p^2 + x_c^2}} - \frac{1}{v_2} \cdot \frac{d - x_c}{\sqrt{q^2 + (d-x_c)^2}} = 0.$$

利用三角函数定义, 容易看出上式就是折射定律. 利用 $T(x)$ 的二阶导数, 还可说明折射定律决定的是光在 P, Q 两点间传播时间的极小值. 由此可知, 费马原理在更高的层次上统一了反射定律与折射定律.

下文说明如何引用物理学的费马原理解决数学中的速降线问题.

§2 速降线问题的雅格布·伯努利解法

为考虑在垂直平面上过 A, B 两点的速降线问题, 建立如图 6-2 所示的坐标系, 将点 A 取做原点, 水平方向取为 Ox 轴, Oy 轴正方向垂直向下. 设点 B 的坐标为 (x_B, y_B). 我们的任务是找出过 A 与 B 两点的速降线所应满足的条件, 从而将其确定. 为此, 将区间 $[0, y_B]$ 划分为 n 个等间距的小段, 每段长 $d = y_B/n$, 也就是说将垂直平面划分为一系列的水平薄层 (见图 6-2). 当 d 充分小时, 可合理地假设: (1) 在每一层内质点下滑速度不变; (2) 从任何一层过渡到下一层时质点速度不连续, 即具有跳跃式变化. 由约翰·伯努利在公告中给出的提示, 利用能量守恒公式易于计算质点在任何一层中的速度. 用 g 表示重力加速度, v_j 表示质点在

第六讲 速降线问题与变分法

第 j 层中的速度大小,那么

$$v_j = \sqrt{2gjd} = c\sqrt{jd} = c\sqrt{y_j} \quad (j=1,2,\cdots,n),$$

其中 $c = \sqrt{2g}$ 为常数,y_j 为从原点 A 到第 j 层下缘的垂直距离.

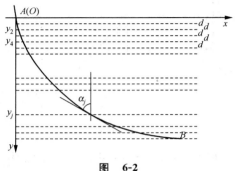

图 6-2

在如上两点近似成立的假设下,我们可以从光在不同介质中传播的观点看待速降线问题. 由于质点在每一层中速度为常量,因此在每一层中质点轨迹必为直线段,整个路径是一折线. 把每一层看做一种介质,若把质点运动等同于光在不同水平介质层中的传播,则由费马原理,传播时间最短的路径是折射线,相邻两层的折线方向应满足折射定律. 设第 j 层中折线方向与界面法向的夹角(入射角)为 α_j,那么必须成立

$$\frac{\sin\alpha_j}{\sqrt{jd}} = \frac{\sin\alpha_{j+1}}{\sqrt{(j+1)d}}.$$

显然,如上关系对任意的 j 均成立. 从第 1 层开始到第 n 层,则有

$$\frac{\sin\alpha_1}{\sqrt{d}} = \frac{\sin\alpha_2}{\sqrt{2d}} = \cdots = \frac{\sin\alpha_j}{\sqrt{jd}} = \cdots = \frac{\sin\alpha_n}{\sqrt{nd}}. \tag{6.1}$$

想象层的厚度 d 越来越小,当 d 趋于零时,作为近似解的折线趋于速降线问题的解. 按照上述推理,在 $d \to 0$ 的过程中,层数 n 无限增大,但(6.1)式所表示的关系永远成立,由此得到结论,速降线问题的解应当是具有下述性质的一条曲线 C:以 α_P 表示 C 上任意一点 P 处切线与垂直方向的夹角,以 y_P 表示点 P 与通过点 A 的水平线间的距离,即点 P 的纵坐标,则对 C 上的所有点 P 而言,总有

$$\sin\alpha_P / \sqrt{y_P} = 常数.$$

雅格布·伯努利熟悉多种已知曲线的性质,他知道具有如上性质的曲线 C 实际就是旋轮线. 下面我们就来验证这一点.

§3 几何学中的海伦——速降线的奇妙性质

为论证如上讨论所确定的速降线实际就是旋轮线,首先说明旋轮线是什么. 设想有一圆

§3 几何学中的海伦——速降线的奇妙性质

沿一水平直线作无滑动的滚动,此时圆上一定点 M 的轨迹便是最简单的旋轮线. 无妨设圆的半径为 1,开始时 M 恰在水平直线上,且将这一位置取为坐标原点,水平线取为 x 轴,令 y 轴与 x 轴垂直,建立直角坐标系. 选择圆滚动时转过的角度 t(以弧度为单位,由过原点的半径起算)为参数,那么当圆转过了弧度 t 时,圆上点 M 的坐标是

$$\begin{cases} x = t - \sin t, \\ y = 1 - \cos t. \end{cases}$$

这就是旋轮线的参数方程. 设过点 M 的切线与 Ox 方向的夹角为 θ,那么利用微积分知识可知

$$\tan\theta = \frac{y'_t}{x'_t} = \frac{\sin t}{1 - \cos t} = \cot\frac{t}{2}.$$

注意到切线与垂向的夹角 $\alpha = \pi/2 - \theta$,利用三角函数关系,容易得到在旋轮线上任何一点 (x, y) 处,成立

$$\frac{\sin\alpha(x)}{\sqrt{y}} = \frac{\sin(t/2)}{\sqrt{1 - \cos t}} = \frac{1}{\sqrt{2}}.$$

这说明旋轮线确实具有上述讨论所导出的速降线应有的性质. 这一性质实际规定了曲线一阶导数所必须满足的微分方程. 由常微分方程理论可知,这就唯一决定了速降线的类型必为旋轮线,附加上起点与终点位置,就唯一确定了一条速降线,也就是确定了生成旋轮线的轮子半径.

在继续讨论速降线所具有的其他性质之前,让我们先来对雅格布•伯努利处理问题的方法作一些简单评述. 前面已经谈到,这是利用物理学思想进行数学推理的一个宝贵例子. 它通过将原问题与光的传播问题类比,极其巧妙地得到了解答. 在一般人眼中,速降线问题已经是一个数学问题,即使考虑它的物理背景也与几何光学无关;而折射定律也只是物理学定律,派不上数学用场. 但雅格布•伯努利的方法使我们大开眼界,数学与物理学之间的界限被打破了,数学蕴涵着物理学,物理学可用于数学,它们之间的关系密不可分,一而二,二而一.

雅格布•伯努利对速降线问题的处理方式,似可与我国古代禅宗的某些论述相比拟. 清源唯信禅师曾经以下述方式比喻对禅宗领悟的三个不同阶段:未悟时"见山是山,见水是水";初悟时"见山不是山,见水不是水";澈悟时"见山只是山,见水只是水". 粗略说来这第三阶段的意思就是:从山的本身来理解山,从水的本身来理解水. 此处不去深究见山三阶段的禅宗哲学,只是机械地将此说法比附我们的情况,那么在了解雅格布•伯努利对速降线问题的处理之前,一般人对问题的理解是:见数学是数学,见物理学是物理学. 而雅格布•伯努利的方法则启示我们,数学和物理学可以水乳交融,数学中有物理学,物理学中有数学,因而"见数学不是数学,见物理学不是物理学". 它启发我们学会用物理学思想"直观"地认识数学,从具体物理学问题中,演化出数学结论. 和见山三阶段一样,做到这一点尽管是一进步,但仍然属于"初悟". 更高的第三境界要求我们分别就问题的数学方面与物理学方面深入探

第六讲 速降线问题与变分法

讨,各自发展出一套完整的体系,科学史正是这样前进的. 在下面的适当部分,我们将就有关问题加以简要介绍.

从数学角度考察,雅格布·伯努利的方法充分体现了微积分处理问题的基本思想. 这一方法首先用折线代替所求的连续曲线,即在局部用直线段近似曲线段,然后利用一个极限过程,从有限状态时得到的关系导出最终所要的结果. 这一过程充分体现了"有限和无限"、"离散和连续"、"静止和运动"的辩证关系. 应当指出,从纯数学的观点,雅格布·伯努利的方法是不严密的,它依赖于以下的默认假设:假设所求曲线是存在的,而且这一曲线可以通过有限层介质中的折线来任意逼近. 然而,这又是数学家考虑问题时常用的一个成功手段,他们往往富于"幻想",善于"想象",只不过在成熟的数学思考中,对幻想与想象的事物必须加以逻辑上的严格论证,最终以逻辑结论为准.

在对由速降线引发的数学问题及有关物理问题作进一步讨论之前,让我们先来看看速降线的其他性质. 这条曲线同时又称做等时线或摆线,它具有所谓的"等时性". 对此解释如下.

为了简单,设轮子半径为1,适当选取坐标系,则旋轮线方程可表示为
$$x = t - \sin t, \quad y = 1 + \cos t \quad (0 \leqslant t < 2\pi).$$
此时,曲线图形如图 6-3 所示,$t = \pi$,即 $x = \pi$ 处是曲线最低点,与 x 轴相切. 为说明所谓的"等时性",先来计算从参数 $t = \theta$ 到 $t = \pi$ 的曲线弧长. 由
$$ds^2 = dx^2 + dy^2 = (1 - \cos t)^2 (dt)^2 + \sin^2 t (dt)^2 = 4\sin^2(t/2)(dt)^2,$$
得到弧长微元 $ds = 2\sin(t/2)dt$. 由此所求弧长为
$$l = 2\int_\theta^\pi \sin\frac{t}{2} dt = 4\cos\frac{\theta}{2}.$$

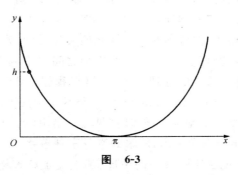

图 6-3

再利用曲线方程,可知从曲线上任何一点 $t = \theta$ 到最低点的弧长 l 与曲线上 $t = \theta$ 点的纵坐标 y 有关系 $l^2 = 8y$. 在做了如上准备后,我们考虑一小球(质点)沿旋轮线从高 $y = h$ 处无摩擦下滑到 $y = 0$ 处所需的时间. 易知,在纵坐标为 y 的任何一点处,小球速度
$$v(y) = \sqrt{2g(h-y)},$$

§3 几何学中的海伦——速降线的奇妙性质

故通过线元 dl 的时间是 $dt = dl/\sqrt{2g(h-y)}$. 由 l 与 y 的关系,有 $dl = 4dy/\sqrt{8y}$,得到

$$dt = \frac{1}{\sqrt{g}} \cdot \frac{dy}{\sqrt{y(h-y)}}.$$

那么,小球从曲线上任一高度为 h 的点下滑到最低点所需的时间为

$$T_h = \int_0^h \frac{1}{\sqrt{g}} \cdot \frac{dy}{\sqrt{y(h-y)}}.$$

作变量替换 $y = h\sin^2\xi$,容易算得

$$T = \int_0^{\pi/2} \frac{1}{\sqrt{g}} \cdot \frac{2h\sin\xi\cos\xi d\xi}{\sqrt{h\sin^2\xi \, h\cos^2\xi}} = \frac{\pi}{\sqrt{g}}.$$

注意,这一结果和小球的起始高度 h 无关!即小球从旋轮线上任意高度无摩擦下滑到最低点所需时间相同. 这一性质称为旋轮线的等时性. 由此,旋轮线,或称速降线,又可叫做"等时线".

等时性的一个直接应用是构造等时摆. 我们知道,伽利略发现单摆的振动周期仅由摆长与重力加速度决定,而与摆的振幅无关. 但这一结论只是在一定精度范围内近似成立. 精确说来,摆动周期与摆动幅度有关. 设单摆摆线长为 l,摆线与垂直方向夹角为 θ. 容易知道,单摆的运动方程是

$$l\frac{d^2\theta}{dt^2} = -g\sin\theta.$$

当 θ 足够小时,以 θ 近似 $\sin\theta$,方程化为

$$\frac{d^2\theta}{dt^2} = -\frac{g}{l}\theta.$$

这一线性化的近似方程有两个线性无关的解 $\cos(\omega t + t_0)$ 与 $\sin(\omega t + t_0)$,其中 $\omega = \sqrt{g/l}$,t_0 由初始条件决定. 它们的共同周期是 $T = 2\pi\sqrt{l/g}$,与振幅 θ_0 无关. 请注意,这仅仅是小振幅条件下线性近似的结果. 如果直接积分未作线性化处理的原方程,则得到

$$T = 4\sqrt{\frac{l}{g}} \int_0^{\theta_0} \frac{d\theta}{\sqrt{\cos\theta - \cos\theta_0}} = 2\pi\sqrt{\frac{l}{g}}\left(1 + \frac{1}{16}\theta_0^2 + \cdots\right).$$

由此可知,周期与振幅有关,在振幅可变时,单摆并不具有严格的等时性.

注意到摆球的运动可视为质点沿一曲线无摩擦往复滑动,如果把它的运动轨迹限定在一条速降线上(此时摆线的长度要随时间变化),那么由前面速降线等时性的论述,摆球振动周期将与振幅无关,即可以得到一个真正的等时摆. 这一理论设想可由图 6-4 所示的具体装置实现. 图中字母 D 所示的部分是对称放置的两块挡板,其外缘是旋轮线,一个具有柔顺摆线的小球悬挂在点 O 处. 易于看出,由于挡板的作用,在任何位置上,摆线的最终方向均与挡板相切,由此可以证明摆球轨迹也是一条旋轮线. 因而,摆动是严格等时的. 由此,旋轮线又可称为摆线.

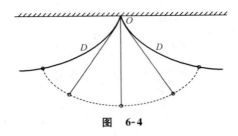

图 6-4

至此我们惊异地发现,旋轮线、速降线、等时线、摆线原来竟是同一曲线.这不仅是四个名称,每个名称代表了一种定义方式、一种性质或用途.这条貌似简单的曲线竟把如此众多的优点集于一身,这不能不使我们赞美造物之伟大,似乎的确有一个伟大的设计师,事先把一切可能的"美"的品质考虑周全,再把一切"美"的品质集中起来,"创造"了这条曲线,使它完美地体现了宇宙的和谐.这和谐既包括数学与物理学的和谐、几何与分析的和谐,也包括形式与内容的和谐、理论与应用的和谐.种种和谐又统一在简洁优雅的数学表达之下.为表示对这条曲线令人心醉的赞赏,西方数学家送给这条曲线另一个美丽的名字——几何学中的海伦.大家都知道海伦是希腊神话与传说中的美女,被特洛亚王子帕里斯所诱拐,由此造成了十年之久的特洛亚战争.在这场战争中,无数英雄流尽鲜血,无数财富惨遭毁灭,多少父母失去儿子,多少妻子失去丈夫,但希腊英雄和特洛亚的元老们却认为"值得"为海伦而战,这原因就在于海伦超凡的美丽.

§4 变分问题的数学讨论

见山三阶段的第三境界是"见山只是山,见水只是水",现在我们就来考虑由速降线问题引起的在数学方面与物理学方面发展的相应阶段.

速降线问题在数学中开创了一个新的领域——变分法,下面是有关内容的一个粗浅介绍.

4.1 速降线问题的变分提法

上一节叙述了解决速降线问题的雅格布·伯努利解法,此处给出这一问题的另一种数学表述与处理.仍取上节图 6-2 所示的坐标系,那么任意一条连结点 $A(0,0)$ 与 $B(x_B, y_B)$ 的光滑曲线可以记为

$$y = f(x), \quad 0 \leqslant x \leqslant x_B, \tag{6.2}$$

其中 f 是连续可微函数,且在区间 $[0, x_B]$ 的两端满足条件

$$f(0) = 0, \quad f(x_B) = y_B. \tag{6.3}$$

利用与等时性讨论完全相同的方法,可以得到一质点从点 A 滑到点 B 所需的时间为

$$T = \frac{1}{\sqrt{2g}} \int_0^{x_B} \frac{\sqrt{1+[f'(x)]^2}}{\sqrt{f(x)}} dx. \tag{6.4}$$

这样,速降线问题化为:在满足条件(6.3)的所有光滑函数中,求函数 $f(x)$,使积分(6.4)达到极小值.(6.4)式依被积函数中的 $f(x)$ 之不同取不同的值,数学中称这一积分为 $f(x)$ 的一个泛函,意思是"函数的函数".因此现在要考虑的是一个泛函的极值问题.这与我们在微积分中遇到的极值问题有原则的不同.微积分中的极值问题是:给定一连续可微函数 $f(x)$,要求在某一闭区间 $x_1 \leqslant x \leqslant x_2$ 上求出使 $f(x)$ 达到极大或极小值的自变量值与相应的函数值.而在泛函极值问题中,问题的"变元"不是取实数值的一个或多个变量,而是满足一定条件的一个甚至是多个函数.泛函极值问题又称变分问题,求解这种问题的方法称为变分法.变分问题是一类非常重要的数学问题,许多理论与实际问题可以纳入变分问题的范畴.

4.2 变分问题的其他实例

1. 等周问题

除速降线问题之外,历史上对变分法发展起过重要作用还有"等周问题".等周问题最早的提法是:在具有相同周长的所有平面封闭曲线中,求这样一条曲线,使它所围的面积最大.问题的这种提法可以追溯到古希腊时代之前.传说中非尼基城(Phoenician)的公主迪多(Dido)离开了自己的家园,在北非地中海沿岸定居.她需要花费一笔数目固定的金钱,以换取用一张公牛皮所能围起来的土地.迪多把牛皮切成细条,再将皮条连接成一条皮绳.牛皮绳的长度是固定的.为了围出一块尽可能大的面积,迪多把她的土地选在海边,海岸是一条直线,是无须用皮绳界定的自然边界.据说迪多决定,用整条牛皮绳沿海岸围成一个半圆.事实上,这确实是在所述条件下能够得到的最大面积.迪多实际解决了一个变分问题,下面利用微积分给出这一问题的数学表述.

首先说明:在所有周长相等而面积不等的平面单连通区域中,面积最大的一块边界一定是凸曲线.如不凸,则显然可以利用反射方法,构造另一个具有同样周长的更大区域.进而,这一区域一定可被一条直线划分为面积相等,周长相等的两部分(理由同上).将上述直线取为 x 轴,与此直线垂直相交于边界的直线取做 y 轴,建立直角坐标系.在这样的坐标系下,边界曲线可表示为自变量 x 的函数 $y(x)$ ($0 \leqslant x \leqslant a$),其中 a 为区域直径的长度.此时,迪多问题化为:求连续可微函数 $y(x)$,使积分

$$S = \int_0^a y(x) dx$$

达到极大值,同时 $y(x)$ 需满足条件

$$\int_0^a \sqrt{1+(y')^2} dx = l,$$

式中 l 是由边界周长所决定的已知常数,S 表示曲线所围面积的一半.在上述表述中,出现了

一个需要适当选定的参数 a，为避开这一点，可以采用如下的方法使问题的表述更简单. 引入弧长参数 $s = \int_0^x \sqrt{1+(y')^2}\,dx$ 为独立变量，s 的取值范围是 $0 \leqslant s \leqslant l$. 注意对于弧长微元 $ds^2 = dx^2 + dy^2$，故现在使曲线所围面积最大的表述化为：求函数 $y(s)$，使积分

$$\int_0^l y \sqrt{1-\left(\frac{dy}{ds}\right)^2}\,ds$$

达到极大值. 在解得 $y(s)$ 之后，可求

$$x(s) = \int_0^s \sqrt{1-\left(\frac{dy}{d\xi}\right)^2}\,d\xi$$

(被积函数中的变元 ξ 实际就是弧长参数 s). 由此得到所求曲线的参数表达式.

2. 极小旋转曲面问题

变分问题的又一个例子是如何构造表面积最小的旋转曲面. 在平面直角坐标系 Oxy 上已知两点 $M_1(x_1,y_1)$ 和 $M_2(x_2,y_2)$，考虑任意一条可由方程 $y=f(x)$ 表示并通过 M_1, M_2 两点的曲线，即满足条件

$$f(x_1) = y_1, \quad f(x_2) = y_2, \tag{6.5}$$

的曲线. 将 Oxy 平面以 Ox 为轴旋转一周，此时曲线 $y=f(x)$ 将在空间描出一个旋转曲面，这一曲面在坐标平面 $x=x_1$ 与 $x=x_2$ 间的面积为

$$S = 2\pi \int_{x_1}^{x_2} y\sqrt{1+(y')^2}\,dx. \tag{6.6}$$

显然，这一面积与 $y=f(x)$ 的选择有关. 我们的问题是：在所有满足条件(6.5)的函数 $f(x)$ 中，找出使(6.6)式取极小值的函数. 这是变分问题的又一个例子.

3. 普莱都问题

寻找最小表面积旋转曲面的问题可以扩展为一类提法更一般的问题，称为普莱都(Plateau)问题. 此类问题可简单表述为：在空间所有以某种相同方式固定边界的曲面中，求表面积最小的一个. 讨论一种相对简单的情况，设所求曲面的边界为空间中一条分段连续可微的已知闭曲线 Γ，其内部在 Oxy 平面上的投影为区域 Ω，曲面可表示成函数 $z=z(x,y)$，则相应的极小曲面问题(即最小表面积曲面问题)为在所有具有同一边界 Γ 的曲面中求 $z=z(x,y)$，使

$$S = \iint_\Omega \sqrt{1+(z_x')^2+(z_y')^2}\,dx\,dy$$

达到极小值. 在很多情况下，精确求解极小曲面问题是困难的. 作为一名物理学家，普莱都针对这类问题曾经作过许多实验研究，希望从中得到某些启示. 例如，读者可尝试制作两个半径不同的圆形金属丝框架，将它们的中心保持在同一水平上，平行地浸入肥皂水中，再将它们小心取出，观察两框架间肥皂膜的形状，并探讨一下实验结果与相应的极小旋转曲面数学问题解答间的关系. 柯朗所著的《数学是什么》一书中还介绍了一个性能比肥皂水更好的实

验液体配方. 当然,物理实验不能等同于数学讨论,这是因为数学假设与实验条件并不严格一致;而且,这种实验有时只能在思想中进行,仅仅是一种思想实验. 但是这种做法对发展数学的确可以带来有益的结果. 在 19 世纪,数学家黎曼(Riemann)就曾思考过许多简单实验,并从中发现了一些函数论的基本定理. 近年来,计算机及图形显示技术成了研究极小曲面以至更一般变分问题的有力工具. 1988 年,第一次利用计算机模拟生成并显示了三维空间中一簇肥皂泡以及其他最佳能量构形的图像. 计算机的这种使用方式对形成和检验几何猜测是极有价值的.

4. 弹性薄膜变形问题

变分问题的再一个例子是:考虑弹性薄膜变形后与外力平衡时的形态. 数学物理中的许多平衡问题均满足极小势能原理,变形薄膜的平衡也是如此. 这里所说的薄膜是指有弹性的曲面,它在不受力时是平的,在张力作用下会产生变形,同时具有势能. 假设变形薄膜的势能与其表面积的增量成正比,比例常数是张力.

设在不受力时,薄膜在 Oxy 平面上占有区域 Ω,边界为 Γ. 令 $u(x,y)$ 表示在某种外力作用下膜上一点 (x,y) 在垂直于平面方向上的位移. 又设薄膜变形很小,即 $|u|, |u'_x|, |u'_y| \ll 1$. 于是薄膜面积

$$\iint_\Omega [1+(u'_x)^2+(u'_y)^2]^{1/2} dxdy$$

可以近似地被 $\iint_\Omega \left[1+\dfrac{(u'_x)^2+(u'_y)^2}{2}\right] dxdy$ 代替. 由此在相差一个常数因子的意义下,薄膜所具有的势能可以表示为

$$\frac{1}{2}\iint_\Omega [(u'_x)^2+(u'_y)^2] dxdy. \tag{6.7}$$

如果假定薄膜在边界 Γ 上有纵向位移 $u(x,y)$,记为 $\bar{u}=\bar{u}(s)$, s 表示沿 Γ 的弧长坐标,此时尽管在 Ω 内部没有外力,薄膜的中间部分也会变形. 平衡时位移 $u(x,y)$ 应该是这样一个函数: 它在区域 Ω 上连续可微,同时在满足边界条件的所有函数中使由(6.7)式所表示的势能达到极小值. 这样寻求薄膜平衡形状的问题也归结为一个变分问题.

可以在更一般的条件下考虑薄膜的平衡问题,极小势能原理仍然成立,同样可以通过变分形式表达,只不过势能表达式较(6.7)更为复杂. 对此不再详述.

请注意,上述后两个问题中的未知函数有两个自变量,泛函由二重积分表示. 从上述几个实例可以看出变分问题在数学和物理学中的重要地位.

4.3 求解变分问题的途径——欧拉方程

以下讨论变分问题的一般解法. 对于一个普通的连续可微函数 $f(x)$,极值的必要条件是 $f'(x)=0$. 这一结果是寻求函数极大或极小值的一个有用工具. 我们希望对变分问题,即

第六讲 速降线问题与变分法

泛函极值问题也能得到最优解存在时所应满足的必要条件. 为此,考虑如下最基本的变分问题: 求函数 $y=y(x)$, 使积分

$$I(y) = \int_{x_1}^{x_2} F(x, y, y') \mathrm{d}x \tag{6.8}$$

达到极小值,其中 F 对变量 x, y 及 y' 二次连续可微.

考虑普通函数的极值问题时,要限定自变量的取值范围,即定义域. 对于变分问题,在考虑 $I(y)$ 的极值时,也应当限定函数 $y(x)$ 的允许范围. 为简单,此处仅限定在如下集合上讨论,即要求:

(1) $y(x)$ 在区间 $[x_1, x_2]$ 上连续可微;

(2) $y(x_1) = y_1, y(x_2) = y_2$.

以下将上述两个条件所定义的函数集合记为 M.

寻找变分问题解必要条件的基本想法是将这一问题转化为普通的函数极值问题. 设 $y(x) \in M$ 且使 (6.8) 达到极小值,任取 $\eta(x) \in C^1[x_1, x_2]$ (即 $\eta(x)$ 在 $[x_1, x_2]$ 上可导且导函数连续),还要求 $\eta(x_1) = \eta(x_2) = 0$. 令

$$\bar{y}(x) = y(x) + \alpha \eta(x),$$

则作为参数 α 的函数,仅当 $\alpha = 0$ 时,$\bar{y}(x)$ 使泛函 $I(\bar{y})$ 达到极小值. 记

$$I(\bar{y}) = \int_{x_1}^{x_2} F(x, y + \alpha\eta, y' + \alpha\eta') \mathrm{d}x = \phi(\alpha).$$

利用普通函数极值的必要条件,应有

$$\phi'(0) = \int_{x_1}^{x_2} [F'_y(x, y, y')\eta + F'_{y'}(x, y, y')\eta'] \mathrm{d}x = 0. \tag{6.9}$$

这一关系对一切可能的函数 $\eta(x)$ 满足. 对上式第二项用分部积分法,注意 $\eta(x_1) = \eta(x_2) = 0$, 有

$$\int_{x_1}^{x_2} F'_{y'} \eta' \mathrm{d}x = -\int_{x_1}^{x_2} \eta \frac{\mathrm{d}}{\mathrm{d}x} F'_{y'} \mathrm{d}x,$$

则 (6.9) 式化为

$$\phi'(0) = \int_{x_1}^{x_2} \left(F'_y - \frac{\mathrm{d}}{\mathrm{d}x} F'_{y'} \right) \eta \mathrm{d}x = 0. \tag{6.10}$$

不难证明以下引理:

假设 (1) 函数 $f(x)$ 在区间 $[a, b]$ 连续;(2) $\eta(x) \in C^1[a, b]$, 且 $\eta(a) = \eta(b) = 0$. 若对任何 $\eta(x)$ 有

$$\int_a^b f(x) \eta(x) \mathrm{d}x = 0,$$

则必有 $f(x) \equiv 0$.

此处略去如上引理的证明. 利用这一引理,从 (6.10) 式得到

$$F'_y - \frac{\mathrm{d}}{\mathrm{d}x}F'_{y'} = 0 \quad (x_1 \leqslant x \leqslant x_2). \tag{6.11}$$

这就是 $y(x)$ 使泛函 $I(y)$ 达到极小值所需的必要条件.(6.11)式可以等价地表示为
$$F'_y(x,y,y') - F''_{xy'}(x,y,y') - F''_{yy'}(x,y,y')y' - F''_{y'y'}(x,y,y')y'' = 0.$$
这是关于函数 y 的一个二阶常微分方程,称做欧拉方程.如上方程的通解可表示为 $y = \psi(x, c_1, c_2)$ 的形式,其中 c_1, c_2 是两个任意常数;特解所需的常数值由边界条件决定.

作为用欧拉方程求解变分问题的一个例子,我们再次考虑速降线问题.前面已将速降线问题归结为在所有满足条件(6.3)的光滑函数集合上求积分(6.4)的极小值.在此问题中
$$F = \frac{\sqrt{1+(y')^2}}{\sqrt{y}},$$
相应的欧拉方程为
$$-\frac{1}{2}y^{-\frac{3}{2}}\sqrt{1+(y')^2} - \frac{\mathrm{d}}{\mathrm{d}x}\left(y^{-\frac{1}{2}}\frac{y'}{\sqrt{1+(y')^2}}\right) = 0.$$
经过简单的代数运算,上式可化为
$$\frac{2y''}{1+(y')^2} = -\frac{1}{y}.$$
将上式两端乘以 y',积分后得到
$$\ln[1+(y')^2] = -\ln y + \ln c_1,$$
c_1 为积分常数.上式可进一步化为
$$(y')^2 = \frac{c_1}{y} - 1 \quad \text{或} \quad \sqrt{\frac{y}{c_1-y}}\mathrm{d}y = \pm\mathrm{d}x.$$
作变量替换 $y = c_1(1-\cos u)/2$,化简后得到
$$\frac{c_1}{2}(1-\cos u)\mathrm{d}u = \pm\mathrm{d}x.$$
从上式积分得到 $x = \pm c_1(u-\sin u)/2 + c_2$.因为曲线过坐标原点,故 $c_2 = 0$.由此同样得到速降线是旋轮线
$$x = c_1(u-\sin u)/2, \quad y = c_1(1-\cos u)/2,$$
其中常数 c_1 由曲线过点 $B(x_B, y_B)$ 的条件唯一确定,表示轮子直径的大小.

4.4 几点说明

(1) 首先,我们对导出欧拉方程的数学方法作一点评论.在进行这一推导时,实际隐含了一个默认假设,即假设变分问题的解是存在的,由此出发,考虑有解的必要条件.必要条件不是充分条件,但它至少使我们有了一个讨论的立足点.很多时候,必要条件和充分条件相差无几,甚至实际就是充分条件.很多问题都可由这样的途径解决.其次,在欧拉方程的讨论中,通过引进满足一定条件的任意函数 $\eta(x)$,把泛函的极值问题归结为普通函数的极值问

题,再由普通函数的极值条件导出欧拉方程.事实上,这也反映了求解数学问题的一个一般原则:当你遇到一个待解的新问题时,首先可以考虑你是否遇到过同类问题,如果没有,那么考虑它是否和你已经知道的某个问题相近,能否附加一定条件,将其转化为你能够解决的问题;然后再考虑问题的完全求解.关于这一方面的讨论,我们向读者推荐美国数学家和数学教育家波里亚(G. Polya)的名著《怎样解题》,其中讨论了许多有益的指导原则和实例.

(2) 变分问题是泛函极值问题,是通过积分形式表达的;欧拉方程是一个微分方程.如上讨论实际是把一个极值问题归结为求解一个方程.实际上,类似的关系在初等问题中我们就已遇到过.在中学我们就学过如何得到一个二次函数的极小值点与极小值,容易知道,对于二次函数

$$f(x) = ax^2 - 2bx + c = a(x-b/a)^2 + c - b^2/a,$$

当 $a>0$ 时,$f(x)$ 的极小值仅在上式最右端第一项为零时达到,故求解上述极小值问题,相当解方程 $x-b/a=0$.如果认为这一例子过于简单,我们可考虑它的 n 维推广:设 $\boldsymbol{x}=(x_1, x_2,\cdots,x_n)^\mathrm{T}$,矩阵 $\boldsymbol{A}=(a_{ij})_{n\times n}$ 正定对称,$\boldsymbol{b}=(b_1,b_2,\cdots,b_n)^\mathrm{T}$,$C$ 为一常数,考虑如下二次型的极小值:

$$F(\boldsymbol{x}) = \boldsymbol{x}^\mathrm{T}\boldsymbol{A}\boldsymbol{x} - 2\boldsymbol{b}^\mathrm{T}\boldsymbol{x} + C = (\boldsymbol{x}-\boldsymbol{A}^{-1}\boldsymbol{b})^\mathrm{T}\boldsymbol{A}(\boldsymbol{x}-\boldsymbol{A}^{-1}\boldsymbol{b}) + C - \boldsymbol{b}^\mathrm{T}\boldsymbol{A}^{-1}\boldsymbol{b}.$$

显然,$F(\boldsymbol{x})$ 的极小值在上式最右端第一项为零时达到,故求极小值问题化为解代数方程组 $\boldsymbol{A}\boldsymbol{x}=\boldsymbol{b}$.上述例子表明:即使在最简单情况,极值(或优化)问题就与解方程密切相关;当然,随问题不同,相应的方程类型也可变化.附带请读者注意上述一元二次函数恒等变形与用矩阵代数处理多元情况的可类比之处.

(3) 上面已经说明变分问题的解可由求解欧拉方程而得到.但请注意,变分问题的积分表述与欧拉方程在数学上并不严格等价.这只需注意到欧拉方程是一个二阶微分方程,它的古典解应当具有二阶连续导数;而变分问题的积分表述中未知函数只要存在一阶导数且使表达式可积即可.实际上积分式与微分式表达的是同样的物理规律,但一个着眼于全局,一个着眼于局部.二者的关系提供了微分方程理论中"广义解"概念的背景.对一个微分方程,可以适当降低对其解的光滑性要求,即以此方程所对应的积分形式的解作为微分方程的"弱解".我们无意在此讨论有关的方程理论,此处的目的仅在于说明,很多重要的数学思想是由物理规律启发产生的.当然,随着数学的形式化与抽象化,有时我们不再容易看出有关内容的直接来源与背景,但对于一个希望更深入地理解与发展数学的读者来说,看清形式化数学的"背后"是重要的.

(4) 实际上并非任何一个变分问题都有解,如果问题的提法不当,完全可能不存在满足问题要求的函数.对此可见以下的例子:考虑平面区域 $\Omega=\{(x,y)\,|\,x^2+y^2<1\}$,在函数集合 $M=\{v\,|\,v\in C^1(\bar{\Omega}),v|_{\partial\Omega}=0,v(0,0)=1\}$ 上,求使积分

$$I(v) = \iint_\Omega \sqrt{1+(v'_x)^2+(v'_y)^2}\,\mathrm{d}x\mathrm{d}y \tag{6.12}$$

达到极小值的函数 v. $I(v)$ 在几何上表示张在 Oxy 平面单位圆 Ω 上的光滑曲面的表面积,这一曲面在原点处高度为 1,在 Ω 边界上高度为 0. 容易看出 $\inf\limits_{v\in M} I(v) = \pi$,即在上述条件下,存在有使 $I(v)$ 任意接近单位圆面积的函数,但任何 Ω 上的连续曲面都不可能达到面积为 π 的极限. 事实上,不能保证任何变分问题的解必然存在,即提法一定合理. 读者可以把这一例子与半开区间 $(0,1]$ 上函数 $1/x$ 达到不到极大值相类比.

对变分问题而言,一个函数是解的充分条件也不能简单地只由考虑 $I(\bar{y}) = \phi(\alpha)$ 的二阶导数给出. 这可由下面的例子说明:求函数 $x(t)$,使积分

$$I(x) = \int_0^1 \frac{1}{x'(t)} dt$$

达到极小值,端点条件为 $x(0) = 0, x(1) = 1$. 容易知道,欧拉方程的解是 $x = t$. 对这个解,$I = 1$. 取光滑函数 $\eta(t)$,满足 $\eta(0) = \eta(1) = 0$. 令 $\bar{y} = t + \alpha\eta$,考虑充分小的 α,直接计算给出

$$\Delta I = \int_0^1 \left[(1+\alpha\eta'(t))^{-1} - 1 \right] dt = \alpha^2 \int_0^1 [\eta'(t)]^2 dt + o(\alpha^2).$$

由此似乎可以认为 $\alpha = 0$ 时的解 $x = t$ 是相应变分问题的极小解,即 $x = t$ 使 $I(x)$ 达到极小值,但这是不正确的. 为此只需考虑函数

$$y = \begin{cases} 3t, & 0 \leqslant t \leqslant 1/2, \\ -t+2, & 1/2 \leqslant t \leqslant 1. \end{cases}$$

容易算出 $I(y) = -1/3$. 请注意 y 不是 $[0,1]$ 区间上的光滑函数,它在 $t = 1/2$ 有一个角点,因而不属于变分问题所考虑的函数类. 但是它启示我们利用将角点光滑化的方法,可以构造连结点 $(0,0)$ 与 $(1,1)$ 的无数条光滑曲线,其对应函数使 $I < 1$. 这说明 $x = t$ 不是变分问题的极小解.

(5) 已经知道满足欧拉方程是变分问题解的一个必要条件,但这种条件不是唯一的,除此之外,还存在有其他形式的必要条件. 通过对二阶变分的研究,勒让德(Legendre)认识到:如果过两点 (x_0, y_0) 和 (x_1, y_1) 的曲线 $y = y(x)$ 满足欧拉方程,且是变分问题的极大解,必须在沿 $y = y(x)$ 的每一点 x 处,有 $F''_{y'y'} \leqslant 0$;而对于极小解条件则化为 $F''_{y'y'} \geqslant 0$. 还应指出,即使将上述条件中的"$\leqslant$"与"$\geqslant$"换为严格的不等号,也还不是变分问题有解的充分条件.

为说明变分问题解的再一个必要条件考察如下的例子:图 6-5 所示是从同一点 A 出发的一族抛物线,它们是质点从点 A 抛出的轨迹. 设对每条抛物线质点从点 A 抛出时有同样的初速率 v_0,但抛射角不同. 这族曲线有一条包络线,即图中右上方的深色连续曲线. 任何一条抛物线与包络线切于一点,这一切点称为点 A 沿这条抛物线的共轭点. 现在求过图上 A,B 两点的抛物线,它对应一个变分问题的解. 若以 s 表示曲线弧长,$v(s)$ 表示质点在曲线 s 处的速率,则问题的变分提法是:求一条过 A,B 两点的曲线,使积分 $\int_{s_A}^{s_B} v(s) ds$ 达到极小值. 从图 6-5 可以看出:过 A,B 两点有两条抛物线,一为 $\overparen{ARB}$,一为 $\overparen{AB}$. 问题在于:哪一条是变分

问题的解？雅可比(Jacobi)通过对共轭点的研究指出：如果一条曲线是变分问题的解,那么在曲线的两个端点之间,不能包含共轭点. 这是变分问题解的第三个必要条件(此处仅通过一个例子解释了共轭点,数学上这一概念可以更一般地定义).

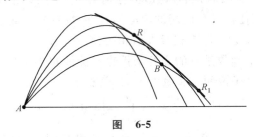

图 6-5

(6) 上面罗列了变分问题解所应满足的三个必要条件,这些条件表明,变分问题是一类新问题,不能将它与微积分的函数极大、极小值理论简单对比. 在数学史上,在长达数十年的时间中,所有的数学家都曾认为上述三个必要条件合起来就是变分问题解的充分条件. 雅可比就认为,如果一条曲线 $y=y(x)$ 是过 A,B 两点间的欧拉方程的解,且沿此曲线 $F''_{y'y'}>0$ (或 <0),同时曲线 AB 上没有共轭点,那么 $y(x)$ 就给出原变分问题的极小(或极大)解. 当然这是不完全正确,至少是很不准确的说法. 从这一史实也可看出数学发展,或者说人类思想发展的艰苦历程,增强我们面对挫折的勇气.

实际上,以上三个条件合起来,只是所谓"弱变分"意义下的充分条件. 为说明什么是"弱变分",容我们更细致地分析一下导出欧拉方程的过程. 为得到欧拉方程,我们引入了一个函数 $\eta(x)$,它不仅要满足端点为零的条件,而且要有一阶连续导数. 我们利用 $\eta(x)$ 对假设存在的变分问题的解 $y^*(x)$ 加以"扰动",要求这一扰动 $\varepsilon\eta(x)$ 及其一阶导数都足够小. 因此所谓函数 $y^*(x)$ 使泛函达到极值是指在所有形为 $y^*(x)+\varepsilon\eta(x)$ 的函数类中达到极小值. 类中函数不仅与 $y^*(x)$ 有同样的端点条件,而且在整个区间上与 $y^*(x)$ 偏离不能超过一定范围,切线方向也不能有任意大的变化(见图 6-6(a)). 但如图 6-6(b)所示的扰动振幅虽小,但切线斜率变化剧烈的函数是不包含在允许函数类中的. 用更数学化的说法,欧拉方程推导过程所涉及的函数类 $\{y(x)\}$ 除端点条件外,还要满足：$\exists \varepsilon>0$,对 $\forall x\in(x_0,x_1)$,使

$$|y^*(x)-y(x)|\leqslant\varepsilon \quad \text{且} \quad \left|\frac{\mathrm{d}y^*(x)}{\mathrm{d}x}-\frac{\mathrm{d}y(x)}{\mathrm{d}x}\right|\leqslant\varepsilon.$$

在这样的限制下考虑的泛函极值问题称为"弱变分"问题.

更吸引人的是所谓的"强变分"问题,即除端点条件外,仅要求允许类中函数满足：$\exists \varepsilon>0$,对 $\forall x\in(x_0,x_1)$,使 $|y^*(x)-y(x)|\leqslant\varepsilon$. 强变分意义下解的充分条件最初由维尔斯特拉斯(Weierstrass)所提出,经过多位数学家继续艰苦工作,直到 20 世纪初才由希尔伯特利用"极值场"的概念,通过所谓的"希尔伯特不变积分"得到了现在普遍接受的完美表达. 有关的定理与推导此处不再叙述,感兴趣的读者可参阅本讲后所附的参考文献[6].

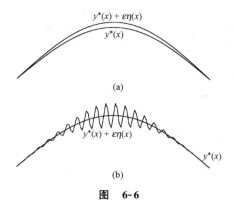

图 6-6

(7) 下面对雅格布·伯努利求解速降线问题的独特方法作一点讨论. 约翰·伯努利在他的征解公告中要求方法有一般性. 雅格布·伯努利的方法虽然不像欧拉方程那样明快简洁,但也可用于很多不同情况. 下面即以前面叙述过的抛物线问题为例加以说明. 已经知道过平面上 A,B 两点的抛物线由一个变分极小值问题确定. 若取起点 A 为坐标原点,水平方向为 x 轴,垂直方向为 y 轴(向上为正),B 点横坐标记为 x_B,抛物线表示为 $y=y(x)$,质点速率记为 v,则问题归结为求 $y(x)$,使

$$\int_0^{s_B}v(s)\mathrm{d}s=\int_0^{x_B}\frac{1}{1/v(x)}\sqrt{1+(y')^2}\mathrm{d}x=\int_0^{x_B}\frac{1}{1/\sqrt{v_0^2-2gy}}\sqrt{1+(y')^2}\mathrm{d}x \quad (6.13)$$

达到极小值. 请注意,这一表达本质上和速降线问题数学表达式(6.4)是一样的,只不过质点速率不再取 $\sqrt{2gy}$,而是代之以 $1/\sqrt{v_0^2-2gy}$,但这并不影响我们沿用雅格布·伯努利处理问题的思路,并且得到类似的结论,不过每层介质中"光线"的传播速率要用现在的函数形式取代. 由此前面从(6.1)式拓广而得的确定曲线的条件要相应修改为

$$\sqrt{v_0^2-2gy}\sin\alpha=\frac{\sqrt{v_0^2-2gy}}{\sqrt{1+(y')^2}}=K(\text{常数}),$$

其中 α 为抛物线上任一点切线与垂直方向的夹角. 也就是说所求的抛物线族中每条曲线应满足条件

$$v_0^2-2gy=K^2[1+(y')^2].$$

以参数 ϕ 表示抛射角,将所讨论的抛物线族以参数方程

$$x=tv_0\cos\phi, \quad y=tv_0\sin\phi-\frac{g}{2}t^2$$

表示,注意式中 y' 是对 x 求导,不难验证,前面给出的条件是正确的,只需取 $K^2=v_0^2\cos^2\phi$ 即可确定一条特定的曲线. 这表明雅格布·伯努利的物理类比仍然适用,即他的方法实际具有更普遍意义,虽然现在的数学工作者一般不再这样处理.

(8) 如上讨论涉及一个单变量未知函数的情况,当函数自变量不止一个时,例如前述极小曲面问题,完全可用类似方法导出相应的欧拉方程,有兴趣的读者请见本讲附录.当研究比较复杂的对象,例如研究力学问题时,往往还要考虑与多个未知函数有关的变分问题.下面直接给出两个未知函数情况的数学结果,变分问题依赖更多未知函数时结果类似.

考虑由函数对 $(y(x),z(x))$ 组成的集合 M,要求 $y(x)$ 与 $z(x)$ 满足以下条件:

(1) $y(x),z(x)$ 均在区间 $[x_1,x_2]$ 上连续可微;

(2) 在区间端点函数取已知值

$$y(x_1) = y_1, \quad y(x_2) = y_2, \quad z(x_1) = z_1, \quad z(x_2) = z_2.$$

求 $(y(x),z(x)) \in M$,使积分

$$I(y,z) = \int_{x_1}^{x_2} F(x,y,z,y',z') \mathrm{d}x \tag{6.14}$$

达到极小值.

完全类似于对一个未知函数情况的讨论,可知当上述变分问题的解 $y(x),z(x)$ 存在且具有二阶导数时,其解应满足下列微分方程组:

$$\begin{cases} F'_y - \dfrac{\mathrm{d}}{\mathrm{d}x} F'_{y'} = 0, \\ F'_z - \dfrac{\mathrm{d}}{\mathrm{d}x} F'_{z'} = 0. \end{cases} \tag{6.15}$$

这样积分(6.14)的极小值问题可再次以求解上述微分方程组的边值问题代替.

§5 物理学中的变分原理

变分法的提出与发展受到许多具体问题的直接激励.特别是,与变分法同时代发展的力学与物理学更为这一方法提供了基本推动力.18—19 世纪从"最小作用量原理"发展起来的变分原理,在物理学上可以看做是许多领域客观遵循的"公理".它不仅与数学密切相关,甚至可视为宇宙的基本规律之一.它联系了数学、力学、物理学,甚至哲学,是后来逻辑演绎的出发点,还是支持奎因(Quine)哲学观点的一个有力证据,即不同门类的自然科学织成了一张无缝的信念之网.为说明有关概念的发展,让我们按照克莱因在《古今数学思想》一书中的线索,简述一下有关的历史.

最小作用量原理的思想起源甚早,古希腊时代的哲学家与科学家就已依据他们所掌握的知识,包括可由光在均匀介质中沿最短路径传播解释的反射现象,以及哲学、神学和美学的原则,提出了一种学说,认为大自然是以最经济、最简洁的方式行事的.例如,6 世纪时奥林庇多斯(Olympiodorus)就在他所著的《反射光学》中说道:"大自然不做任何多余的事,或者任何不必要的工作."在中世纪,这种观念不仅相当广泛地为人们所接受,而且把大自然行动的方式与数学联系起来.例如,曾任牛津大学校长的英国数学家格罗塞斯特(R. Grosseteste)(1168—1253)就相信,大自然总是以数学上最简洁和最好的方式行动.而文艺复兴

§5 物理学中的变分原理

时期的巨匠达·芬奇(Da Vinci)(1452—1519)则断言,大自然是经济的,而且大自然的经济是定量的.

17世纪与18世纪的科学家们继承了这种信念,并且利用最小作用量原理的思想诠释更多、更一般的物理定律.例如,惠更斯(Huygens)证明了:当光在具有变折射率的介质中传播时,费马原理仍然成立,这就是说,在变折射率的情况下,在数学上两点间的光线仍然是使表示传播时间的积分达到极小值的路径(前述雅格布·伯努利处理速降线问题的手段实际就是利用了此原理).又如,牛顿第一定律:物体在不受外力作用时保持匀速直线运动状态.当时这也被作为自然界经济化原则的一个例证.

1744年莫培督(Maupertuis)在一篇题为《直到现在看起来还是不能并存的不同法则的协调性》的论文中,正式提出了"最小作用量原理",其含义是:实际发生的物理过程在满足约束条件的一切可能过程中使某个度量"作用"的物理量达到极小值.莫培督把这个度量"作用"的物理量定义为质量、速度及路程乘积的积分,但他的论文中包含若干不准确且含糊之处.除了有物理事实支持莫培督的理论,他提倡这一原理还有宗教原因.他认为决定世界万象的各种规律必须具有上帝创造的完美性,而最小作用量原理就体现了这一准则.莫培督宣称,他的原理是自然界具有普遍规律和上帝存在的第一个证明.无论对变分原理的数学还是物理学方面都曾做出过重大贡献的欧拉(Euler)同意莫培督的观点.他说,因为宇宙的结构是最完善的,而且是最明智的上帝的创造,因此如果宇宙中没有某种这样的基本原理,那就根本不会发生任何事情.拉格朗日(Lagrange)是历史上以具体准确的形式,成功表达了最小作用量原理的第一个人.他不仅以这一原理描述了质点与刚体运动的力学定律,而且给出了流体力学的极小原理;他也是首先使用纯分析手段,取代几何与分析相结合的方法,处理变分问题的人,此方法可应用于相当广泛的领域;他还最先讨论了许多更复杂形式的变分问题,例如变动端点问题和多重积分表示的变分问题.拉格朗日按如下形式表述最小作用量原理:以 m 表示质点的质量,v 表示速度,ds 表示沿运动路径的距离微元,那么发生于两个固定点间的实际运动使沿运动轨道的积分 $\int mv\,ds$ 达到极小值.因为 $ds=v\,dt$,t 表示时间,上述提法等价于积分 $\int mv^2\,dt$ 取极小值.我们知道 mv^2 是动能的 $\dfrac{1}{2}$,在拉格朗日时代这个量称为"活力".拉格朗日还断言:如上原理对质点组也成立.在力场有势的情况下,从拉格朗日的原理出发,容易得到本质就是欧拉方程的质点运动方程组.利用广义坐标 q_1,q_2,q_3 来代替直角坐标时,动能 T 是 q_i 和 $\dot q_i=\dfrac{dq_i}{dt}(i=1,2,3)$ 的函数,而势能 V 只是 q_i 的函数,此时从拉格朗日原理导出的方程形式为

$$\frac{d}{dt}\left(\frac{\partial T}{\partial \dot q_i}\right)-\frac{\partial T}{\partial q_i}+\frac{\partial V}{\partial q_i}=0,\quad i=1,2,3.$$

一般称此方程组为拉格朗日方程组.可以说明,如上方程组实际与牛顿第二定律相当,其意

第六讲 速降线问题与变分法

义在于：现在的方程组是从一个普遍原理导出的，不再只是一个实验定律；另外，如上表达允许利用广义坐标，这也带来了应用上的方便．拉格朗日的工作提供了最小作用量原理重要价值的又一例证．

最小作用量原理在哈密尔顿(Hamilton)手中达到完善的程度．与莫培督、欧拉和拉格朗日不同，哈密尔顿认识到，宇宙规律不一定表现为作用量的极小化，在某些自然现象中作用量是极大化的．因此，他把这样的原理修正为"稳定作用原理"，即使泛函达到极值的原理．为了对哈密尔顿的原理有更直接的了解，下面对哈密尔顿原理与拉格朗日原理的关系，就最简单的质点力学形式给予说明．

哈密尔顿引进作用积分的概念，即考虑动能 T 与势能 V 之差的时间积分

$$S = \int_{P_1, t_1}^{P_2, t_2} (T-V) \mathrm{d}t,$$

式中 t_1, t_2 依次是质点运动的初始时刻及终止时刻，P_1, P_2 依次是初始位置及终止位置．哈密尔顿原理断言：在 t_1 时刻从点 P_1 开始，t_2 时刻到达点 P_2 的所有可能路径中，物理上实现的真实运动使作用积分达到极值（或称稳定值）．

在力场有势的情况，即对保守系统而言，动能与势能之和为常数，故 $T-V=2T-C$，C 为一常数，所以此时哈密尔顿原理本质上就是拉格朗日原理．请注意，哈密尔顿原理是等时变分，即要求所有可能轨道对给定的时间参数 t_1, t_2 均有相同的起点和终点；除此之外，即使限于质点运动，哈密尔顿原理也可用于更一般情况，例如非保守系统，以及势能不仅依赖位置坐标，还依赖广义速度，甚至依赖时间变量的情况．

令 $L=T-V$，在一般情况下，作用积分可以表示为

$$S = \int_{t_1}^{t_2} L(q_1, \cdots, q_n, \dot{q}_1, \cdots, \dot{q}_n, t) \mathrm{d}t.$$

哈密尔顿原理说明：在所有 $q_i(t_1), q_i(t_2)(i=1,2,\cdots,n)$ 取给定值的可能轨道中真实运动轨道使 S 达到稳定值．此时相应的欧拉方程组为

$$\frac{\mathrm{d}}{\mathrm{d}t}\left(\frac{\partial L}{\partial \dot{q}_i}\right) - \frac{\partial L}{\partial q_i} = 0, \quad i=1,2,\cdots,n.$$

在保守力场情况下，这一方程组就是前面叙述过的拉格朗日方程组．为表彰拉格朗日的贡献，对推广了的情况，方程组仍然袭用同一名字．

令 $p_i = \dfrac{\partial L}{\partial \dot{q}_i}$，如上诸方程化为一个形式对称的一阶微分方程组

$$p_i = \frac{\partial L}{\partial \dot{q}_i}, \quad \dot{p}_i = \frac{\partial L}{\partial q_i}, \quad i=1,2,\cdots,n.$$

哈密尔顿为了对此方程组进一步简化，引进函数

$$H(p_1,\cdots,p_n,q_1,\cdots,q_n,t) = -L + \sum_{i=1}^{n} p_i \dot{q}_i = V - T + \sum_{i=1}^{n} p_i \dot{q}_i.$$

当势能与广义速度无关,位置坐标变换关系 $x_i=x_i(q_1,\cdots,q_n)$ 不显含时间时,可以证明上式右端最后一项等于 $2T$,即 H 实际是系统总能量。从数学上看,引进 H 相当对函数 L 作除去自变量 $\dot{q}_i$,引入新变量 p_i 的勒让德变换。变换后,上述微分方程组化为

$$\dot{q}_i = \frac{\partial H}{\partial p_i}, \quad \dot{p}_i = -\frac{\partial H}{\partial q_i}, \quad i=1,2,\cdots,n.$$

这就是著名的哈密尔顿正则方程组,其形式为不同领域的多种物理现象所共有,当然能量函数 H(也称哈密尔顿函数)要按具体情况决定。下面仅就最简单的质点动力学情况将如上讨论具体化。

将空间直角坐标系的三个坐标分量表示为 x_1,x_2,x_3,考虑一质量为 m 的质点,在有势力 $F(x_1,x_2,x_3)$ 作用下,从时刻 t_1 在点 $P_1(x_{11},x_{21},x_{31})$ 出发,在时刻 t_2 运动到点 $P_2(x_{12},x_{22},x_{32})$。因力场有势,故存在势函数 $U(x_1,x_2,x_3)$,使得力 F 的三个分量可以表示为

$$F_i = -\frac{\partial U}{\partial x_i}, \quad i=1,2,3.$$

假定运动是自由的,不受任何约束。由牛顿第二定律,质点运动方程是:

$$m\frac{\mathrm{d}^2 x_i}{\mathrm{d}t^2} = m\ddot{x}_i = -\frac{\partial U}{\partial x_i}, \quad i=1,2,3.$$

按照上述定律,质点从点 P_1 到点 P_2 应沿一条确定的轨道运动。假设这一轨道未知,我们考虑所有可能的时刻 t_1 在点 P_1,而时刻 t_2 在点 P_2 的质点运动轨道,把这些轨道统称做"可容许的运动轨道"。令 $m\dot{x}_i=p_i, i=1,2,3$,则质点动能可表示为

$$T = \frac{m}{2}[(\dot{x}_1)^2+(\dot{x}_2)^2+(\dot{x}_3)^2] = \sum_{i=1}^{3}\frac{1}{2m}p_i^2.$$

此系统哈密尔顿函数是

$$H(x_1,x_2,x_3,p_1,p_2,p_3) = U - T + (p_1\dot{x}_1+p_2\dot{x}_2+p_3\dot{x}_3) = T+U, \quad (6.16)$$

这里 x_i 是广义坐标,相当于前面的 q_i,而 $p_i(i=1,2,3)$ 是广义动量。注意 U 不依赖广义动量 $p_i(i=1,2,3)$,容易得到此系统的哈密尔顿正则方程组,在此方程组中 $\dot{q}_i=\frac{\partial H}{\partial p_i}$ 的三个方程由 $p_i(i=1,2,3)$ 的定义自然满足;而其余的三个方程

$$\dot{p}_i = m\ddot{x}_i = -\frac{\partial H}{\partial q_i} = -\frac{\partial U(x_1,x_2,x_3)}{\partial x_i} = F_i \quad (i=1,2,3)$$

就是牛顿第二定律。

上面说明了哈密尔顿原理与由牛顿定律的关系,但哈密尔顿原理有更广泛的意义。还应看到,力学定律的变分表述与微分方程表述虽然面对同样的物理现象,但两种处理背后的哲学思想却不尽相同。微分本身是"局部"性概念,而变分表达则强调从整体性,从整条曲线入手。从如上的力学变分原理,我们似可体会莱布尼茨的一句名言:"我们所生活的世界是所有可能世界中最完美的一个。"

哈密尔顿的工作是历史上无数科学工作者长期努力后所达到的一个高峰,它鼓舞着人们在数学物理的其他领域,诸如弹性力学、电磁理论、相对论、量子理论中寻找类似的变分原理. 变分原理不仅在经典物理学中获得巨大成功,而且成为联系经典物理学与现代物理学的桥梁. 在现在的科学与技术中,一方面,变分原理是一个有力的工具,依据这一原理,或者从理论上,或者利用数值方法,可以求解一系列重要的科学与工程问题;另一方面,这一原理提供给我们一个在更高层次上以统一方式描述宇宙规律的途径. 科学家虽然不再把极大、极小准则的存在视为上帝万能的证据,但这一原理的魅力并不因此而减弱. 它在更多领域、更大范围内表达了宇宙规律的统一、和谐、简洁与完美,它仍然具有浓厚的科学、哲学与美学的吸引力. 对统一、和谐、简洁与完美的追求是一切科学研究者的动力和信念.

§6 经典变分问题的发展——控制论模型

6.1 控制论的数学模型

前述变分问题是一般函数极值问题的发展,而由庞特里亚金(Pontryagin)所开创的现代系统控制理论(不是维纳的控制论)则可看做是经典变分问题的进一步发展. 由于有关内容极其丰富,这里只能通过简单的例子,作一非常初等的介绍.

考虑一家公司,它的管理人员希望使公司在某一时间范围内的利润达到极大值. 假设这段时间从时刻 t_0 开始到时刻 t_1 结束. 对任何时刻 $t(t_0 \leqslant t \leqslant t_1)$ 将公司所具有的资本记为 $k(t)$,称 $k(t)$ 为状态变量;同时在任何时刻 t,公司管理层还必须根据当时情况对经营方式做出决策,将这一决策记为 $u(t)$,称其为决策函数. 在最简单的假设下,任何时刻的利润仅由当时的资本和决策所决定,即时刻 t 的利润可以表示为函数 $F(k(t), u(t), t)$. 由此上述时间间隔内的总利润可表示为

$$I = \int_{t_0}^{t_1} F(k(t), u(t), t) \mathrm{d}t. \tag{6.17}$$

因为任何决策均可能引起公司资本的变化,所以管理人员在决策时必然受到一定条件的制约,数学上这一点表示为

$$\frac{\mathrm{d}k}{\mathrm{d}t} = f(k, u, t), \tag{6.18}$$

其中 f 是一已知函数. 由上式可以看出,决策函数 $u(t)$ 影响或控制了资本的变化率,因而也就影响或控制了以后时刻的资本 $k(t)$,这样总利润实际是 $u(t)$ 的泛函. 管理人员的目标是选择一个最佳决策函数 $\bar{u}(t)$ 使总利润达到极大值,即

$$\max_{u(t)} I[u(t)] = \int_{t_0}^{t_1} F(k, \bar{u}, t) \mathrm{d}t.$$

在求解上述问题时,还需考虑其他约束条件:(1) 初始资本 $k(t_0) = k_0$ 是已知的;(2) 终止时

刻与终止状态不能随意,要求$(t_1,k(t_1))\in T$,T是平面上事先给定的一条曲线,表示经营所允许的终止时刻及终止状态的集合;(3)决策函数$u(t)$属于$[t_0,t_1]$上的分段连续函数类.这一点的意义也是清楚的,应当允许经营策略的突然改变.

实际中的控制问题显然可以更为复杂,对此不再详述.此处仅仅指出,如果在上述问题中,限定$\frac{\mathrm{d}k}{\mathrm{d}t}=u$,则控制问题化为古典变分问题.一般而言,控制问题难于古典变分问题.在控制问题中,一般包含由微分方程表示的约束,而且它的最优解可以是不可微的间断函数.还要说明,处理控制问题有不同的途径,其一是利用所谓的极大值原理,此原理可以视为哈密尔顿原理的推广,它标志着现代控制论的开端;另一途径是动态规划,它是多阶段决策的连续版本.对此不再详述,有兴趣的读者可参阅有关的专业书籍.

6.2 一个血糖含量的控制问题

以下介绍一个控制血糖含量(血液中葡萄糖含量)的理想模型.这一模型是极其简化的,目的在于说明控制问题与变分问题的同异.

令$x(t)$表示时刻t血液中葡萄糖的总量,它是系统的状态变量.任何时刻,血液中的葡萄糖将以与$x(t)$成正比的速率被消耗,同时又以某一速率$u(t)$被补充.按照这一简单机制,血糖含量的变化可由如下状态x所遵循的方程所描述,即
$$x'(t)=-\alpha x+u(t),$$
其中α是一已知常数.按照问题的实际意义,$x(t)$与$u(t)$只能取非负值,而且血糖的注入率$u(t)$还应进一步被限制为$0\leq u(t)\leq m$,此处m是一已知正数.我们希望人体的血糖含量永远保持在一适当的固定水平$x=c$上.从上述方程可以看出,血糖含量的变化是被$u(t)$所调控的,故$u(t)$称为控制变量.现在的问题是:若$x(0)=a$(常数),我们能否适当选择函数$u(t)$,使得在某一时刻T,有$x(T)=c$,且以后永远保持在这一水平上? 这是一个简单的控制问题.

如果$a>c$,容易看出,只需令$u=0$,那么在$T=\frac{1}{\alpha}\ln\frac{a}{c}$时必有$x=c$.当$t>T$时为保持血糖水平恒定,取$-\alpha c+u=0$,为使此式可以成立,隐含要求$m\geq\alpha c$.

当$a<c$时,为使血糖含量在某一时刻上升到c,只需在这段时间内令$x'(t)>0$.为使这一点可能实现,同样应当要求$m\geq\alpha c$.

通过以上分析可知,当$m\geq\alpha c$时,血糖控制问题是可解的,或者说所考虑的系统是可控制的.现在把问题推进一步,对于一个可控制系统,考虑最优控制问题.为考虑最优控制,必须把系统的表现与一个效用函数联系起来,效用函数以某种方式度量控制方案的优劣,使这一函数取极值的控制策略是最优的.例如,在血糖控制问题中,可以定义从$x=a$到$x=c$所需的时间作为效用函数,寻找时间最短的控制策略.这就是所谓的最优时间控制问题.

第六讲 速降线问题与变分法

对于血糖问题,当系统可控制时,最优时间控制问题的解是易于求得的. 为使血糖含量尽快达到所需水平,应使血液中葡萄糖总量 x 的变化尽量快. 按照此原则,当 $a<c$ 时,对 $\forall t \leqslant T$,应取 $u(t)=m$;而当 $a>c$ 时,对 $\forall t<T$,应取 $u(t)=0$. 在两种情况下, $u(t)$ 均只在允许范围的边界上取值. 这一点实际是一般时间控制问题的典型性状,在更复杂的问题中,最优时间控制也有本质相同的表现. 还应指出,这一简单的控制问题已然表现出了与变分问题的显著差异,此处优化问题的约束条件是一个微分方程,它的解是间断解,而前述变分方法不能处理间断解,要求所涉及的函数连续可微.

显然最优控制问题还可考虑其他提法,例如可以要求在时刻 0 到 T 之间,最优方案使注入系统的葡萄糖总量 $\int_0^T u(t)\mathrm{d}t$ 达到极小值. 此时问题的求解要困难得多,但所得到的最优方案实际与最优时间控制相同. 下面对此简要地加以说明.

我们的问题是:求一分段连续函数 $u(t)(0 \leqslant u(t) \leqslant m)$,使

$$I = \int_0^T u(t)\mathrm{d}t$$

达到极小值,但 $u(t)$ 应满足如下一组约束条件,即

$$\begin{cases} x'(t) = -\alpha x + u, \\ x(0) = a, \quad x(T) = c. \end{cases}$$

也就是说,以 $u(t)$ 作为控制变量,使血糖值在时刻 T 达到正常水平. 为得到问题的解答,先不考虑数学推导是否严密,暂且利用与经典变分问题完全类似的形式处理. 假设最优控制函数存在,记为 u^*,相应的状态函数记为 x^*. 模仿变分法,考虑对 u^* 的小偏离 $u = u^* + \delta u$,与此相应 $x = x^* + \delta x$,函数 x 达到水平 c 的时间扰动为 $T + \delta t$. 端点条件要求

$$x^*(T+\delta t) + \delta x(T+\delta t) = c.$$

在一阶精度范围内,端点条件化为

$$x^{*\prime}(T)\delta t + \delta x(T) = 0.$$

由上式,利用约束方程得到

$$\delta x(T) = -[-\alpha x^*(T) + u^*]\delta t.$$

容易知道,

$$\begin{aligned}\Delta I &= \int_0^{T+\delta t}(u^* + \delta u)\mathrm{d}t - \int_0^T u^* \mathrm{d}t \\ &= \int_0^T \delta u \mathrm{d}t + u^*(T)\delta t + O((\delta u)^2).\end{aligned}$$

因 u^* 是最优解,故 I 的一阶变分为零,即对一切微小变化 δu 和 δx 应有

$$\delta I = \int_0^T \delta u \mathrm{d}t + u^*(T)\delta t = 0.$$

需要指出 δu 与 δx 是不独立的,它们由约束方程相联系. 为考虑二者间的关系,引进一个函

§6 经典变分问题的发展——控制论模型

数 $\psi(t)$,称之为拉格朗日乘子. 如何选择这一函数下文将有说明,此处仅请读者注意以下的处理方式与普通微积分学处理条件极值问题的拉格朗日乘子法的相似之处. 考虑积分

$$\Phi = \int_0^T \psi(t)[x'(t) - (-\alpha x + u(t))]dt.$$

由于任何允许函数 u 都满足约束方程,所以对这些 u 必有 $\Phi=0$. 因此,当 u^* 为最优解时,Φ 的一阶变分 $\delta\Phi=0$. 直接计算给出

$$\delta\Phi = \int_0^T \psi(t)\left(\alpha\delta x - \delta u + \frac{d}{dt}(\delta x)\right)dt.$$

注意到 $\delta x(0)=0$ 和 $\delta x(T) = -[-\alpha x(T) + u(T)]\delta t$,有

$$\int_0^T \psi(t)\frac{d}{dt}(\delta x)dt = -[-\alpha x(T) + u(T)]\psi(T)\delta t - \int_0^T \psi'(t)\delta x dt.$$

为清楚起见,记 $-\alpha x + u = f(x(t), u(t)) \xrightarrow{\text{记为}} f(t)$,这样对最优解有

$$\delta\Phi = -\int_0^T \psi(t)(-\alpha\delta x + \delta u)dt - \int_0^T \psi'(t)\delta x dt - f(T)\psi(T)\delta t = 0.$$

由此,对最优解,一阶变分 $\delta I=0$ 的条件可以改写为 $\delta I+\delta\Phi=0$. 注意

$$\frac{\partial f}{\partial x} = -\alpha, \quad \frac{\partial f}{\partial u} = 1,$$

经直接计算和整理后,这一条件表示为

$$-\int_0^T \delta x\left[\psi(t)\frac{\partial f}{\partial x} + \psi'(t)\right]dt + \int_0^T \delta u\left[1 - \psi(t)\frac{\partial f}{\partial u}\right]dt + [u(T) - f(T)\psi(T)]\delta t = 0.$$

定义函数 $H(x,u)$(称之为系统哈密尔顿函数):

$$H = -u + \psi f(x,u) = -u + \psi(-\alpha x + u),$$

前述条件可以写成更简洁的形式,即对允许的 δu 及 δt 有,

$$\int_0^T \delta x\left[\frac{\partial H}{\partial x} + \psi'(t)\right]dt + \int_0^T \delta u \frac{\partial H}{\partial u}dt + H(T)\delta t = 0,$$

其中的导数是对最优解轨道计算的.

请注意,拉格朗日乘子 ψ 的选取是有一定自由的,如果令其满足

$$\psi'(t) = -\frac{\partial H}{\partial x},$$

那么,如上条件化为对一切允许的 δu 及 δt 有

$$\int_0^T \frac{\partial H}{\partial u}\delta u dt + H(T)\delta t = 0.$$

从这一关系不难得到:在最优解轨道上的任何一点应有 $\frac{\partial H}{\partial u}=0$,而在端点 $H(T)=0$. 这是最优解需满足的必要条件. 利用这一必要条件可能得到问题的解答. 条件 $\frac{\partial H}{\partial u}=0$ 表明,在最

第六讲 速降线问题与变分法

优解轨道的任何一点处 H 必须对变量 u 达到极值,且这一要求与依赖 u 的变量 x 取值无关.应当指出,上述形式推导使用的是经典方法,对于分段连续函数 u,这种方法在数学上是有问题的.然而,这一方法的最终结果实际与庞特里亚金极大值原理形式完全相同,因而,就这一点而言还是有启发意义的.此处我们满足于这种启发性的讨论,对数学严格论证有兴趣的读者可参阅本讲前面已经提到过的文献[6].读者还可以把这里的处理方式与求解普通函数条件极值的拉格朗日乘子法相类比.

回到血糖控制问题,在血糖问题中

$$H = -\alpha x \psi + u(\psi - 1).$$

现在 H 对 u 是线性的,因此使 H 取极值的 $u = \bar{u}$ 依赖 $\psi - 1$ 的符号,即

$$u = \bar{u} = \begin{cases} 0, & \psi < 1, \\ m, & \psi > 1. \end{cases} \tag{6.19}$$

上式中的 ψ 利用条件 $\psi'(t) = -\dfrac{\partial H}{\partial x}$ 可以解出,由此可以对问题详细地加以讨论.但是对我们的目的说来,(6.19)式已经足够了.(6.19)式表明,对于使葡萄糖注入总量极小的准则而言,最优控制函数只有两种可能取值:0 或 m.当 $x(0) = a < c$ 时,必须使 $x'(t) = -\alpha x + u > 0$,唯一可能的控制策略是 $u = m$;当 $x(0) = a > c$ 时,类似的考虑给出 $u = 0$,这样得到了与最优时间控制同样的结果.请读者注意,前述费马原理表明,光在两点间传播时间最快的路径同时就是几何上最短的路径,我们不难发现它与血糖控制问题的相似之处.

在结束本讲之前,介绍一个变分方法在应用领域的新进展.为叙述方便,仍然利用实例予以说明.考虑一个图像识别问题,例如要从一幅平面医学图像中自动识别出肿瘤区域的形态.此处只是有关内容的一个原理性描述,读者若希望实际掌握这样的方法,请参阅参考文献[7].我们的目的只是希望说明变分问题至今仍具有充沛的活力.设图像在 Oxy 平面上,由某个强度量 $I(x,y)$ 表示,所求区域的边界线是可由 $\boldsymbol{v}(s) = (x(s), y(s)), s \in [0,1]$ 表达的封闭曲线,其中 $\boldsymbol{v}(0) = \boldsymbol{v}(1)$.想象这条曲线由弹性物质组成,且处在一个对其形态加以制约的势场(此处即是绘制观测图像所依据的 $I(x,y)$)之中,曲线具有能量,这一能量与曲线形态和外场有关,能量函数可表示为

$$E(\boldsymbol{v}) = S(\boldsymbol{v}) + \mathscr{P}(\boldsymbol{v}),$$

曲线的形态由 E 达到极小值所决定.能量函数的第一项

$$S(\boldsymbol{v}) = \frac{1}{2} \int_0^1 \left(w_1(s) \left| \frac{\partial \boldsymbol{v}}{\partial s} \right|^2 + w_2(s) \left| \frac{\partial^2 \boldsymbol{v}}{\partial s^2} \right|^2 \right) ds$$

表示曲线本身具有的形变能,其中 $\dfrac{\partial \boldsymbol{v}}{\partial s}$ 及 $\dfrac{\partial^2 \boldsymbol{v}}{\partial s^2}$ 表示对向量 $\boldsymbol{v}$ 求导,其规则是把求导分别作用在每个分量上,它们分别与曲线在一点的拉伸和曲率相关;$w_1(s), w_2(s)$ 是两个人为选择的非负函数,需要精心设计,它们与最终算法如何实现及所希望得到的曲线性质有关,$w_1(s)$ 控制点 s 处曲线"张力"的大小,增大 w_1 倾向于抹平曲线在 s 点邻近的起伏或环路,减少整条曲线的长度,$w_2(s)$ 则控制曲线的"刚性",增大 w_2 可使曲线更平滑.能量函数后一项反映曲线

本身之外的外部作用,一般可取为
$$\mathscr{P}(v) = \int_0^1 P(v(s))\mathrm{d}s,$$
式中 $P(v(s)) = P(x,y)$ 是一个势函数,其具体形式需依据具体要求,如所希望的曲线边界、极值点位置以及其他特点来设计. 例如可取 $P(x,y) = -c|\nabla[G_\sigma I(x,y)]|$,式中 c 是一个控制强度的常数,G_σ 是方差为 σ 的正态密度函数,此时要求总能量尽可能小的原则隐含令 $\mathscr{P}(v)$ 也尽可能小,它倾向于在 $I(x,y)$ 变化相对平缓的区域勾画出所求形态的边界.

取定函数 $P(v(s))$,与泛函 $E(v)$ 取极小值对应的欧拉方程为
$$-\frac{\partial}{\partial s}\left(w_1 \frac{\partial v}{\partial s}\right) + \frac{\partial^2}{\partial s^2}\left(w_2 \frac{\partial^2 v}{\partial s^2}\right) + \nabla P(v(s)) = 0,$$
它表达了曲线在内应力与外力平衡时的条件. 当然为求得具体的曲线要求助于数值方法,对此不再叙述.

以上方法不仅可以识别静止图像,原则上还可用于跟踪随时间变形的物体. 与如上想法密切关联的多种方法已经广泛应用在图像处理、计算机视觉、计算机图形学,甚至工程问题的几何设计中,变分方法至今仍充满旺盛的活力.

本讲主要叙述了经典变分法,实际上,变分法是泛函分析的开始,它的发展还与微分方程的进展密切关联,近代数学中有重要意义的临界点理论更是大范围变分法的研究对象. 然而所有这一切都源自一个特殊问题,即速降线问题. 这说明一个"好问题"对数学具有何等重要意义.

附录　多变量函数积分给出的变分问题

正文中讨论了单变量函数积分给出的变分问题,然而大量实际问题是寻求包含多个自变量时由多重积分给出的泛函极小值. 此处,仅以二重积分表达的变分问题为例,说明所用的求解方法. 正文中的弹性薄膜变形问题是此处问题的一个实例,这类问题可一般表示如下:

在 Oxy 平面由封闭曲线 Γ 所围成的区域 Ω 上考虑函数集合 M,它由满足如下条件的函数 $u(x,y)$ 组成:

(1) $u(x,y)$ 在区域 Ω 内连续可微;

(2) u 在边界 Γ 上取给定的值 $u|_\Gamma = f(x,y)$.

问题是:在 M 中求一函数 u,使积分
$$I(u) = \iint_\Omega F(x,y,u,u'_x,u'_y)\mathrm{d}x\mathrm{d}y$$
达到极小值.

完全类似于对一个自变量时的讨论,假设使积分达到极小值的函数存在并记为 $\bar{u}$. 考虑

所有形为
$$u = \bar{u} + \alpha \eta(x,y)$$
的函数,其中 α 是一参数,$\eta(x,y)$ 是任一在边界 Γ 上取零值的连续可微函数. 将这样的 u 代入 $I(u)$,则泛函积分化为参数 α 的一元函数,记为 $\phi(\alpha)$. 这一函数在 $\alpha=0$ 处达到极小值. 利用函数极值的必要条件,由积分号下求导数,有
$$\iint_\Omega (F'_u \eta + F'_{u'_x} \eta'_x + F'_{u'_y} \eta'_y) \mathrm{d}x \mathrm{d}y = 0.$$
再利用场论中的高斯公式,注意到任意一个 η 在边界上取零值,上述积分化为
$$\iint_\Omega \left[F'_u - \frac{\partial}{\partial x} F'_{u'_x} - \frac{\partial}{\partial y} F'_{u'_y} \right] \eta \mathrm{d}x \mathrm{d}y = 0.$$
由 η 的任意性,有
$$F'_u - \frac{\partial}{\partial x} F'_{u'_x} - \frac{\partial}{\partial y} F'_{u'_y} = 0.$$
于是,如果函数 u 给出泛函积分的极小值,它就应当满足上述微分方程.

我们把上一结果用于正文叙述过的弹性薄膜平衡问题. 对这一问题,
$$F = \frac{1}{2} \left[(u'_x)^2 + (u'_y)^2 \right],$$
相应的微分方程为
$$-\frac{\partial}{\partial x} u'_x - \frac{\partial}{\partial y} u'_y = 0, \quad \text{或等价地} \quad \Delta u = 0.$$
注意到 $u|_\Gamma = f$ 已知,这样确定平衡时弹性膜的位移问题就化成了拉普拉斯方程第一边值问题.

参 考 文 献

[1] 柯朗,罗宾斯. 数学是什么. 长沙:湖南教育出版社,1985.
[2] 克雷洛夫. 数学——它的内容、方法和意义(第二卷). 胡祖炽译. 北京:科学出版社,1984.
[3] 克莱因 M. 古今数学思想(第二卷、第三卷). 张理京,张锦炎等译. 上海:上海科学技术出版社,1979.
[4] 柯朗 R,希尔伯特 D. 数学物理方法(卷 I). 钱敏,郭敦仁译. 北京:科学出版社,1981.
[5] 张恭庆. 变分学讲义. 北京:北京大学数学科学学院,2006.
[6] PINCH E R. Optimal Control and the Calculus of Variations. Oxford:Oxford University Press,1993.
[7] OSHER S. Geometric Level Set Methods in Imaging, Vision and Graphics. New York:Springer,2003.

第七讲

从最小二乘法谈起

> 这一讲开始时介绍了包括数据拟合、层析成像、球队排名等问题在内的可由最小二乘法解决的问题实例,给出了该方法的几何解释.继而从几何解释所提供的投影观点,考察了傅里叶级数与积分、伽略金方法、随机信号滤波等问题,它们的处理手段都可视为最小二乘法的变形.同时较详细地讨论了广义逆,它不仅给出代数问题的最小二乘解,而且对理解一般不适定问题的处理很有意义.此讲最后讨论最小二乘法与物理问题的联系,说明了稳恒电路的基尔霍夫定律、弹性杆的平衡等极小势能问题都与最小二乘法有着内在联系.

学过高等数学的人,很多都知道最小二乘法,它最基本的用途就是用于数据拟合,或者求解矛盾线性代数方程组.这一方法是数学之王高斯在18岁时(1796年)首先提出的,此后勒让德于1806年也独立给出了同样的方法.然而如果仅仅把最小二乘视为"方法",似乎是一种不恰当、不完整的理解.从最基本的几何观点看来,无论是求观测数据的拟合多项式,还是求解矛盾线性方程组,都可视为用投影方法在低维空间中求一个给定高维向量的最佳近似.只要对空间和投影的几何概念适当加以扩展,上述思想实际可用于更广泛的情况.诸如傅里叶级数、傅里叶变换、随机信号的滤波及预测、不适定问题的数学处理等重要的理论与应用问题都可纳入类似的框架.毫不夸张地说,在今日的数学中,最小二乘法有着极为深远广泛的影响.此方法,或者说模式,在理论与应用的诸多领域有多种变形与发展,它们不仅体现了数学与现实世界的广泛联系,也为理解数学抽象方法及其威力提供了一个范例.在数学的抽象形式下,一些看似无关的问题,实际有相同的本质.数学不仅仅是客观世界的简单摹写.下面仅就笔者本人对这一问题的粗浅认识作一概括介绍.本讲几乎所有的重要思想均取自于G. Strang的著作(见参考文献[1],[2],[3]).

第七讲 从最小二乘法谈起

§1 可由最小二乘法求解的问题实例

1.1 观测数据的最小二乘拟合

胡克定律告诉我们,弹簧所受的力 y 是弹簧长度 x 的线性函数,即 $y=kx+a$,其中 k 为劲度系数(即弹性系数),a 是另一个待定常数,一般由实验测定.设有 n 组观测值 (x_i, y_i) ($i=1,2,\cdots,m$),我们希望从这些观测值确定常数 k 和 a.在最理想的情况下希望 k,a 满足线性方程组

$$y_i = kx_i + a \quad (i=1,2,\cdots,m).$$

但由于实验误差的存在,对多次观测而言,这实际是不可能的.那么应如何确定 k,a 呢?一个合理的办法就是最小二乘法,即选择 k,a,使

$$Q = \sum_{i=1}^{m}[y_i - (kx_i + a)]^2$$

达到极小值.Q 这个量是所有观测点上理论值与实验值之差的平方和,称为残差平方和,它的大小反映了理论与实际的符合程度和实验数据的总体精度,同时它的平方和形式也便于求导数等常用的数学操作.当然,可以有其他数学方法度量总体误差,但它们超出了最小二乘法考虑的范围.

在更一般的情况下,我们用自变量的一个高次多项式来拟合实验数据,即对一组观测数据 (x_i, y_i) ($i=1,2,\cdots,m$),用

$$P_n(x) = b_0 + b_1 x + \cdots + b_n x^n \quad (n < m)$$

来近似 y.因而希望有 $\boldsymbol{Ab} = \boldsymbol{y}$,其中

$$\boldsymbol{A} = \begin{bmatrix} 1 & x_1 & x_1^2 & \cdots & x_1^n \\ 1 & x_2 & x_2^2 & \cdots & x_2^n \\ \vdots & \vdots & \vdots & & \vdots \\ 1 & x_m & x_m^2 & \cdots & x_m^n \end{bmatrix},$$

$\boldsymbol{b} = (b_0, b_1, \cdots, b_n)^{\mathrm{T}}$ 是要求解的未知向量,而 $\boldsymbol{y} = (y_1, y_2, \cdots, y_m)^{\mathrm{T}}$ 则是对 y 的观测值组成的向量.一般而言,观测值数目大于未知数个数.同样由于观测误差的原因,上述方程组的精确解是不存在的.因此为得到合理的 $\boldsymbol{b}$,数学上的提法化为:求 $\boldsymbol{b}$,使残差平方和

$$Q = \|\boldsymbol{Ab} - \boldsymbol{y}\|^2 = (\boldsymbol{y} - \boldsymbol{Ab})^{\mathrm{T}}(\boldsymbol{y} - \boldsymbol{Ab}) = \boldsymbol{b}^{\mathrm{T}}\boldsymbol{A}^{\mathrm{T}}\boldsymbol{Ab} - 2\boldsymbol{b}^{\mathrm{T}}\boldsymbol{A}^{\mathrm{T}}\boldsymbol{y} + \boldsymbol{y}^{\mathrm{T}}\boldsymbol{y}$$

达到极小值(这样的问题称为最小二乘问题,相应的解称为最小二乘解).为得到作为变量 $\boldsymbol{b}$ 的函数 Q 的极小值点,利用微积分中的极值必要条件,令 Q 对诸 b_i ($i=0,1,2,\cdots,n$) 的偏导数为零,可得到如下的线性代数方程组:

$$\boldsymbol{A}^{\mathrm{T}}\boldsymbol{Ab} = \boldsymbol{A}^{\mathrm{T}}\boldsymbol{y}.$$

当诸 x_i 不等时,前述矩阵 A 列满秩,$(A^T A)^{-1}$ 存在,从而有
$$b = (A^T A)^{-1} A^T y.$$
实际上,不论系数矩阵具体形式如何,只要列满秩,上式就给出了相应最小二乘问题的解.

1.2　层析成像中的最小二乘法

层析成像(即口语中的 CT 成像)问题可以这样来表述:在一给定平面上,已知生物组织占据了一有界闭区域 Ω,令 X 射线从各个不同方向射入并穿过 Ω,测量任何一条射线的入射与出射强度,问如何依据这些测量数据恢复平面区域 Ω 中生物组织的图像. 下面我们就来介绍一种可行的方法.

当 X 射线穿过生物组织时,由于生物组织对射线的吸收,射线强度将随其在生物组织中穿行的距离而减弱. 特别是不同的生物组织对射线的吸收能力是不同的,为刻画这一性质,引进函数 $c(s)$,其中 s 是任何一条射线上的一维长度坐标,从射线进入生物组织处起算,而 $c(s)$ 则表示在坐标 s 处,单位长度生物组织对单位强度射线的吸收能力. 将区域 Ω 用正方形网格离散,网格尺度可设为 $1\,\text{mm} \times 1\,\text{mm}$,每个格子称为一个像点. 由于像点很小,无妨认为每一像点内 $c(s)$ (也可表示 $c(x,y)$) 是一个与格子中心位置处生物组织性质有关的常数. 如果知道了每点处的 c 值,实际就知道了不同生物组织在区域内的分布. 将所有像点统一编号为 $1, 2, \cdots, N$,并假设总共有 M 条射线.

现在对一条固定射线来考虑,射线强度随穿透距离不断变化,将坐标 s 处的射线强度记为 $I(s)$. 根据 $c(s)$ 的定义,可以知道在坐标 s 处的一小段射线 Δs 上,射线强度的变化 $\Delta I(s)$ 与吸收能力 $c(s)$ 间有如下关系:
$$\Delta I(s) = -c(s) I(s) \Delta s.$$
令 Δs 趋于零,我们得到联系 $I(s)$ 与 $c(s)$ 的常微分方程
$$\frac{dI}{ds} = -c(s) I(s).$$
对第 i 条射线,以入射点处已知强度 I_{i0} 为初值,容易解得射线离开所考虑区域时的强度为
$$I_i = I_{i0} \exp\left(-\int_{\text{ray}_i} c(\xi) d\xi\right), \quad i = 1, 2, \cdots, M,$$
式中 $\int_{\text{ray}_i}$ 表示积分是对射线 i 进行的,且从入射点积到出射点. 请注意,I_i 和 I_{i0} 是已经测得的已知量,要求的量是 $c(s)$;沿任何一条射线,如上的关系式可视为对函数 $c(s)$ 的一个积分方程. 因此,从数学上说来,层析成像可视为积分方程组的求解. 为便于在计算机上进行数值计算,希望将积分方程化为代数方程. 为此进一步假设:

(1) 生物组织对 X 射线的吸收是小量,即积分 $\int_{\text{ray}_i} c(\xi) d\xi$ 对所有射线 i 是小量.

(2) 在各个像点中 $c(s)$ 的值 $c_j (j = 1, 2, \cdots, N)$ 为由该点性质决定的常数.

第七讲　从最小二乘法谈起

从假设(1)可有

$$\exp\left(-\int_{\text{ray}_i} c(\xi)\mathrm{d}\xi\right) \approx 1 - \int_{\text{ray}_i} c(\xi)\mathrm{d}\xi,$$

再利用假设(2)，将上式右端积分用黎曼和代替，得到

$$\Delta I_i = \frac{I_0 - I_i}{I_0} = \sum_{j=1}^{N} \Delta s_{ij} c_j, \quad i = 1, 2, \cdots, M,$$

其中 I_0 是射线入射时的强度，此处设与射线无关；Δs_{ij} 为射线 i 在像点格子 j 中的长度，当视域与测量位置固定时，Δs_{ij} 是已知量．将未知量 $c_j(j=1,2,\cdots,N)$ 排成一维向量 x，诸方程中已知的量 $\Delta I_i(i=1,2,\cdots,M)$ 排成向量 y，记 M 个方程的系数构成矩阵 A，则所得到的线性代数方程组可表示为

$$A_{M\times N}x = y.$$

请注意，M 是射线数，N 是像点数．一般而言，A 是一个大型稀疏矩阵，而且由于模型误差与测量误差的存在，方程组是矛盾的，即不可能有一个向量 x 精确满足要求．这样的方程组只能用最小二乘法求解．

实际上，如上的模型有一般意义，多种不同的问题都可作类似的考虑．例如，由地震波传播时推测大地构造就可归结为求解如下积分方程：

$$\int_{\text{ray}_i} \frac{\mathrm{d}s}{v(s)} = t_i \quad (i = 1, 2, \cdots, M),$$

其中 ray_i 是观测到的地震波从震源到观测站在地层中传播的轨迹，$v(s)$ 是沿轨迹距起点 s 处地层岩石性质决定的地震波速，t_i 是由观测得到的地震波的传播时间．以 $1/v(s)$ 为未知量，上述地震成像问题可以类似层析成像问题离散化，得到一个矛盾的大型稀疏代数方程组．严格说来，由于波的传播路径与速度场有关，现在的问题是"非线性"的，即传播路径不能独立于地层的结构性质决定．但它的精确解可以利用一个线性问题来近似，或可将其化为一系列线性问题的近似求解．

1.3　球队排名问题

最小二乘法还可用于解决一些非数学物理问题，下面是一个例子．设有 n 个球队彼此间进行了 m 场比赛，$m < C_n^2$，故球队未能两两交锋．图 7-1 中每个格点表示一个参赛队，格点间连线表示两队进行过比赛，箭头方向从胜队指向负队．两队比赛结果可有多种记分方式，例如以每队在每场比赛的进球数为该队该场比赛的得分．问题是：如何选择一种有一定道理的方法，依据已有的比赛分数，为所有球队排出一个名次？为做到这一点，无须每两个球队都进行比赛，即无须任意两个格点都有连线，但图必须是连通的，否则无法建立包括所有球队的排名．这是易于理解的．

现在我们来着手解决排名问题．基本想法是：设法对每一个球队指定一个"实力"值，这一实力值的顺序实际就给出了所有参赛球队的排名．在理想情况下，两个球队的实力值之差

§1 可由最小二乘法求解的问题实例

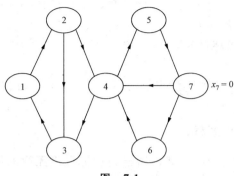

图 7-1

应与两球队的比赛结果,即与他们之间进行比赛时的得分差一致.但由于偶然原因及比赛对阵的交叉,严格满足上述要求是不可能的.我们可以随意指定一个球队,例如图 7-1 中的第 7 个球队,令其实力值为零.这相当为实力值取定一个"基准",并不意味着该队实力最差.由于排名最终由实力值之差决定,取定基准值为任意一个常数不影响结果.

为从数学上表达排名的基本思想,首先给出描述所有各球队比赛胜负关系的关联矩阵 A:关联矩阵 A 的每一列对应比赛图的一个格点,即一个参赛球队,每一行对应一场比赛,每行除 0 外,只包含一个 1 和一个 -1,1 位于胜队所在列,-1 在负队所在列.由此在比赛全部结束后这一矩阵是完全确定的.以向量 x 记各参赛队实力值所排成的列向量,其中各个球队的顺序与矩阵 A 列的顺序相同.这样向量 Ax 各分量是相应比赛的胜队与负队实力值的差.在理想情况下,如果各球队的实力值正确给定,Ax 应与由比赛规则决定的各场得分差所构成的向量 y 基本一致.因此,问题化为从含 m 个方程、n 个未知量的代数方程组求解实力值向量 x,即考虑方程 $Ax=y$.在上面图 7-1 对应的例子中 $m=10, n=7$.

我们来研究一下矩阵 A.由于 A 的每一行除 0 外,只包含一个 1 和一个 -1,因而对 $x=(1,1,\cdots,1)^T$,$Ax=0$,即对系数矩阵为 A 的齐次代数方程组有非零解.这是不奇怪的,它反映了实力值可以相差一任意常数的事实.在上面的例子中,我们已指定第 7 个球队的实力值为零,即 $x_7=0$,这样 x_7 已不再是未知数,当把 x_7 从未知数中也除去时,矩阵 A 的相应的列,即第 7 列也应除去.这样处理后的矩阵无妨仍记为 A,但此时的系数矩阵 A 是列满秩的,即 A 的列是线性无关的.在以下的讨论中,均假设已经作过如上处理,即 A 是列满秩的.

一般而言,排名问题方程组 $Ax=y$ 没有解,只是在以下两种特殊情况存在 x 精确满足所有方程,即:(1) 如果表达比赛的图是"树",即没有任何环路,此时 $m+1=n$,约化处理后的矩阵 A 可逆.(2) 若 $m > n-1$,但沿比赛图的任何一条环路,比赛得分代数和为零,即比赛结果是一组实力值的精确体现,此时方程组可解.但在实际情况下,这是很难发生的.当方程组没有解时,一种可以接受的处理办法是求 $Ax=y$ 的最小二乘解.当然对实际而言,这不一定是一个令人满意的选择,但它终究提供了一个似乎有理的解决办法.1985 年,《纽约时报》

第七讲　从最小二乘法谈起

曾实际利用这一方法,预报了美国的橄榄球比赛,声称迈阿密队将战胜田纳西队,但结果与事实相反.田纳西的球迷以各种方式,把大量柑橘送往纽约时报的体育部,讽刺他们对盛产蜜橘的迈阿密队有偏心.编辑部只好把这些如潮水般涌来的,令人穷于应付的柑橘转送医院.

§2　最小二乘法的几何解释,阻尼和加权最小二乘法

2.1　最小二乘法的几何解释

设所考虑的方程组形为 $Ax = y$. 我们限于讨论方程组无解的情况. 前面已经说明,当系数矩阵列满秩时,使 $\|Ax-y\|$ 达到极小值的解满足方程组

$$A^T A x = A^T y. \tag{7.1}$$

由于系数矩阵列满秩,故 $A^T A$ 可逆. 以下仅就这一相对简单的情况,作一几何解释.

设系数矩阵 A 有 m 行 n 列,由列满秩知 $m \geq n$,且 A 的所有列生成了 m 维线性空间中的一个 n 维子空间,这一子空间就是 A 的值域,无妨记为 $\mathcal{R}(A)$. A 的列可视为 $\mathcal{R}(A)$ 的一组基. 从这样的观点出发,求解方程 $Ax = y$,可以解释为在坐标向量为 A 的列时求向量 y 的各个坐标. 当 $y \notin \mathcal{R}(A)$ 时,显然 y 不能由 A 的列线性表示,故方程组无解. 我们看一下最小二乘解的几何意义. 设最小二乘解为 x^*,由 (7.1) 式它满足

$$A^T(Ax^* - y) = 0.$$

由内积的几何意义,这表明向量 $Ax^* - y$ 与 A 的列空间正交,由此 Ax^* 是向量 y 在 $\mathcal{R}(A)$ 上的投影. 于是由勾股定理有

$$\|y\|^2 = \|Ax^*\|^2 + \|y - Ax^*\|^2,$$

而

$$\|y - Ax^*\|^2 = \min_{Ax \in \mathcal{R}(A)} \|y - Ax\|^2.$$

此时,$(A^T A)^{-1} A^T$ 的作用相当于 $m \times n$ 矩阵 A 的逆,被称为 A 的广义逆,它可视为给出任意向量在 $\mathcal{R}(A)$ 上投影的算子. 当 A 非列满秩时,广义逆的形式更为复杂,留待下节讨论.

2.2　阻尼和加权最小二乘法

下面给出最小二乘法的两种变形,以后将会看到,这样的方法是有重要意义的.

第一种变形是所谓的加权最小二乘法. 当为得到最小二乘解所要求解的方程组中不同的方程重要性不同时,可以将不同方程对残差平方和 Q 的贡献赋予不同的权,即令 $W = \text{diag}(w_1, w_2, \cdots, w_m)$,诸 $w_i > 0$,使

$$Q = \|W(Ax - y)\|^2 = \|WAx - Wy\|^2$$

达到极小值. 如果记 $C = W^T W$,这相当于求解

$$(A^T C A) x = A^T C y.$$

注意到 A 列满秩时，$A^{\mathrm{T}}CA$ 是正定对称算子，可逆.

第二种变形是所谓的阻尼最小二乘法. 当 A 非列满秩时，$A^{\mathrm{T}}A$ 不可逆. 但如果把要极小化的量 Q 修改为

$$Q = \|Ax - y\|^2 + \mu \|x\|^2,$$

其中 μ 为一小参数（称阻尼参数），则使 Q 达到极小值的向量 x_μ 满足方程组

$$(\mu I + A^{\mathrm{T}}A)x_\mu = A^{\mathrm{T}}y.$$

显然，对任意的 $\mu > 0$，$|\mu I + A^{\mathrm{T}}A| \neq 0$，如上方程组可解. 这种处理方法称为阻尼最小二乘法. 在利用阻尼最小二乘法时，需要选择合适的阻尼参数 μ.

§3 从投影观点看傅里叶级数及其他有关问题

3.1 傅里叶级数

为了简单，限定讨论区间 $[-\pi, \pi]$ 上连续的实函数. 若 $f(x), g(x) \in C[-\pi, \pi]$，则 $f(x) + g(x)$ 和 $\lambda f(x)$ 对任何实常数 λ 也还是同一区间上的连续函数. 而且如上定义的函数加法和数乘满足一向量空间对向量加法与数乘的所有要求，因此，所有 $[-\pi, \pi]$ 上的连续函数即 $C[-\pi, \pi]$ 构成一线性空间. 在此空间上还可进一步定义内积

$$\langle f(x), g(x) \rangle = \int_{-\pi}^{\pi} f(x)g(x)\mathrm{d}x,$$

因此，此空间还是一个欧氏空间，即可以确定空间中任何一个元素的"长度"和两个元素间的夹角. 由内积给出的任意两个函数间的距离是

$$\|f - g\|^2 = \int_{-\pi}^{\pi} [f(x) - g(x)]^2 \mathrm{d}x.$$

在此空间中，考虑如下的函数系：

$$g_0 = \frac{1}{\sqrt{2\pi}},\ g_1 = \frac{\cos x}{\sqrt{\pi}},\ g_2 = \frac{\sin x}{\sqrt{\pi}},\ \cdots,\ g_{2k-1} = \frac{\cos kx}{\sqrt{\pi}},\ g_{2k} = \frac{\sin kx}{\sqrt{\pi}},\ \cdots.$$

容易验证

$$\|g_i\|^2 = \int_{-\pi}^{\pi} g_i^2(x) \mathrm{d}x = 1,\quad \langle g_i, g_j \rangle = \int_{-\pi}^{\pi} g_i(x)g_j(x)\mathrm{d}x = 0$$

$$(i, j = 0, 1, 2, \cdots;\ i \neq j).$$

因而可以认为这一函数系由一组两两正交的单位向量组成，还可以说明这组向量是"完备"的，即这样的可数无穷个函数一个不少地构成了 $C[-\pi, \pi]$ 上的一组基，使该区间上的任何一个连续函数都可按这组基展开成无穷三角级数，即所有基函数的线性组合.

现在我们考虑由上述函数系前 $2n+1$ 个基函数所组成的有限维子空间. 问：任一函数 $f(x) \in C[-\pi, \pi]$ 在这一子空间上的最佳近似是什么？我们求 $g(x)$，它属于所考虑的子空

间,使
$$\|f(x)-g(x)\|^2 = \int_{-\pi}^{\pi}[f(x)-g(x)]^2\mathrm{d}x$$

达到极小值. 显然 $g(x)$ 应是 $f(x)$ 在此子空间上的投影. 无妨设

$$g(x) = \alpha_0 \frac{1}{\sqrt{2\pi}} + \alpha_1 \frac{\cos x}{\sqrt{\pi}} + \cdots + \alpha_n \frac{\cos nx}{\sqrt{\pi}} + \beta_1 \frac{\sin x}{\sqrt{\pi}} + \cdots + \beta_n \frac{\sin nx}{\sqrt{\pi}}.$$

记 $\alpha_0/\sqrt{2\pi} = a_0/2, a_k = \alpha_k/\sqrt{\pi}, b_k = \beta_k/\sqrt{\pi}\ (k=1,2,\cdots,n)$,则

$$g(x) = \frac{a_0}{2} + a_1\cos x + \cdots + a_n\cos nx + b_1\sin x + \cdots + b_n\sin nx.$$

利用基函数的正交性,所有系数 a_i, b_i 可以由函数 $f(x)$ 与单位长度基函数的内积给出,即

$$a_0 = \frac{1}{\pi} \times \langle f(x), 1\rangle = \frac{1}{\pi}\int_{-\pi}^{\pi}f(x)\mathrm{d}x,$$

$$a_k = \frac{1}{\pi}\langle f(x), \cos kx\rangle = \frac{1}{\pi}\int_{-\pi}^{\pi}f(x)\cos kx\,\mathrm{d}x,$$

$$b_k = \frac{1}{\pi}\langle f(x), \sin kx\rangle = \frac{1}{\pi}\int_{-\pi}^{\pi}f(x)\sin kx\,\mathrm{d}x$$

$$(k=1,2,\cdots,n).$$

$g(x)$ 就是函数 $f(x)$ 的傅里叶级数的前 $2n+1$ 项,它在给定的有限维空间中按所定义的距离与 $f(x)$ 最为接近. 这样,任何一个函数的有限傅里叶展开纳入了与最小二乘法类似的,将已知向量向某一适当空间作正交投影的框架.

3.2 伽略金方法

伽略金方法是一个求解微分方程的数值方法. 为了简单,以下以一常微分方程两点边值问题为例,介绍其基本思想. 设所考虑的问题是:

$$\begin{cases} Ly = -\dfrac{\mathrm{d}}{\mathrm{d}x}\left[p(x)\dfrac{\mathrm{d}y(x)}{\mathrm{d}x}\right] + q(x)y(x) = -f(x), \\ y(a) = 0,\ y(b) = 0, \end{cases} \tag{7.2}$$

其中 $p(x) > 0$,$q(x) \geqslant 0$,$p(x) \in C^1[a,b]$,$q(x), f(x) \in C[a,b]$. 如上形式的方程称为二阶自伴常微分方程,多种数学物理问题的表述都可归结为这一形式.

一般说来,如上方程的解析解是不易得到的,因而要借助于数值解. 下面介绍一种数值方法的思想. 在相当一般的条件下,可以认为如上方程的解二次连续可微,且满足零边值条件,即属于 $C_0^2[a,b]$. 为得到未知函数 y 的数值解,取一组函数 $\{\phi_k, k=1,2,\cdots\}$,令它们满足条件:

(1) $\phi_k \in C_0^2[a,b]$;

(2) 彼此线性无关;

(3) 这组函数构成空间 $C_0^1[a,b]$ 的一组基,即对任何 $y \neq 0$ 且 $y \in C_0^1[a,b]$,任给 $\varepsilon > 0$,存在整数 n 和一组系数 $a_k^*(k=1,2,\cdots,n)$,满足

$$\left| y(x) - \sum_{k=1}^n a_k^* \phi_k(x) \right| < \varepsilon, \quad \left| y'(x) - \sum_{k=1}^n a_k^* \phi_k'(x) \right| < \varepsilon.$$

这样的函数系是一定存在的. 例如可取

$$\phi_k(x) = (x-a)^k (x-b), \quad k = 1, 2, \cdots,$$

或者

$$\phi_k(x) = \sin\left(k\pi \frac{x-a}{b-a}\right), \quad k = 1, 2, \cdots.$$

当然还可以考虑与它们等价的正交函数系.

注意到 $\phi_k(x)$ 的连续性与条件(3),若空间 $C_0^1[a,b]$ 中的一个函数 $g(x)$ 满足

$$\int_a^b g(x) \phi_k(x) \mathrm{d}x = 0 \quad (k = 1, 2, \cdots),$$

则必有 $g(x) \equiv 0$. 这实际是说,一个向量在任何坐标方向投影均为零时只能是零向量. 数值上,我们无法处理由无穷多个基函数表达的精确 y 的表达式,作为一种替代,我们试图寻找 y 的有限维近似,即在空间

$$\Phi_n = \{c_1 \phi_1(x) + c_2 \phi_2(x) + \cdots + c_n \phi_n(x) \mid c_1, c_2, \cdots, c_n \in \mathbf{R}\}$$

求近似解 $\bar{y} = \sum_{k=1}^n a_k \phi_k(x)$. 问题归结为如何确定实系数 $a_1, a_2, \cdots, a_n$.

如果 y 是方程(7.2)的解,显然

$$\int_a^b [Ly + f(x)] \phi_k(x) \mathrm{d}x = 0 \quad (k = 1, 2, \cdots)$$

(请将这一关系式与列满秩时最小二乘法的正规方程组 $\boldsymbol{A}^\mathrm{T}(\boldsymbol{Ax}-\boldsymbol{b}) = \boldsymbol{0}$ 对比). 若只考虑函数 y 的有限维展开,即将 y 的有限维近似代入方程,可近似地认为

$$\int_a^b \left[L\left(\sum_{i=1}^n a_i \phi_i(x)\right) + f(x) \right] \phi_k(x) \mathrm{d}x = 0 \quad (k = 1, 2, \cdots, n),$$

因为 L 是线性算子,所以如上关系式可以化为

$$\sum_{i=1}^n a_i \int_a^b [L\phi_i(x)] \phi_k(x) \mathrm{d}x + \int_a^b f(x) \phi_k(x) \mathrm{d}x = 0 \quad (k = 1, 2, \cdots, n).$$

而函数 $p(x), q(x), f(x)$ 及 $\phi_k(x) (k=1,2,\cdots,n)$ 是已知的,所以上式中的所有积分都是可计算的,因此实际上给出了以 $a_i (i=1,2,\cdots,n)$ 为未知数的 n 个代数方程. 解这一代数方程组,就可得到原微分方程(7.2)的近似解. 这就是伽略金方法的基本思想. 现在科学与工程计算中广泛使用的有限元方法可以视为是利用了一组特殊基函数的伽略金方法. 当然,对数值方法的严格数学讨论,应包括代数方程组的可解性、近似解的误差估计(或称收敛性问题)以及算法的稳定性等,以保证近似解的确可靠.

3.3 随机信号处理中的滤波问题

在很多科学与工程问题中,所研究的量是一个随机过程,即 $x=x(t,\omega)$,其中 ω 表示随机元,对任何一次固定观测 ω 固定,x 是时间变量 t 的函数;对任意固定的时刻 t,x 是随机变量.一类重要的随机过程是平稳过程.粗略说来,所谓平稳过程即是指上述随机过程 x 的统计性质与时间的起点及观测的区间无关,例如在任何时刻作为随机变量的 x 有相同的均值和方差,任何两个不同时刻的随机变量 $x(t_1,\omega),x(t_2,\omega)$ 的相关性只取决于时间间隔 t_2-t_1,等等.我们可以按照时间顺序和一定的时间间隔观测并记录某一随机过程的值,然而记录的量往往是有用信号和干扰噪声的叠加.假设不同时刻的随机误差是独立同分布的随机变量.由此产生的数学问题是:如何从已有观测记录中除去噪声,得到有用信号的可靠估计值?为便于说明,具体讨论如下的例子.

设取实数值的随机变量 $x,w_1,w_2,\cdots$ 彼此两两独立,均值 $E(x)=E(w_j)=0(j=1,2,\cdots)$,方差 $D(x)=E(x^2)=a^2,D(w_j)=E(w_j^2)=m^2(j=1,2,\cdots)$;又设 x 是有用信息,诸 w_j 是干扰噪声或称随机误差,观测到的信号 z_j 是二者之叠加,即

$$z_j = x + w_j \quad (j=1,2,\cdots).$$

现在的问题是如何依据 $\{z_j,j\leqslant k\}$ 得到 x 的最佳线性估计 $\hat{x}$.这一问题可按下述方法处理.记

$$L(z,k) = \{c_1 z_1 + c_2 z_2 + \cdots + c_k z_k \mid c_1,\cdots,c_k \in \mathbf{R}\},$$

它表示由独立随机变量 $z_1,\cdots,z_k$ 所形成的线性闭包.我们取随机变量 x 在 $L(z,k)$ 上的投影 $\hat{x}_k$ 作为 x 的估计值.可以说明在所有的 $z\in L(z,k)$ 之中,$\hat{x}_k$ 使 $|x-z|^2$ 的期望达到极小值.对这一结果可直接验证:首先,两个随机变量的正交理解为它们的协方差为零.经过不复杂的计算可知

$$\hat{x}_k = \frac{a^2}{a^2+m^2/k}\bar{z}_k, \quad \text{其中} \quad \bar{z}_k = \frac{1}{k}\sum_{j=1}^{k} z_j.$$

为了书写简单,记如上 $\hat{x}_k=\alpha_k\bar{z}_k$.显然 $\hat{x}_k\in L(z,k)$.故要证明的是 $x-\hat{x}_k\perp L(z,k)$.这可证明如下:

$$\begin{aligned}
E[(x-\hat{x}_k)z_i] &= E(xz_i) - \alpha_k E(\bar{z}_k z_i) \\
&= E[x(x+w_i)] - \alpha_k \frac{1}{k}\sum_{j=1}^{k} E(z_j z_i) \\
&= a^2 - \frac{1}{k}\alpha_k \sum_{j=1}^{k} E[(x+w_j)(x+w_i)] \\
&= a^2 - \frac{\alpha_k}{k}(ka^2+m^2) = 0.
\end{aligned}$$

这里的思想和最小二乘法是一致的.

§4 广义逆

本节讨论线性代数方程组 $Ax=y$ 的系数矩阵 $A_{m\times n}$ 当 m 和 n 为任意整数时如何得到最小二乘解. 我们首先从纯代数角度进行讨论, 然后再来说明其中的几何意义. 为了简单, 限定矩阵是实的. 我们定义矩阵 A 的广义逆, 更准确地说是定义矩阵的 Moore-Penrose 逆, 将这样的逆记为 A^+, 要求 A^+ 满足以下四个条件:

$$AA^+A = A, \quad A^+AA^+ = A^+, \quad (AA^+)^T = AA^+, \quad (A^+A)^T = A^+A.$$

显然通常可逆矩阵的逆矩阵满足要求, 此处则是对普通意义下不可逆的矩阵寻找一个满足上述要求的"逆矩阵". 以下首先说明对任意矩阵 A 如何构造 A^+, 然后再利用 A^+ 的性质, 说明方程组的最小二乘解可以表示成

$$x = A^+y + (I - A^+A)c,$$

其中 c 是与 x 维数相同的任一常向量.

容易知道对任意 $m\times n$ 矩阵 A, A^TA 是正半定矩阵, 其特征值均大于等于零, 当 A 的秩为 r 时, A^TA 有 r 个非零特征值, 将它们按由大到小次序排列, 依次记为 $\sigma_i^2(i=1,2,\cdots,r)$, 其余 $n-r$ 个特征值是零, 即 $\sigma_{r+1}^2 = \cdots = \sigma_n^2 = 0$. 将 A^TA 的 n 个单位右特征向量按与特征值相应的顺序记为 $v_i(i=1,2,\cdots,n)$, 它们是一组正交规一的 n 维向量. 令 $V=(v_1,\cdots,v_n)$, 注意 $\sigma_1^2\geqslant\sigma_2^2\geqslant\cdots\geqslant\sigma_r^2>0, \sigma_{r+1}^2=\cdots=\sigma_n^2=0$, 容易验证

$$V^T(A^TA)V = \mathrm{diag}(\sigma_1^2,\sigma_2^2,\cdots,\sigma_n^2).$$

令 $V_1=(v_1,\cdots,v_r), V_2=(v_{r+1},\cdots,v_n), \Sigma_r = \mathrm{diag}(\sigma_1,\cdots,\sigma_r)$, 则从上式可以得到

$$V_1^T(A^TA)V_1 = \Sigma_r^2, \quad V_2^T(A^TA)V_2 = O.$$

这表明 AV_1 的列彼此正交, 而 AV_2 的列都是零向量. 令 $U_1=AV_1\Sigma_r^{-1}$, 则 $U_1^TU_1 = I_r$, 即 r 阶单位矩阵. 注意 U_1 的列由 r 个 m 维正交单位向量组成, 把这 r 个向量扩展为 m 维空间的一组基, 得到 $U=(U_1,U_2)$, 直接计算可知

$$U^TAV = \begin{bmatrix} U_1^TAV_1 & U_1^TAV_2 \\ U_2^TAV_1 & U_2^TAV_2 \end{bmatrix} = \begin{bmatrix} \Sigma_r & O \\ O & O \end{bmatrix},$$

即

$$A = U\begin{bmatrix} \Sigma_r & O \\ O & O \end{bmatrix}V^T.$$

上式称为矩阵 A 的奇异值分解, $\sigma_i(i=1,2,\cdots,r)$ 称为 A 的奇异值, U 或 V 与 σ_i 对应的列分别称为 A 的左或右奇异向量.

从矩阵的奇异值分解, 可以得到一些很有用的结论. 首先, 非零奇异值的个数等于矩阵的秩; 再有, 由 $AV_2=O$ 可知, V 的后 $n-r$ 列 $v_{r+1},\cdots,v_n$ 是 A 的零空间 $\mathscr{N}(A)$ 的一组基; 类似可以说明 U_1 的列 $u_1,\cdots,u_r$ 是 A 的值域 $\mathscr{R}(A)$ 的一组基.

第七讲 从最小二乘法谈起

定义 A 的广义逆矩阵

$$A^+ = V \begin{bmatrix} \Sigma_r^{-1} & O_{r \times (m-r)} \\ O_{(n-r) \times r} & O_{(n-r) \times (m-r)} \end{bmatrix} U^T.$$

可以直接验证如此定义的 A^+ 的确满足前述四个要求. 由 A 的奇异值分解和 A^+ 定义可知

$$(A^+A)(A^+A) = A^+A, \quad (AA^+)(AA^+) = AA^+, \quad (AA^+)^T = AA^+, \quad (A^+A)^T = A^+A.$$

这表明 AA^+ 与 A^+A 都是投影算子. 从 A 与 A^+ 的分解式还可看出

$$\mathscr{R}(A) = \mathscr{R}(AA^+), \quad \mathscr{R}(A^T) = \mathscr{R}(A^+A) = \mathscr{R}(A^+),$$

$$\aleph(A) = \aleph(A^+A), \quad \aleph(A^T) = \aleph(AA^+) = \aleph(A^+).$$

由此再利用零空间和值域的关系,可以得到 $\mathbf{R}^m$ 与 $\mathbf{R}^n$ 的如下分解:

$$\mathbf{R}^m = \mathscr{R}(A) \oplus \aleph(A^T) = \mathscr{R}(A) \oplus \aleph(A^+),$$

$$\mathbf{R}^n = \mathscr{R}(A^T) \oplus \aleph(A) = \mathscr{R}(A^+) \oplus \aleph(A).$$

请注意 A 是 $m \times n$ 矩阵,其定义域是 $\mathbf{R}^n$,而值域是 $\mathbf{R}^m$; A^T 则恰恰相反.

从如上的讨论立即看出,AA^+ 是沿 $\aleph(A^+)$ 方向,向 $\mathscr{R}(A)$ 作投影的算子;而 A^+A 是沿 $\aleph(A)$ 方向,向 $\mathscr{R}(A^T)$ 投影的算子. 对任何 $k \leqslant r$,易于验证矩阵 U,V 的所有列 u_k, v_k 满足

$$Av_k = \sigma_k u_k, \quad \sigma_k A^+ u_k = v_k.$$

这说明:A 把子空间 $\{v_1, \cdots, v_r\}$ 上的向量一一地映射到 $\mathscr{R}(A)$,而其逆映射则是 A^+.

现在我们来解释由广义逆给出的最小二乘解的表达式. 一般而言,方程组 $Ax = y$ 无解的原因是因为 y 不在 $\mathscr{R}(A)$ 中,而

$$x = A^+ y + (I - A^+A)c \tag{7.3}$$

的第一项

$$A^+ y = A^+ A A^+ y = A^+ (A A^+ y)$$

的意义是:为得到最小二乘解,先用 AA^+ 把 y 投影到 A 的值域中,然后再利用 A 在子空间 $\{v_1, \cdots, v_r\}$ 上的逆映射 A^+ 得到投影向量 AA^+y 的唯一原像. 但这样得到的解加上 $\aleph(A) = \aleph(A^+A)$ 中的任意一个向量经 A 作用后与不加的效果是一样的,这就是式(7.3)第二项的由来. 由此(7.3)式的确给出了最小二乘解最一般的表达式,而且第一项表示欧氏长度最小的解.

上述表明,可以通过计算矩阵广义逆得到最小二乘解,但当系数矩阵有与零接近的奇异值时,广义逆的计算在数值上是困难的. 可以说明阻尼最小二乘法是一个可行的替代途径,当阻尼参数适当选择时,它可给出令人满意的欧氏长度最短的最小二乘解的近似,而且从数值角度看来阻尼最小二乘法的算法更易于实现.

广义逆是对求解矛盾线性代数方程组的数学处理,但其几何内容对一般不适定的数学物理反问题也有启发意义. 考虑一个线性算子方程,仍表示成 $Ax = y$ 的形式,但 A 可以是微分、积分或更一般的算子,右端 y 已知,求 x. 如果 y 不在算子 A 的值域中,此问题无解;如果 y 在 A 的值域中,由于从 A 的定义域到值域的映射可能不是一一的,因而反问题的解可以不

唯一，即使唯一，由于 y 中含有误差成分，所得到的解也可能与真解有很大差别. 这样的问题称为"不适定问题". 实际上，当系数矩阵不满秩，或有与零接近的奇异值时，线性代数方程组就是不适定问题的简单例子. 因此，有关广义逆的理论讨论和阻尼最小二乘法的意义，对理解更一般涉及微分算子的不适定问题的处理方法也极具启发性，如果算子 A 的特征值与特征函数系可以求得，那么几乎可以套用广义逆所蕴涵的几何模式来处理问题. 对此不再详述.

§5 傅里叶变换

对层析成像的另一种数学处理方式是利用傅里叶变换的理论，本节即对傅里叶变换作一简单介绍，它与投影思想也密切相关. 前面已经讨论过由实数给出的周期 2π 的函数的傅里叶级数，实际上，对任意周期 $2l$ 的函数考虑复数形式的傅里叶级数可能是更方便的. 设 $f(x)$ 是一个以 $2l$ 为周期的连续函数，那么它可以展开成

$$f(x) = \sum_{n=-\infty}^{+\infty} c_n \exp\left(\frac{\mathrm{i}n\pi x}{l}\right),$$

其中

$$c_n = \frac{1}{2l}\int_{-l}^{l} f(x)\exp\left(-\frac{\mathrm{i}n\pi x}{l}\right)\mathrm{d}x, \quad n = 0, \pm 1, \pm 2, \cdots.$$

$c_n(n=0,\pm 1,\pm 2,\cdots)$ 是复数，它们的模和幅角分别构成周期函数（周期振动）$f(x)$ 的振幅谱与相位谱. 由于 $f(x)$ 在一个周期中的能量与 $\sum_{n=-\infty}^{+\infty}|c_n|^2$ 成正比，所以 $|c_n|(n=0,\pm 1,\pm 2,\cdots)$ 的大小反映了 $f(x)$ 的能量按频率的分布，表明哪些频率成分是重要的. 需要指出的是：只有周期函数才能展开成傅里叶级数，即可以表示为可列个简谐振动之和. 那么问题产生了：非周期函数应表示成何种形式？

为简单，考虑在 $(-\infty,+\infty)$ 上绝对可积的非周期函数 $F(x)$. 我们截取 $F(x)$ 在 $(-l,l)$ 上的一段，并将其周期开拓为 $(-\infty,+\infty)$ 上的函数 $f(x)$，也就是说，周期函数 $f(x)$ 在区间 $(-l,l)$ 上与 $F(x)$ 完全相等. 因 $f(x)$ 可以展开为傅里叶级数，于是，当 $x\in(-l,l)$ 时，

$$F(x) = \sum_{n=-\infty}^{+\infty} \frac{1}{2l}\int_{-l}^{l} F(y)\exp\left(\frac{-\mathrm{i}\pi n(y-x)}{l}\right)\mathrm{d}y.$$

但 $F(x)$ 为非周期函数，或者说是周期无穷的函数，我们希望不仅仅在 $(-l,l)$ 上，而是在整个数轴上得到它的另一种表示. 为此定义 $\omega_n=n/(2l)$，$\Delta\omega=1/(2l)$，则上面限定在 $(-l,l)$ 上的 $F(x)$ 的展开式可改写为

$$F(x) = \sum_{n=-\infty}^{+\infty} \Delta\omega \int_{-\frac{1}{2\Delta\omega}}^{\frac{1}{2\Delta\omega}} F(y)\exp(-2\pi\mathrm{i}\omega_n(y-x))\mathrm{d}y.$$

为得到在整个数轴上的表达，令 l 趋于无穷，即 $\Delta\omega$ 趋于零，把上述表达式中与 ω_n 有关的部分

看成一个可积函数的黎曼和,则得到如下的极限表达式:
$$F(x) = \int_{-\infty}^{+\infty}\int_{-\infty}^{+\infty} F(y)\exp(-2\pi i\omega(y-x))\mathrm{d}y\mathrm{d}\omega.$$
令
$$\hat{F}(\omega) = \int_{-\infty}^{+\infty} F(y)\exp(-2\pi i\omega y)\mathrm{d}y,$$
称其为 $F(y)$ 的傅里叶变换. 它的意义和周期函数傅里叶级数的系数类似,只不过,在非周期函数的情况下,函数包含连续的频率成分,所以与这些频率相应的系数是 ω 的函数 $\hat{F}(\omega)$. 显然
$$F(x) = \int_{-\infty}^{+\infty} \hat{F}(\omega)\exp(2\pi i\omega x)\mathrm{d}\omega.$$
它表示傅里叶变换的逆变换,即从傅里叶变换得到原来的函数. 这两个式子实际就是与层析成像技术直接相关的拉东(Radon)变换的理论基础. 关于傅里叶变换的性质请参阅其他参考书,此处我们仅仅指出如果把所有平方之后在 $(-\infty,+\infty)$ 上可积分的(复值)函数视为一个空间,将此空间中任何两个元素 $f(x)$ 与 $g(x)$ 的内积定义为 $\langle f,g\rangle = \int_{-\infty}^{+\infty} f(x)\overline{g}(x)\mathrm{d}x$,那么以 ω 为实参数的所有复值函数 $\exp(-2\pi i\omega x)$ 构成上述空间中的一个正交完备坐标系,由此对非周期函数的傅里叶变换可以有与傅里叶级数同样的几何解释,只不过坐标函数系不再可列.

§6 最小二乘法和物理问题

6.1 基尔霍夫定律和最小二乘模型

考虑一稳恒电路,它有四个格点,六条边. 以 x_1, x_2, x_3, x_4 表示四个格点上的电位,$y_1, \cdots, y_6$ 表示六段支路上的电流,$c_1^{-1}, \cdots, c_6^{-1}$ 表示支路上的电阻,$b_1, \cdots, b_6$ 表示支路上的电动势. 我们用如下的关联矩阵 A 刻画这一电路网络的几何结构:

$$A = \begin{bmatrix} -1 & 1 & 0 & 0 \\ -1 & 0 & 1 & 0 \\ 0 & -1 & 1 & 0 \\ 0 & 0 & -1 & 1 \\ -1 & 0 & 0 & 1 \\ 0 & -1 & 0 & 1 \end{bmatrix}.$$

它的四列按顺序代表格点 $1,2,3,4$;六行依次表示六条连结格点的支路,每行有一个 -1 和一个 1,表示以这两个数所在列号标识的格点相连结,方向从 1 到 -1. 当然,此方向的指定有一定任意性. 任何一列上的 1 或 -1,表示相应支路上有电流流入或流出该列所代表的格点.

图 7-2 是与这一关联矩阵对应的电路.

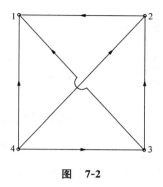

图　7-2

稳恒电路的基尔霍夫定律包括两部分内容：一是格点电流定律，即汇于任何一个格点的支路电流代数和为零；二是回路电压定律，即沿任何回路一周，电动势的代数和等于回路上各支路电压的代数和. 对于 n 个格点的电路，格点电流定律给出 $n-1$ 个独立方程. 对上面的例子，令 $\boldsymbol{y}=(y_1,\cdots,y_6)^{\mathrm{T}}$，则用矩阵向量表示的格点电流定律形为 $\boldsymbol{A}^{\mathrm{T}}\boldsymbol{y}=\boldsymbol{0}$. 用代数语言，这表示格点电流向量属于关联矩阵 $\boldsymbol{A}$ 的列空间的正交补，即在 $\boldsymbol{A}^{\mathrm{T}}$ 的零空间之中.

令 $\boldsymbol{x}=(x_1,\cdots,x_4)^{\mathrm{T}}$，$\boldsymbol{b}=(b_1,\cdots,b_6)^{\mathrm{T}}$，$\boldsymbol{C}=\mathrm{diag}(c_1,\cdots,c_6)$，则上例中的回路电压定律表示为：$\boldsymbol{b}-\boldsymbol{A}\boldsymbol{x}=\boldsymbol{C}^{-1}\boldsymbol{y}$ 或 $\boldsymbol{y}=\boldsymbol{C}(\boldsymbol{b}-\boldsymbol{A}\boldsymbol{x})$. 注意 $\boldsymbol{A}\boldsymbol{x}$ 是表示支路两端格点电位差的向量，它在 $\boldsymbol{A}$ 的值域内，故与电流向量 $\boldsymbol{y}$ 正交，即 $(\boldsymbol{A}\boldsymbol{x})^{\mathrm{T}}\boldsymbol{y}=\boldsymbol{x}^{\mathrm{T}}\boldsymbol{A}^{\mathrm{T}}\boldsymbol{y}=0$.

对表示支路电流向量的代数式 $\boldsymbol{y}=\boldsymbol{C}(\boldsymbol{b}-\boldsymbol{A}\boldsymbol{x})$ 两端左乘 $\boldsymbol{A}^{\mathrm{T}}$，利用 $\boldsymbol{A}^{\mathrm{T}}\boldsymbol{y}=0$，得到

$$\boldsymbol{A}^{\mathrm{T}}\boldsymbol{C}\boldsymbol{A}\boldsymbol{x}=\boldsymbol{A}^{\mathrm{T}}\boldsymbol{C}\boldsymbol{b}.$$

注意如上定义的矩阵 $\boldsymbol{A}$ 的列是线性相关的，因而 $\boldsymbol{A}^{\mathrm{T}}\boldsymbol{C}\boldsymbol{A}$ 在通常意义下不可逆. 但类似于球队排名问题，无妨取格点 4 的电位 $x_4=0$，即以格点 4 的电位为基准，相应除去 $\boldsymbol{A}$ 的最后一列，仍用 $\boldsymbol{A}$ 表示修改后的关联矩阵，则以上论证形式不变. 但此时的 $\boldsymbol{A}^{\mathrm{T}}\boldsymbol{C}\boldsymbol{A}$ 可逆，由此

$$\boldsymbol{x}=(\boldsymbol{A}^{\mathrm{T}}\boldsymbol{C}\boldsymbol{A})^{-1}\boldsymbol{A}^{\mathrm{T}}\boldsymbol{C}\boldsymbol{b}.$$

这是一个加权最小二乘解，即格点电位向量不能由电动势向量 $\boldsymbol{b}$ 完全决定，还要考虑与支路电阻有关的权. 数学上，求解这一问题的关键是考虑正定对称算子 $\boldsymbol{A}^{\mathrm{T}}\boldsymbol{C}\boldsymbol{A}$ 的逆.

下面我们讨论一下加权最小二乘法与极小值问题的关系. 事实上，如上稳恒电路问题的解向量还可通过另外的途径得到，即在约束条件 $\boldsymbol{A}^{\mathrm{T}}\boldsymbol{y}=\boldsymbol{0}$ 下，求目标函数

$$Q=\frac{1}{2}\boldsymbol{y}^{\mathrm{T}}\boldsymbol{C}^{-1}\boldsymbol{y}-\boldsymbol{b}^{\mathrm{T}}\boldsymbol{y}$$

的极小值.

为了说明这一表述与加权最小二乘法结果是一致的，使用拉格朗日乘子法. 令 $\boldsymbol{x}$ 表示乘子组成的向量，取拉格朗日函数为

$$L(x,y) = Q + x^T A^T y = \frac{1}{2} y^T C^{-1} y - b^T y + x^T A^T y.$$

由极值必要条件,令 $\frac{\partial L}{\partial y} = 0, \frac{\partial L}{\partial x} = 0$,得到

$$C^{-1} y - b + Ax = 0, \quad A^T y = 0.$$

这就是前面的回路电压定律及电流向量应满足的条件. 从中可以看出 x 在物理上恰为格点电位向量.

再来考察一下如上极小值的含义. 将极小电流向量代入 Q 的表达式可导出

$$Q = \frac{1}{2}[(Ax)^T C(Ax) - b^T C b],$$

注意 Ax 是格点间电位差向量,而 C^{-1} 表示支路电阻,则上式第一项是支路上所消耗功率之和,第二项是是由电源电动势和电阻决定的常数. 故 Q 取极小值意味着:对稳恒电路而言,不仅基尔霍夫定律满足,而且电路稳恒时使功率消耗达到极小.

6.2 极小势能问题

如图 7-3 所示,考虑四段忽略质量的弹簧,垂直排列,每两段间悬挂一个重物,四段弹簧与三个重物成一垂线,首尾固定. 重物质量自上至下依次为 m_1, m_2, m_3. 问题是:求平衡时,重物质心相对于无重力作用时的位移. 将每个重物视为一个质点,称为格点. 引入格点位移向量 $x = (x_1, x_2, x_3)^T$,弹簧拉伸向量 $e = (e_1, \cdots, e_4)^T$ 和表示每段弹簧应力的向量 $y = (y_1, \cdots, y_4)^T$. 弹簧的变形可以表示为

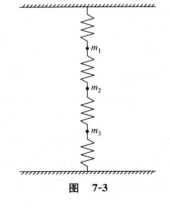

图 7-3

$$e = \begin{bmatrix} e_1 \\ e_2 \\ e_3 \\ e_4 \end{bmatrix} = \begin{bmatrix} 1 & 0 & 0 \\ -1 & 1 & 0 \\ 0 & -1 & 1 \\ 0 & 0 & -1 \end{bmatrix} \begin{bmatrix} x_1 \\ x_2 \\ x_3 \end{bmatrix} \xrightarrow{\text{记为}} Ax,$$

其中 A 称关联矩阵. $e_i > 0$ 表示弹簧 i 拉伸,$e_i < 0$ 表述弹簧 i 压缩 ($i = 1, 2, 3, 4$). 由胡克定律,因变形而在弹簧上产生的应力可表示为

$$y = \begin{bmatrix} y_1 \\ y_2 \\ y_3 \\ y_4 \end{bmatrix} = \begin{bmatrix} c_1 & 0 & 0 & 0 \\ 0 & c_2 & 0 & 0 \\ 0 & 0 & c_3 & 0 \\ 0 & 0 & 0 & c_4 \end{bmatrix} \begin{bmatrix} e_1 \\ e_2 \\ e_3 \\ e_4 \end{bmatrix} \xrightarrow{\text{记为}} Ce,$$

其中 C 是由胡克定律中的弹簧劲度系数排列而成的对角阵.

在任何一个格点上,系统平衡时,弹簧应力与重力相互抵消. 记 $f = (f_1, f_2, f_3)^T$ 为格点

上重力组成的向量，重力向下取为正，则在任何格点上力的平衡条件 $y_i - y_{i+1} = f_i (i = 1, 2, 3)$ 可表示成矩阵向量形式

$$f = \begin{bmatrix} f_1 \\ f_2 \\ f_3 \end{bmatrix} = \begin{bmatrix} 1 & -1 & 0 & 0 \\ 0 & 1 & -1 & 0 \\ 0 & 0 & 1 & -1 \end{bmatrix} \begin{bmatrix} y_1 \\ y_2 \\ y_3 \\ y_4 \end{bmatrix} = A^T y.$$

由已经得到的关系式 $Ax = e, Ce = y, A^T y = f$ 容易导出

$$A^T C A x = f = A^T y = A^T C e.$$

我们看到，格点位移向量 x 与弹簧拉伸向量 e 之间的关系也是由加权最小二乘解来表示的，即

$$x = (A^T C A)^{-1} A^T C e.$$

现在的权是由弹簧劲度系数给出的，得到格点位移向量的关键是对对称正定算子 $A^T C A$ 求逆.

显然，如上问题的解满足代数方程组：

$$Ax - C^{-1} y = 0, \quad A^T y = f.$$

以下讨论如上方程组与极小势能问题的关系. 在约束条件 $A^T y = f$ 下，考虑使目标函数

$$Q = \frac{1}{2} y^T C^{-1} y$$

达到极小值. 为此将其转化为无条件极值问题，以 x 表示乘子组成的向量，引入拉格朗日函数：

$$L(x, y) = \frac{1}{2} y^T C^{-1} y - x^T (A^T y - f).$$

利用极值的必要条件，即令上式对 y 与 x 的偏导数等于零，将得到的方程组与上面加权最小二乘解所满足的代数方程组比较，易于看出只要把 x 视为格点位移向量，两方程组是完全相同的. 利用方程组给出的关系，改写能量函数 Q 的表达式，可知当系统平衡时，

$$Q = \frac{1}{2} y^T C^{-1} y = \frac{1}{2} [c_1 x_1^2 + c_2 (x_2 - x_1)^2 + c_3 (x_3 - x_2)^2 + c_4 x_3^2].$$

注意系统从初始态演化到平衡态四个弹簧的长度变化依次是 $x_1, x_2 - x_1, x_3 - x_2$ 和 $-x_3$. 不难看出平衡时的 Q 值，实际是系统达到平衡过程中外力所做的功，也就是系统平衡状态所具有的势能. 上述结果表明，在所有可能状态中，平衡态对应系统势能的极小态.

以下简单讨论一下如上极小问题的对偶问题. 以上问题的解对应 $Q(y)$ 在条件 $A^T y = f$ 下的极小值，我们无妨把需要极小化的目标函数改写为

$$Q(y) = \begin{cases} \frac{1}{2} y^T C^{-1} y, & A^T y = f, \\ \infty, & A^T y \neq f. \end{cases}$$

显然
$$Q(y) \geqslant L(x,y) \geqslant \min_y L(x,y) = -\frac{1}{2}x^T(A^TCA)x + x^T f \xrightarrow{\text{记为}} -P(x).$$

由此可有
$$\min_{A^T y=f} Q(y) \geqslant \max_x [-P(x)].$$

但
$$Q(y) + P(x) = \frac{1}{2}y^T C^{-1} y + \frac{1}{2}x^T(A^TCA)x - x^T f$$

在 $A^T y = f$ 条件下,当取 $y = CAx$ 时为零. 这说明:在条件 $A^T y = f$ 下 $Q(y)$ 的极小值和 $-P(x)$ 的无条件极大值相同,且二者同时在 $L(x,y)$ 的鞍点达到.

如上的对偶关系可以有以下几何解释:设 b 是一个 n 维向量,S 与 T 是 $\mathbf{R}^n$ 的两个彼此正交的子空间,且 $\mathbf{R}^n = S \oplus T$,直观上由勾股定理有
$$\|b\|^2 = (b \text{ 到 } S \text{ 的距离})^2 + (b \text{ 到 } T \text{ 的距离})^2.$$
如果 S 是矩阵 A 的值域,则 T 是 A^T 的零空间,那么
$$(b \text{ 到 } S \text{ 的距离})^2 = \min_x (Ax-b)^T(Ax-b),$$
$$(b \text{ 到 } T \text{ 的距离})^2 = \min_{A^T y=0}(b-y)^T(b-y) = \min_{A^T y=0}(y^T y - 2b^T y + b^T b).$$
由勾股定理的长度表示有
$$\|b\|^2 = \min_x (Ax-b)^T(Ax-b) + \min_{A^T y=0}(y^T y - 2b^T y + b^T b).$$
从两端消去 $\|b\|^2$,用 2 除余下的等式,得到
$$\min_x P(x) + \min_{A^T y=0} Q(y) = 0.$$
利用这一关系,可将对 y 的条件极值问题化为对 x 的无条件极值.

6.3 离散问题与连续问题的关系

上面讨论了稳恒电路和弹簧重物系统的平衡问题. 两个物理问题的解均可归结为加权最小二乘解,且都有相应的极小值问题提法. 方程和极值问题的两种数学表达实际体现了变分法的基本思想,即可以将一个极值问题与一个方程的解联系起来. 此外,在上述两个问题中,代数方程组的求解还都归结为正定对称算子 $A^T CA$ 的求逆.

从数学上说来,以上处理的是离散问题,即系统状态由向量表示,涉及的函数是二次型,工具是矩阵代数. 实际上,有关讨论完全可以推广到连续情况,即推广到用微分方程描述的连续系统. 为说明这一点,以弹性杆在重力作用下的平衡问题为例. 前面讨论过的弹簧重物系统可视为对连续弹性杆的一种物理近似,现在考虑连续问题的直接描述,即物理系统不再通过由弹簧连接的有限个质点来代表,而是认为构成弹性杆的材料连续充满区间 $0 \leqslant x \leqslant 1$,且平衡时弹性杆的变形、应力都是坐标 x 的函数. 在离散情况时,由两个相邻格点上的变量

之差表示的量,在连续情况下均应通过导数来表示.

仍设弹性杆垂直悬挂,上端固定,对应坐标 $x=0$. 以函数 $u(x)$ 刻画在重力作用下弹性杆平衡时点 x 的位移,即无重力时位于 x 处的点,在弹性力与重力平衡时移至 $x+u(x)$. 由此未变形时弹性杆从 x 到 $x+\Delta x$ 的一段在平衡时的拉伸可表示为 $u(x+\Delta x)-u(x)$. 由于拉伸不是均匀的,故任何一点的变形应由 $e=\dfrac{\mathrm{d}u}{\mathrm{d}x}$ 来度量,称为杆的"应变";由应变产生的弹性应力也点点不同,表示为 $w(x)=c(x)\dfrac{\mathrm{d}u}{\mathrm{d}x}$,此处 $c(x)$ 相当离散情况下的弹簧劲度系数,只不过现在它是一个函数 $c(x)\geqslant 0$. 我们假设弹性杆末端自由下垂无应变,故 $w(1)=0$. 以下建立弹性杆平衡时所满足的方程. 从弹性杆上截取任意一小段 $(x,x+\Delta x)$,平衡时小段两端应力之差应等于作用在这一段上的重力(现在是重力密度与长度的积,记为 $f(x)\Delta x$),取向下为正. 由此,有

$$-w(x+\Delta x)+w(x)-f(x)\Delta x=\left(-c(x)\dfrac{\mathrm{d}u}{\mathrm{d}x}\right)\bigg|_{x=x+\Delta x}+c(x)\dfrac{\mathrm{d}u}{\mathrm{d}x}-f(x)\Delta x=0.$$

考虑 $\Delta x\to 0$ 的极限,得到微分方程和相应的边界条件:

$$-\dfrac{\mathrm{d}}{\mathrm{d}x}\left(c(x)\dfrac{\mathrm{d}u}{\mathrm{d}x}\right)=f(x),\quad u(0)=0,\quad w(1)=0.$$

同样可以讨论和此微分方程等价的极值问题,则 $u(x)$ 在所有满足边条件

$$u(0)=\dfrac{\mathrm{d}u}{\mathrm{d}x}\bigg|_{x=1}=0$$

的函数中,使

$$E(u)=\int_0^1\left[\dfrac{c(x)}{2}\left(\dfrac{\mathrm{d}u(x)}{\mathrm{d}x}\right)^2-f(x)u(x)\right]\mathrm{d}x$$

达到极小值.

我们可以将连续问题与离散问题的数学表达加以对比,二者是完全对应的,微分与积分表述是原来矩阵代数表示的连续版本,各个量间的具体对应关系可见表7.1. 此外,极值问题的提法本质上二者也是相同的. 唯一需要解释的是若算子 $\boldsymbol{A}$ 对应 $\dfrac{\mathrm{d}}{\mathrm{d}x}$,而 $\boldsymbol{A}^{\mathrm{T}}$ 要对应 $-\dfrac{\mathrm{d}}{\mathrm{d}x}$. 事实上,考虑连续情况下的内积定义并利用分部积分法,不难看出

$$\langle\boldsymbol{A}u,w\rangle=\langle e,w\rangle=\int_0^1\dfrac{\mathrm{d}u}{\mathrm{d}x}w(x)\mathrm{d}x=-\int_0^1 u(x)\dfrac{\mathrm{d}w}{\mathrm{d}x}\mathrm{d}x=\langle u,\boldsymbol{A}^{\mathrm{T}}w\rangle.$$

更进一步的数学讨论还可说明:微分算子 $-\dfrac{\mathrm{d}}{\mathrm{d}x}\left(c(x)\dfrac{\mathrm{d}u}{\mathrm{d}x}\right)$ 也有某种"正定"性质. 连续与离散问题的所有相似之处说明以上的对应关系是合理的. 本例还说明,边界条件是微分算子定义的一部分.

第七讲 从最小二乘法谈起

表 7.1

	离散模型	连续模型		离散模型	连续模型
格点位移	x	$u(x)$	拉伸量	$e = Ax$	$e = \dfrac{du}{dx}$
弹性应力	$y = Ce$	$w = c(x)e = c(x)\dfrac{du}{dx}$	力的平衡	$A^T y = f$	$-\dfrac{dw}{dx} = f(x)$
算子	关联矩阵 A	微分算子 $\dfrac{d}{dx}$	劲度系数	对角阵 C	函数 $c(x)$
共轭算子	A^T	$-\dfrac{d}{dx}$	方程	$(A^T CA)x = f$	$-\dfrac{d}{dx}\left(c(x)\dfrac{du}{dx}\right) = f(x)$

如上的对应不仅仅是模型的推广,它还可以进一步引申,离散模型与连续模型间的关系为数值求解微分方程提供了一条线索.下面仍以弹性杆变形问题为例加以说明.

前面已经说明当弹性杆垂直放置,上端固定,重力密度记为 $f(x)$,弹簧常数记为 $c(x)$ 时,描述平衡时点位移动的量 $u(x)$ 满足一微分方程两点边值问题.一般而言,此类问题只能数值求解,下面就来介绍构造数值方法的一种思想.

从纯数学观点出发,可以利用差分方法对如上微分方程及相应边界条件作离散化近似,得到一代数方程组,然后求解代数方程组.然而,数值方法的背后实际隐藏着深层的物理思想.为考虑问题的有限近似,设想把连续质量分布的弹性杆划分为 n 个小段,分点依次记为 $0 = x_0 < x_1 < \cdots < x_n = 1$.为简单,假设分划是均匀的,即任何小段的长度均为 Δx.由于 Δx 很小,无妨认为每一小段的质量集中在该段的上、下两个格点处,在分割小段 (x_{i-1}, x_i) 与 (x_i, x_{i+1}) 的格点 x_i 处,一半质量来自上段,一半来自下段,在 Δx 的一阶范围内,这一质量可表示为 $f(x_i)\Delta x \xrightarrow{\text{记为}} f_i \Delta x$.注意,对于首尾两个格点,因为只与弹性杆的一小段相连,故集中在那里的质量表达略有不同.这种考虑将弹性杆的连续质量分布分配到了有限个几何上无广延的"质点"上.为处理杆的弹性变形,设想有限个"质点"被无质量的"弹簧"所连接,这些"弹簧"可因长度伸缩而产生应力,任何一点 x 处的弹簧劲度系数就是原来弹性杆的同一物理常数 $c(x)$.这样质量连续分布的弹性杆从物理上化为了弹簧重物模型.前面已经讨论过弹簧重物系统平衡时所应满足的代数方程组,此处有完全类似的考虑,只不过弹簧数与质点数更大而已.注意任何一段弹簧 (x_i, x_{i+1}) 产生的弹性应力可以表示为

$$F_i = c(x_i) \frac{u(x_{i+1}) - u(x_i)}{\Delta x} \xrightarrow{\text{记为}} c_i \frac{u_{i+1} - u_i}{\Delta x}.$$

此应力的正值表示在格点 x_i 处的向下作用与在格点 x_{i+1} 处的向上作用,格点 x_i 处的重力由前述可以表示为 $f_i \Delta x$,注意向下为正向,由此得到每个格点处力的平衡方程,即

$$\begin{cases} -c_i \dfrac{u_{i+1}-u_i}{\Delta x} + c_{i-1}\dfrac{u_i-u_{i-1}}{\Delta x} = f_i \Delta x \ (i=1,2,\cdots,n-1), \\ -c_{n-1}\dfrac{u_n-u_{n-1}}{\Delta x} = f_n \Delta x, \ u_0 = 0. \end{cases}$$

同样的代数方程组还可以从微分方程利用差分近似得到，或者说，可以把差分近似视为，先从物理上对连续模型采用弹簧重物系统近似，再对弹簧重物系统建立数学模型．这一例子所揭示的实际是有限元方法的基本思想．

参 考 文 献

[1] STRANG G. Introduction to Applied Mathematics. Wellesley：Wellesley-Cambridge Press，1986.
[2] STRANG G. Linear Algebra and its Applications. New York：Academic Press，1980.
[3] STRANG G. Karmarkar's Algorithm and its Place in Applied Mathematics. The Mathematical Intelligencer，1987，9(2)：4-10.
[4] RORRES C，ANTON H. Applications of Linear Algebra. New York：John Wiley and Sons，1979.
[5] MARCHUK. Methods of Numerical Mathematics. New York：Springer-Verlag，1982.
[6] ÖKSENDAL B. Stochastic Differential Equations. Berlin Heidelberg：Springer-Verlag，1985.
[7] 姜礼尚，庞之垣．有限元方法及其理论基础．北京：人民教育出版社，1979.
[8] 徐树方．矩阵计算的理论与方法．北京：北京大学出版社，1995.
[9] 陈秉乾，王稼军．电磁学．北京：北京大学出版社，2003.
[10] 钟锡华，周岳明．力学．北京：北京大学出版社，2001.

第八讲 驾驭偶然性

> 自然与社会中五光十色、纷繁多样的事物遵从两类不同的规律：确定性规律和统计规律．概率论研究具有随机性的事物，是研究统计规律性的数学分支．这一讲通过对四个问题的讨论，显示概率统计方法的基本思想和重要性．这些问题依次是：敏感问题的抽样调查方法，未名湖水系中金鱼数量的估计，判断一个作家所掌握的某类作品的潜在词汇量，用统计方法研究因果关系．

自然与社会中各种纷繁的事件可粗略划分为两类：一类是受因果关系支配的确定性事件．例如，"以卵击石"、"缘木求鱼"、"刻舟求剑"、"飞蛾投火"这些事件，从事件发生的条件可以肯定预见其结果．然而还有一类则不然，在同样的条件下事件的结果是不确定的．例如，投资彩票，未必获利；男女婚配，不能预知子女性别；寻访明医，仍可能生死未卜．现实世界中，这类带有某种不确定性的事件是大量的，自古以来，它们像幽灵一样纠缠着人类，无法预知结果，祸福不定使人们不知所措，忐忑不安，种种求神问卜的迷信行为就由此而生．很多人希望甚至相信世间的一切都是"前定"的，这样他们至少可以修得"来世"，这比起"不确定性"充斥的世界更使他们心安．然而，造物似乎专门与人作对，上帝看来的确喜欢用掷骰子决定取舍．

支配确定性事件的因果关系自古以来就是各种科学研究的主要内容，数学同样如此．除与概率论有关的分支外，所有确定性数学的主要部分都是按照传统的确定性逻辑原则论证定理条件与结论间的必然联系的．因果论思想在微分方程理论中体现得最为典型：从任何给定的初始状态出发，只要知道任何瞬间的运动规律，人们就可以预知未来．在这种思想指导下，甚至可以研究宇宙的起源和变化．但是对于那些具有不确定性的事件，很长时间内，人们不知应该如何处理，传统逻辑方法似乎无能为力，因为它们不服从因果律．然而这样的事件真的没有规律可循吗？否！经过长时期的观察、积累、探索之后，人们发现很多带有不确定性的事件仍然被规律所支配，只不过不是确定性的因果律，而是统计规律．

第八讲 驾驭偶然性

为说明什么是统计规律,让我们考察最简单的事件.多次投掷一颗质地均匀的骰子,我们不能预知每次出现的点数.但只要这颗骰子没被做过手脚,大量投掷表明从 1 到 6 每个点数出现的次数都将接近总次数的 1/6.一般而言,投掷次数越多,上述说法越准确.又如我们虽然不能预知新生儿的性别,但如果统计某所产科医院一段足够长时间内的出生纪录,可以发现男婴将占总数的 22/43 左右.更多的类似观察表明,对很多带有不确定性的事件说来,虽然一次观察或实验的结果是随机的,即不可预报的,但同样条件下的大量观察或实验结果则会显现某种稳定性质.这种大量观察或实验所蕴涵的某种稳定性是"必然"发生的,这就是所谓的"统计规律".

由因果关系支配的确定性规律和统计规律并非截然不同、互不相干的.事实上许多确定性规律背后隐藏的正是统计规律,这方面的一个典型例子是热力学与统计物理学的关系.热力学表述确定的宏观规律,例如一定质量的理想气体压力、体积和绝对温度间有关系 $PV=RT$,其中 R 是气体常数,P,V,T 依次表示气体压力、体积和温度.统计物理学则把理想气体视为大量分子的集合,除分子彼此间及分子与器壁可能发生随机碰撞外,每个分子独立地运动着,气体的宏观量,无论是压力、体积和温度都可从单个分子有关物理量的统计平均加以定义,如上的理想气体状态方程也可自然地从这些定义导出.这说明确定性的宏观规律实际是大量微观粒子无规则运动性质的统计平均.两种规律的关系绝不仅此,近年来混沌现象的研究揭示了二者更有趣的联系.如下是一个简单而重要的实例:利用简单的迭代公式

$$x_{n+1} = ax_n(1-x_n) \quad (n=0,1,2,\cdots),$$

从某个介于 $0,1$ 之间的 x_0 出发,计算序列 $\{x_n\}$.理论和实践均可说明,适当选择参数 $a(3.569945472\cdots < a \leqslant 4)$ 时,所得到的序列看起来将是随机的,相继的数无规则地跳来跳去,虽然它们是由一个固定的简单公式,即按照完全确定的规律产生的.反过来,任何真正的随机序列只要不停地持续下去,也会包含任何可能的"规则"的片段模式.例如,按照著名概率统计学家劳的说法,一只猴子在打字机上乱敲,只要持续不断一直到地老天荒,那么完全可能发现其字母序列的某个片段竟是莎士比亚的一篇作品.随机序列可以包含"规则"的片段模式,这应看做蕴涵在随机概念本身固有的含义之内.

有一种意见认为:确定性规律是根本规律,某些不确定性之所以发生,是因为我们没有把握事件的全部原因,或者是观测误差的结果.这种看法或许可以解释某些随机现象,但从整体说来是值得怀疑的.如果我们执着地坚持因果论,那么任何"因"都是"果",应当追问"因"之"因",这将造成一个无穷尽的逻辑链条.在很多情况下,弄清一件事物的所有原因是不可能的.应当承认统计规律是世界固有的基本规律之一,统计物理学、量子力学的进展都证实了这一点.

研究随机现象的数学分支是概率论与统计学.统计学的历史很早,为了治理国家,统治者需要掌握人口、土地、劳力、兵源、粮食、财富等有关信息,一些文明古国很早就设置了专司统计的官员和机构,对有关数据进行调查、收集和整理.由此发展起来的统计学有关部分是

描述性的,即重点在于探索如何把收集到的大量资料以简洁、概括而又准确的方式加以表达.而推断性的统计学,即以观测数据为依据,结合适当模型,估计参数、检验假设、预报信息,甚至在不确定情况下做出决策的统计学,则是"概率论"产生之后的事情.作为数学一个重要分支的"概率论",它的成熟与发展要等到20世纪前半期.

  为什么"概率论"发展相对较晚呢?不能不说这与人们对不确定性的认识有关.在很长的历史时间内,对于那些有多种可能结果的事件,人们不知如何应对、面对多种可能,人们对如何估价行为的结果、预测未来的前景、选择合理的行为方式都感到困惑与不安,无法把对不确定性事件的处理纳入逻辑范畴,然而"概率"概念的出现从根本上改变了这种状况.前面已经说过,大量在同样条件下重复发生的不确定事件是有某种频率稳定性的,即我们虽然不能准确知道某一次事件的结果如何,但可以知道大量相同事件中任何可能结果发生的比例,也就是说,知道任何一种结果可能性的大小,这就是"概率"."概率"实际是将"不确定性"量化,对必然发生的事件,用以刻画其发生可能性大小的数或者说"概率"为1,不会发生或几乎不会发生的事件概率为零,任何可能事件概率落在[0,1]区间,概率越大发生的可能性越大.概率概念是数学从量的角度观察认识世界的一个光辉范例,有了概率,人们找到了应对不确定性问题的思想和方法,把对此类问题的处理很大程度上纳入了逻辑轨道.利用概率处理问题的基本想法是:既然这些事件有不可预知的多种可能,那么我们无法对它们准确加以估计、判断、预测和决策,但我们知道各种结果发生的不同可能性,所以可以合理地假设一次观察中所实际发生的是可能性最大的事件,或者用各种可能结果按其发生比例的平均效应作为对不确定性事件的评估;而面对有多种可能结果的事件时,合理的行为方式应使平均损失最小,或者最有利结果出现的可能性最大.这样,长期使人类困惑的不确定性问题便纳入了可由数学处理的逻辑轨道.当然,如何给出一个随机事件的概率描述,仍然不是一个容易的问题,有些情况下这可以利用"对称性"思想从理论上判定,但在一般情况下则只能包含在问题的假设前提之中.

  下面介绍几个简单实例,说明概率论与统计学在解决各种问题中是如何应用的,一方面显示概率与统计的重要性,另一方面具体展示这一学科的某些思想和方法.

§1 敏感问题的抽样调查方法

  为利用概率统计方法解决实际问题,往往首先需要获取有关的原始数据.获取数据的基本手段就是实地调查.但是实地调查并非是一件简单的事,对有关对象全面普查的方法往往要耗费巨大的人力、物力和时间,海量原始资料的整理也令人恐惧,因此在可能的情况下全面普查应被一个小规模的抽样调查所取代.然而,样本的尺度应取多大才合理?具体的调查对象如何选择才有代表性?不适当的抽样方式会使所得数据先天具有缺陷.此外,如何判断资料的真伪,如何排除个别因人为因素产生的不真实数据等都是统计学家面临的重要课题.

所有这些都使抽样调查成为了一门专门学问.

抽样调查的困难绝不仅仅为如上所列,下面就介绍一个重要而有趣的例子以及统计学家解决它的巧妙方法,这就是所谓的"敏感问题"调查.统计调查中调查者往往要通过问卷或口头问答的方式从被调查者处获取某些数据,这里有些问题的数据是易于得到的,例如您的年龄、性别、职业、出生地等,一般情况下可以指望回答是如实准确的.但对某些敏感的社会问题则不然,例如问一个成年人:您吸毒吗?您是同性恋者吗?问一个商人:您曾偷税漏税吗?问一个学生:您考试作过弊吗?问一个职员:您觉得您的直接上司称职吗?显而易见,很难指望被调查者会坦率如实地回答这些问题,这时直接调查得到的资料将是极端不可靠的,在这种资料上做出的判断将导致错误的结论.然而由于此类问题的重要,我们必须获得如实回答的数据,这就是统计学家要解决的一个问题.幸运的是利用概率论的技巧,统计学家已经找到了此类问题的处理方式.下面通过一个具体问题的调查说明其方法.

为希望知道学生在考试中作弊的比例,选定一个或几个有代表性的班级进行问卷调查.问卷设计成包含两个问题:第一个问题是希望得到真实回答的敏感问题,此处就是"您在考试中作过弊吗?";第二个问题是一个普通问题,任何人都不会回避给出真实答案,例如"您的学号是偶数吗?",或者"您喜欢读武侠小说吗?".明确告诉被调查者,每人只需回答其中一个问题,至于具体为哪一个,则由他们自己抛掷一枚硬币来决定,当硬币国徽向上时回答问题一,否则回答问题二;不论回答哪一问题,都只选择一个字的答案,即"是"或"否",而且不用注明回答的是问题一还是问题二.这样的问卷设计使被调查者完全打消了顾虑,因为即使对一份回答"是"的问卷也无法证实回答者承认在考试中作弊,这一答案完全可以是针对问题二的.但是这样的问卷对调查目的而言已经足够了,从得到的数据中我们已经可以推断作弊学生的比例,其方法如下.

假设被调查对象总数为 N,回答"是"的人数为 N_1. 又假设考试中作弊学生的比例为 λ,也就是当一个被调查者选定回答第一个问题时,回答"是"的概率是 λ. 将被调查者选定回答问题二时回答"是"的概率记为 β. 请注意可以认为 β 是已知的,对此仍以上面的例子来说明. 如果问卷中的问题二是"您的学号是偶数吗?",显然,当被调查的学生人数足够多时,回答"是"的概率,即 β,应很接近 $1/2$;如果问题二是"您喜欢读武侠小说吗?",事情会复杂一些,但这是一个普通非敏感问题,可以通过另一次独立调查来解决. 实际上,统计学家已经设计出了很有效的问卷方式,将所需要的独立调查合并在上述敏感问题调查之中,对此不再详述,但无论如何,可以认为 β 是一个已知数. 由上面所规定的回答问题一还是问题二的选择方式,可以知道每个问题各有一半学生作答,由此上述诸量间有以下关系:

$$\lambda \frac{N}{2} + \beta \frac{N}{2} = N_1.$$

从中不难得到

$$\lambda = \frac{2N_1}{N} - \beta.$$

如上方法可用于各种敏感问题调查. 此处提供的只是一个简单介绍，针对更一般情况，统计学家已经设计了多种更为完善的方案.

§2 未名湖水系中金鱼数量的估计

在自然科学与社会科学中，往往希望知道具有某种特定性质的客体数量，即使无法得到准确的数字，也希望得到一个合理的估计. 例如，希望知道卧龙保护区中大熊猫种群的规模，兴安岭林区有多少灰喜鹊，北京市有多少失业人口，等等. 这些问题都可以利用概率统计方法，通过实际调查解决. 由于这些问题的重要，统计学家对此已经进行了精细的研究，发展了基于不同原理，针对不同情况的多种方法. 此处仅以一个简单例子，即通过估计未名湖水系中金鱼的数量，对有关问题作一简单介绍.

未名湖是燕园的明珠，未名湖水系中不多年前还曾是有金鱼的，那些不时浮出的金鱼为湖光塔影生色，金鱼的数量有多少也曾是很多人关心过的问题. 以下就从理论上设想回答这一问题的方法. 为回答此问题，首先要把问题的条件弄明确. 要讨论金鱼的数量，必须假定未名湖水系是一个相对封闭的生态系统，也就是说金鱼基本上不会自由地游进游出，否则问题就没有意义；还要假定调查期间绝大多数的金鱼是不生不死的，这样才使结果至少对一段时间有意义. 为估计金鱼数量我们在水中相继进行两次捕捞，设第一次捕得 N_1 条金鱼，将它们以某种不妨碍生存的方式一一加以标记，然后放回水中. 经过一段适当时间后进行第二次捕捞，假设捕得 N_2 条金鱼，而且其中 m 条是带有标记，即上次捉到后放回的. 数据 (N_1, N_2, m) 就是我们估计未名湖水系中所有金鱼数量的依据，这种手段称为"捕获与再捕获方法".

为从调查所得的数据得到鱼种群总数的估计，还必须有如下数学假设：两次捕捞是独立进行的，而且无论哪次捕捞，每条鱼的捕获也是彼此独立的；还要假设任何一次捕捞中，任何一条金鱼被捕获的机会都是均等的. 这些假设当然很难实地验证，但只要适当进行捕捞操作，可以认为它们还是符合要求的. 下面就来估计金鱼数量.

假设第一次捕捞中捕获一条金鱼的概率是 p_1，第二次捕捞的相应概率是 p_2，水系中金鱼总数量为 N. 在捕捞相互独立的假设之下，利用排列组合知识，不难知道：数据 (N_1, N_2, m) 出现的可能性即发生的概率可以表示成

$$L = P(N_1, N_2, m) = C_N^{N_1} C_{N-N_1}^{N_2-m} C_{N_1}^{m} p_1^{N_1} p_2^{N_2} (1-p_1)^{N-N_1} (1-p_2)^{N-N_2}.$$

上面的表达式中 p_1, p_2, N 以参数的形式出现，它们的不同取值将使 $P(N_1, N_2, m)$ 不同. 然而我们应如何决定这些参数，特别是 N 的数值呢？这里又一次涉及了用概率统计解决问题的基本想法，其处理思路是这样的：描述两次捕捞结果的数据 N_1, N_2, m 是具有不确定性的，每次操作不会相同，每组可能数据出现的机会正比于相应的概率. 现在我们只进行了一次实验就得到了手头这组 N_1, N_2, m，可以合理地认为这组数据对应的概率 L 是大的. 为使问题能够从数学角度处理，我们再前进一步：假设实际参数的值使概率 L 达到极大值. 这一

点当然没有完全绝对的逻辑依据,但显然是一种可以接受的理性假定.因为 L 与 $\ln L$ 的极大值点是一样的,上面的想法相当说真实参数的取值使

$$\frac{\partial \ln L}{\partial p_1} = 0, \quad \frac{\partial \ln L}{\partial p_2} = 0, \quad \frac{\partial \ln L}{\partial N} = 0.$$

将 L 表达式中出现的阶乘用斯特林公式近似,则直接计算 $\ln L$ 的偏导数给出以下三个方程:

$$\frac{N_1}{p_1} = \frac{N - N_1}{1 - p_1}, \quad \frac{N_2}{p_2} = \frac{N - N_2}{1 - p_2},$$

$$\frac{N}{N - N_1 - N_2 + m}(1 - p_1)(1 - p_2) = 1.$$

从中可以解出 $p_1 = N_1/N, p_2 = N_2/N, N = N_1 N_2/m$. 这样我们就得到了金鱼数量的一个估计. 利用更多的概率统计知识,还可以衡量估计值的误差,进一步说明此估计的合理性.

上面我们以估计未名湖水系中金鱼的数量为例,介绍了捕获再捕获方法的最简单情况. 类似的思想稍加推广即可处理更为复杂的问题,例如不是估计金鱼的数量,而是从实际捕获所得到的信息估计在此环境下,包括未被发现鱼种在内的鱼的实际种类数. 用于种类估计的数学模型会更复杂,但省去了捕捞时作标记的麻烦. 从估计鱼的种类数还可以再前进一步: 如果认为每条鱼代表一个符号,对不同种的鱼符号有不同类型,那么对种类的估计可以看做从观察到的符号对可能的符号类型数加以估计. 这种看法使得我们可以把有关统计方法引入其他领域. 例如,作家的作品是由词,即文字符号组成的,不同的词由不同类型的符号构成,这样对类型的估计就相当通过作品用词估计一位作家所掌握的潜在词汇量. 在一定的假设之下,从数学的角度如上类比是可以接受的,的确也一有些学者沿这样的思路对文学作品进行统计分析. 然而也有学者指出对文学作品的研究方法与对生物种群的估计方法应有很大不同. 在估计鱼种类的捕获与再捕获实验中,认为各次捕获独立是相对合理的;但是一篇文学作品相继使用的词之间不是全无关的,毫无关联的词或完全重复的词就很少相继使用,甚至在相邻的句子间,作者也避免过分一致的表达. 基于这样的考虑,有些研究者提出了另一种类型的统计方法,用于对作家潜在词汇量的研究,下面就是一个例子.

§3 莎士比亚所掌握的词汇量

以下介绍的是巴让·伯瑞尼德(Barron Brainerd)对莎士比亚作品所进行的统计研究,希望通过统计莎士比亚每部喜剧、悲剧或历史剧中实际使用了的不同词汇数,推断莎士比亚所掌握的词汇总量. 为避免过于烦琐的数学说明,此处介绍的只是一个原理性模型,但与用于实际估计的模型基本思想是一样的. 这一类研究试图从定量角度研究作家与文学作品的特征,不论成功与否,这种探索是值得称道的.

研究者的基本思想是把一篇文学作品的写作视为按时间顺序选定相继词汇的一个随机过程. 以 X_n 表示从开始到作品包含了 n 个词的长度时文中使用过的不同的词汇数,显然,即

第八讲 驾驭偶然性

使对同一作家同一类型的不同作品而言,X_n 也是不同的,故这是一个随机变量. 直观上易于理解,X_n 有以下性质:(1) 对于很小的 n,即作品开始不长处,$\Delta X_n = X_{n+1} - X_n$ 几乎肯定是 1;(2) 对一切 n,$\Delta X_n \geqslant 0$,即词汇数总要上升,至少是不减的;(3) 假设在同种类型的作品中,作者的词汇总量是有限的,因而 $\lim_{n\to\infty} X_n = M$,这里 M 是一个正数. 更准确地,这里所说的"词"对不同类型的作品要附加一些不同的限制. 比如对散文而言,标点符号、章节标题和标号不计在内;对剧本而言,标点、每幕和每场的标题、舞台布景的描述、角色表等都不在"词"的计数范围之内.

令 $P(X_n = i)$ 表示被研究的作家某种类型的作品从开始到 n 个词(符号)长的段落中使用了 i 个不同词(符号类型)的概率,记 $P(X_{n+1} = i+1 | X_n = i) = f(n, i)$,即在 n 个词长的段落中使用了 i 个不同词的条件下,作家接下去选用了一个前面未曾用过的新词的概率是 $f(n, i)$. 此处的符号隐含假设这一条件概率只依赖文章长度为 n 个词长时的不同词汇数 i,或者说只依赖 X_n 的状态. 用数学语言表达则意味着 $\{X_n\}$ 构成一个马尔科夫过程. 由此容易得到以下关系:

$$P(X_n = i) = P(X_{n-1} = i)[1 - f(n-1, i)]$$
$$+ P(X_{n-1} = i-1) f(n-1, i-1) \quad (n > 0, 0 < i < n). \quad (8.1)$$

这实际是说,n 个词长度的片断中使用了 i 个词仅可能出自两种情况:一是包含 $n-1$ 个词的片段已经用了 i 个不同的词,且第 n 个词不是新词;二是包含 $n-1$ 个词的片断中使用了 $i-1$ 个不同的词,而第 n 个词是前文尚未用过的新词. 如果依据如上关系可以求得 $P(X_n = i)$ ($i \leqslant n, n = 1, 2, \cdots$),那么就可得到 X_n 的均值 $E(X_n)$. 这个量可以视为作家的一个数字特征,进而若 $\lim_{n\to\infty} E(X_n)$ 存在时,这一极限可以看做作家词汇的总量.

在从 (8.1) 式求出 $E(X_n)$ 之前,首先给出以下几个明显关系,即

$$P(X_1 = 1) = 1;$$
$$P(X_n = 1) = P(X_{n-1} = 1)[1 - f(n-1, 1)];$$
$$P(X_n = n) = P(X_{n-1} = n-1) f(n-1, n-1).$$

它们是任何合理的 $P(X_n)$ 必须满足的条件. 为得到所要的最终结果,利用概率论中的一个常用技巧——生成函数方法. 令

$$G(n, x) = \sum_{i=1}^{n} P(X_n = i) x^i,$$

由 G 的定义和式 (8.1) 易于得到

$$G(1, x) = x,$$
$$G(n, x) = \sum_{i=1}^{n-1} P(X_{n-1} = i)[1 + (x-1) f(n-1, i)] x^i \quad (n > 1).$$

为了得到 $G(n, x)$ 的显式表达,必须给出 $f(n, i)$ 的具体形式,这当然无法从逻辑上导出,只能利用相对合理的假设. 为此首先假定 $f(n, i) = g(n)$,即任何时刻选用一个新词的概率与前

面已经使用过多少不同词汇无关. 这一假设在很大程度上是合理的, 一个作者在写作时, 特别是较长文章的写作时, 不会在意哪些词已被使用过, 而是根据行文的需要决定. 当然, 已写出的部分越长, 新词出现的机会越小. 在这一假设下, 有

$$G(n,x) = [1+(x-1)g(n-1)]G(n-1,x).$$

显然 $g(0)=1$, 又由上式递推得到

$$G(n,x) = \prod_{j=0}^{n-1}[1+(x-1)g(j)],$$

或等价表示为

$$\ln G(n,x) = \sum_{j=0}^{n-1}\ln[1+(x-1)g(j)].$$

概率论告诉我们, 从生成函数可以计算相应随机变量的各阶矩, 特别是 X_n 的均值为

$$\mathrm{E}(X_n) = \sum_{i=1}^{n}iP(X_n=i) = G'_x(n,1) = \sum_{j=0}^{n-1}g(j), \tag{8.2}$$

而方差的计算结果是

$$\mathrm{D}(X_n) = \mathrm{E}(X_n) - \sum_{j=0}^{n-1}[g(j)]^2.$$

为得到有用结果, 必须给出 $g(n)$ 的具体形式, 如果假设 $g(n)=\exp(-\alpha n)$, 其中 α 是一个参数, 需要通过实际统计数据加以估计, 那么由这一 $g(n)$, 所产生的 X_n 满足本节开始处对 X_n 描述的三条性质. 从这一 $g(n)$, 可以具体得到

$$\mathrm{E}(X_n) = \frac{1-\exp(-\alpha n)}{1-\exp(-\alpha)},$$

$$\mathrm{D}(X_n) = \mathrm{E}(X_n)\frac{\exp(-\alpha)[1-\exp(-\alpha(n-1))]}{1+\exp(-\alpha)}.$$

进一步得到

$$\lim_{n\to\infty}\mathrm{E}(X_n) = \frac{1}{1-\exp(-\alpha)} \xrightarrow{\text{记为}} M.$$

M 就是被研究作家可能用于某种类型作品写作的全部潜在词汇量的估计, 而 $\mathrm{E}(X_n)$ 则是该作家某种类型的所有作品从开始到包括了 n 个词的段落中所出现的平均不同词汇数的一个估计. 显然二者都是作家写作特点的数量指示.

需要指出, 从实际作品估计 $g(n)$ 中的参数 α 是一件重要但需要多次尝试的事. 下面仅给出一个原理性介绍. 从式(8.2), $\mathrm{E}(X_{n+1})-\mathrm{E}(X_n)=g(n)=\exp(-\alpha n)$. 另一方面, 从作家的作品可以对多个相同或不同的 n 得到 X_n 的观测值. 假设 X_n 与 n 之间存在某种回归关系, 最简单的情况是假设线性回归关系 $X_n=an+b$, 那么由统计数据可以估计 a,b. 而且回归关系给出 $\mathrm{E}(X_{n+1})-\mathrm{E}(X_n)=a$. 结合前面的结果, 有 $g(n)=\exp(-\alpha n)=a$. 这一关系使得我们可以从 a 估计 α.

第八讲 驾驭偶然性

巴让·伯瑞尼德研究莎士比亚作品时,实际使用的数学模型与参数估计方法比上面所叙述的更复杂,但基本思想是一致的. 文学作品的更多特点必须在数学描述中加以体现. 英语中有很多词,特别是一些起语法作用的词,例如 the,a,of,is 等,似乎在不论什么样的作品中它们都会以一个基本不变的频率出现,而且这些少数常用词在任何作品中往往都占了相当大比例. 我们关心的作家词汇总量主要来自于这些一般词外的其他词. 在考虑了这一因素之后,巴让·伯瑞尼德构造了更复杂的数学模型,相应的 $g(n)$ 也有更复杂的形式,估计参数的方法也更细致. 他用莎士比亚的戏剧作品进行了实地检验. 尽管这一研究尚不完美,但总的说来有其合理独到之处,值得继续探索. 为说明这一看法,我们引述巴让·伯瑞尼德的部分研究结果. 研究表明,对莎士比亚的每部喜剧作品说来,使用的总词汇量估计为 4127 个,其中 127 个常用词的反复使用几乎占到了每篇作品的 70%. 后一点初看起来似乎令人惊讶,但其他研究者的工作有类似的结论. 为说明这一研究是否可信,我们在表 8.1 中列出巴让·伯瑞尼德对莎士比亚 14 部悲剧所得到的结果,表中每部悲剧相应的 n 与 X_n 是实际统计的词汇总数与所包含的不同词汇数,最后一列则是用数学方法对相应 n 得到的 X_n 的估计值. 这一结果直接引自巴让·伯瑞尼德的原文,除悲剧《两位高贵亲戚》(Two Noble Kinsmen)外,其他 13 部剧名的译法均取自人民文学出版社出版朱生豪先生所译的《莎士比亚全集》.

表 8.1 莎士比亚悲剧词汇数量的统计与估计结果对照表

剧 名	n	X_n	估计值
麦克白	16436	3306	2939.82
雅典的泰门	17748	3269	3104.18
泰特斯·安德洛尼克斯	19790	3397	3349.03
安东尼与克利奥佩特拉	23742	3906	3787.36
李尔王	25221	4166	3940.11
奥瑟罗	25887	3783	4006.99
辛白林	26778	4260	4094.66
泰尔亲王配力克里斯	17723	3270	3101.10
裘力斯·恺撒	19110	2867	3268.94
两位高贵亲戚	23403	3895	3751.51
罗密欧与朱丽叶	23913	3707	3805.33
特洛伊罗斯与克瑞西达	25516	4251	3969.88
科利奥兰纳斯	26579	4015	4075.26
哈姆莱特	29551	4700	4354.81

需要指出,笔者并不认为巴让·伯瑞尼德的工作是完美的,实际上讨论此类问题的还有多位其他研究者,所用的模型与方法也都还在发展之中,甚至在一些基本问题的提法上都还没有定论. 例如,有些文章就认为一个作家的总词汇量是不断增长,没有极限的. 这就根本否定了所述研究的基本前提. 本节的主要目的在于说明概率统计方法,或者更一般地说,数学

方法应用的广泛性,它甚至可以出现在文学领域.当然,数学方法永远不会成为文学研究的主流,然而上述工作从一个全新的角度,利用数量指标刻画作家特征,难道全无启发意义吗?这样的探索是值得的,即使是纯粹的应用,也体现了可贵的创新思维.

§4 用统计方法研究因果关系

事物间的因果关系是各种科学研究的基本课题之一,而利用统计数据探索不同事物间的联系是因果关系研究的一个重要手段.然而,一般统计方法揭示的往往是事物间的"相关"关系,不是因果关系.雄鸡高唱预报了天明,但天并非因鸡唱而明.我们需要谨慎地区分因果关系和相关关系.当使用统计方法推断因果关系时,实践中会遇到许多困难,下面就是一个例子.

吸烟增大患肺癌的可能,这是已被公认的一个论断.然而要用实际资料对此加以证实则非易事,其理由如下:为证实抽烟的危害,一个理想的实验方案可以是这样的:随机选定两组人群,使这两组在所有可检测、可感知的条件上都尽量一致,但一组实验对象吸烟,另一组不吸烟.长期追踪这两组实验人群的健康状况,经过一段足够长的时间后,统计数据将表明吸烟组患肺癌的人数大大超过了不吸烟组.这样的实验数据虽然在一定程度上说明了问题,但严格说来并不能由此推断出吸烟与患肺癌间的因果关系.因为人们可以怀疑两组数据的差别是由其他不可控的个体差异造成的,并不一定是吸烟与不吸烟的结果.为使实验结果无懈可击,只有将吸烟组的数据与同样这组实验者从一开始就不吸烟时的健康情况加以比较才是逻辑严密的.但这显然是不可能的,它只能是一种虚拟的假设情况.

类似的问题是很多的.为说明某种新药的功效,理想的是比较服药有效人群的治愈率与同样一群人从一开始就不服该药的治愈率;为说明某项现行法规的合理性应将收集到的统计数据与假设此法规现在没有执行时的"实际"数据相对比.只有这样推断出的因果关系才是逻辑上可信的.然而这样的因果判断全都需要"虚拟"情况下的统计数据,而这些数据根本不可能通过调查获得,因为"虚拟"情况从未发生过,它们只是想象的情况.可是推断因果关系的想法实在太吸引人了,可否有其他途径,例如附加一定逻辑假设的情况下,使"虚拟"条件下的数据可从实际统计数据中导出呢?研究表明,这样的假设是可能的,因而在这样的假设下因果关系的相对严密的逻辑推断也是可能的.问题是:这样的假设是什么?有多少?它们能够给出唯一的结果吗?下面通过一个简单例子的介绍,说明处理上述问题的基本思路和过程.

4.1 问题的提出

图书馆自习室座位有限,有些早到的同学不仅自己坐了一个位子,还用书包、书本、文具等多占一个甚至几个座位,以备有熟人来时使用.显然一些被占的座位往往一直空在那里.

这样有些同学欲自习没有地方,而有些座位无人使用.

这种情况引起了很多同学的关注,他们希望用统计数据说明,图书馆应改变允许占座的现行规定,因为现行规定将大大降低座位的使用效率.说明这一问题的最准确方法是比较允许占座和不允许占座两种情况下座位的实际使用率.图书馆现行的规定不限制占座,相应的座位使用率易于获得;但图书馆不会因为统计调查的需要在一段时间内宣布改变规定,不允许占座.由此不可以占座就成了"虚拟"情况,有关的数据无法由实地调查获取.

4.2 问题的数学表达

为用概率统计理论解决上述问题,引进三个变量 X,Y,Z,每个变量都只取 $0,1$ 两个值,X 称为控制变量,Y 称为结果变量,Z 称为协变量.对一个座位而言,X 的取值表示是否发生过非正式使用的占座行为,$X=1$ 表示发生,$X=0$ 表示没有发生;Y 的取值表示座位是否被有效使用,被有效使用时 $Y=1$,否则 $Y=0$;Z 用以表示不同的时间段,$Z=0$ 表示上午,$Z=1$ 表示下午,Z 的引入用来考察不同时段对座位使用率是否产生影响.无妨将三个量都视为随机变量.

按照研究者的想法,变量 X 的取值对 Y 的取值有直接影响,即 X 对 Y 有作用;Z 的取值对 Y 的取值也可能产生影响,即 Z 对 Y 也有作用;而 X 与 Z 的取值则是相互独立的.如图 8-1 所示,用一个简单的有向图刻画三个变量间的上述关系.此图有三个格点,依次表示变量 X,Y,Z.从格点 X 与 Z 各有一条指向格点 Y 的边,而 X 与 Z 之间无边连结;有方向边表示了格点间的作用与被作用关系.显然,如上形式的图可用来表示更多变量间更复杂的类似关系,但图中不允许包含由同一方向的有向边连成的回路.这是因为我们试图通过格点变量间的作用关系推断出因果性的结论,所以这样的图一定要是有向非循环图.

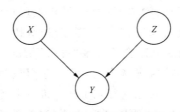

图 8-1 描述变量间逻辑关系的有向图

除上述图示规定的作用关系外,与变量 X,Y,Z 有关的概率分布无疑是重要的数学信息.首先,用符号 $P(X,Y,Z)$ 表示图书馆允许占座的现行规定下三个变量的联合概率,与这一概率有关的量原则上都可通过统计调查解决.为说明图书馆允许占座的规定是造成座位使用不充分的原因,需要在变量空间上引进另一个概率测度 $P_0(X,Y,Z)$,它表示在图书馆宣布禁止占座的条件下,变量 (X,Y,Z) 的联合概率.由于图书馆没有宣布这一规定,因此这一情况是假想的"虚拟"情况,与这一虚拟概率有关的信息不可能完全从实际调查获取.此处

§4 用统计方法研究因果关系

需要对概率 P_0 中变量 X 的意义作一说明：P_0 表示的是假设发布了"不允许占座规定"后的概率，这种情况实际没有发生，因而其中描述座位是否被占的变量 X 不是只能取 0 值，P_0 下变量 X 的值仍然表示未规定不允许占座时实际发生的情况. 例如，概率 $P_0(Y=1|X=1)$ 的意义是：在图书馆宣布了新规定的"虚拟"情况下，实际中曾被占用了的那些座位被使用的"虚拟"概率.

如果三个变量间的确存在如图 8-1 所示的作用与被作用的逻辑关系，那么显然概率 P 与 P_0 都应有如下表达：

$$P(X,Y,Z) = P(X)P(Z|X)P(Y|Z,X)$$
$$= P(X)P(Z)P(Y|Z,X), \tag{8.3}$$
$$P_0(X,Y,Z) = P_0(X)P_0(Z|X)P_0(Y|Z,X)$$
$$= P_0(X)P_0(Z)P_0(Y|Z,X), \tag{8.4}$$

符号 $P(Z|X), P(Y|X,Z)$ 及 $P_0(Z|X), P_0(Y|X,Z)$ 表示条件概率，从变量 X, Z 相互独立的逻辑假设，不难得到 $P(Z|X)=P(Z)$，这一独立性假设也不因虚拟情况所施加的限制而改变，因此同样有 $P_0(Z|X)=P_0(Z)$.

从上面对虚拟概率 P_0 中变量 X 意义的说明，不难看出无论 $X=0$ 或 $X=1$，都有 $P_0(X)=P(X)$. 这样的关系实际意味着"虚拟"规则不会改变实际发生的事件，对变量 X 而言，虚拟概率就是实际事件的概率. 又因为 Z 的取值与是否为虚拟情况无关，所以无论 $Z=0$ 或 $Z=1$，都有 $P(Z)=P_0(Z)$.

除上述关系外，P_0 与 P 间还可以有以下关系：对 $X=0$ 的事件，虚拟情况所选加的不允许占座规定对实际情况没有作用，因为 $X=0$ 的座位原本就未曾被占. 由此不难知道

$$P_0(Y=j|Z=i, X=0) = P(Y=j|Z=i, X=0) \quad (i,j=0,1). \tag{8.5}$$

利用(8.4)式和(8.5)式，可以得到

$$P_0(X,Y,Z) = P_0(X)P_0(Z|X)P_0(Y|Z,X)$$
$$= \begin{cases} P(X)P(Z)P(Y|Z,X), & \text{当 } X=0 \text{ 时,} \\ P(X)P(Z)P_0(Y|Z,X), & \text{当 } X=1 \text{ 时.} \end{cases}$$

上式中 $X=1$ 的情况符号 P_0 出现在等式两侧，这表明虚拟概率 P_0 无法从统计调查完全确定，必须另辟蹊径.

为从实际统计数据估计虚拟概率，唯一可能的办法就是做出一些合理或可能的假设，用以建立概率 $P(X,Y,Z)$ 与 $P_0(X,Y,Z)$ 间更多的关系. 一类最有吸引力且易于想到的假设就是 X,Y,Z 间任何一对变量在概率 P_0 下的独立性和在第三个变量已知情况下的条件独立性（在此处的问题中，X,Z 的相互独立性已包含在基本模型中）. 研究表明，并非所有这样的假设都是可行的，在附加条件不多于两个时，使得虚拟概率 $P_0(Y)$ 可从实际数据估计的假设只有以下三种：

(1) $(X \perp Y)_{P_0}$；

第八讲 驾驭偶然性

(2) $(X \perp Y | Z=0)_{P_0} \cap (Y \perp Z | X=1)_{P_0}$;

(3) $(X \perp Y | Z=1)_{P_0} \cap (Y \perp Z | X=1)_{P_0}$,

这里符号$(X \perp Y)_{P_0}$表示独立性,即$P_0(Y|X)=P_0(Y)$;符号$(X \perp Y | Z=\phi)_{P_0}$表示条件独立性,其含义是:在条件$Z=\phi$下,$P_0(Y|X)=P_0(Y)$;其他式子的意义可类似解释,而$\cap$的意义是取其前后两个条件的交.下面就来说明以上附加条件是正确的.为了书写方便,引入如下记号:
$$a=P(X=1), \quad c=P(Z=1|X)=P(Z=1),$$
$$b_{ij}=P(Y=1|Z=i,X=j) \quad (i,j=0,1).$$

在这样一组符号下,从(8.3)式可知,任何一个概率$P(X,Y,Z)$可由六个参数
$$\{a,c,b_{00},b_{01},b_{10},b_{11} | a,c,b_{ij} \in (0,1), i,j=0,1\}$$
确定.如果用同样的字母上面加一弯的形式表示虚拟概率中相应的量,再利用已知的P与P_0的关系,容易看出任何一个概率$P_0(X,Y,Z)$也由下面一组参数确定:
$$\{a,c,\tilde{b}_{01},b_{10},\tilde{b}_{11} | a,c,b_{00},b_{10},\tilde{b}_{01},\tilde{b}_{11} \in (0,1)\}.$$

由此可知,只要在附加假设下,从统计数据给出的P的参数可计算$\tilde{b}_{01}, \tilde{b}_{11}$,虚拟概率$P_0(Y)$就可知道,利用$P(Y=1)-P_0(Y=1)$就可解决我们的因果推断问题.

下面证明如上假设(1)满足要求.这一假设是$(X \perp Y)_{P_0}$,它意味着
$$P_0(Y=1|X=1)=P_0(Y=1|X=0)=P(Y=1|X=0).$$
然而直接计算可有
$$P_0(Y=1|X=1)=\sum_{j=0}^{1} P_0(Y=1|Z=j,X=1)P_0(Z=j|X=1)$$
$$=\tilde{b}_{01}(1-c)+\tilde{b}_{11}c,$$
类似可以计算得
$$P(Y=1|X=0)=b_{00}(1-c)+b_{10}c.$$
综合以上结果得到,在假设(1)下,
$$\tilde{b}_{01}(1-c)+\tilde{b}_{11}c=b_{00}(1-c)+b_{10}c.$$
由此得
$$P_0(Y=1)=P_0(Y=1|X=1)=b_{00}(1-c)+b_{10}c,$$
即当$(X \perp Y)_{P_0}$时,$P_0(Y)$可以确定,因而可以计算$P(Y=1)-P_0(Y=1)$,从而判定图书馆的规定与座位使用率间是否存在因果关系.

下面考虑假设(2).在此假设的第一个条件$(X \perp Y | Z=0)_{P_0}$之下,
$$P_0(Y=1|Z=0,X=1)=P_0(Y=1|Z=0,X=0)$$
$$=P(Y=1|Z=0,X=0),$$
而在同一假设的第二个条件$(Y \perp Z | X=1)_{P_0}$之下,
$$P_0(Y=1|Z=0,X=1)=P_0(Y=1|Z=1,X=1),$$

以上两个关系相当于
$$\tilde{b}_{01} = b_{00}, \quad \tilde{b}_{01} = \tilde{b}_{11}.$$
由 X, Z 的独立性和假设(2),此时
$$P_0(Y=1) = \sum_{j=0}^{1}[P_0(Y=1|Z=j,X=0)P_0(Z=j|X=0)P_0(X=0)$$
$$+ P_0(Y=1|Z=j,X=1)P_0(Z=j|X=1)P_0(X=1)],$$
利用前面已得到的关系,可以算出
$$P_0(Y=1) = b_{00}(1-a)(1-c) + b_{10}(1-a)c + b_{00}a,$$
即在此假设下,虚拟概率也可得到. 类似的讨论可以对假设(3)进行,得到相应的
$$P_0(Y=1) = b_{00}(1-a)(1-c) + b_{10}(1-a)c + b_{10}a.$$
进一步的讨论说明,在附加条件不多于两个的情况下,上述三种假设,穷尽了可以从观测资料得到虚拟概率的所有情况.

事实上,三种假设的实际意义是很清楚的,(1)假设 X,Y 彼此独立,那么
$$P_0(Y=1|X=1) = P_0(Y=1|X=0).$$
这个关系表示如果图书馆一开始就宣布了不允许占座的规定,那么实际曾被占据座位的使用率可以用未曾被占的座位使用率代替. 这意味着一切差别完全是图书馆的规定造成的. 对假设(2)而言,从其前一部分可以有
$$P_0(Y=1|Z=0,X=1) = P_0(Y=1|Z=0,X=0)$$
$$= P(Y=1|Z=0,X=0).$$
它的意义和假设(1)的解释完全相同,只不过这一解释只适用于 $Z=0$ 表示的上午时段. 为知道 $P_0(Y)$ 要附加第二个假设,从中可导出
$$P_0(Y=1|Z=1,X=1) = P_0(Y=1|Z=0,X=1).$$
它的意义是如果图书馆宣布了不允许占坐的规定,对下午时段说来,实际中曾被占据座位的使用率可以用上午时段的同样情况下的座位使用率代替. 而假设(2)的前一部分已规定 $P_0(Y=1|Z=0,X=1)$ 可以用上午实际未曾被占的座位使用率代替,这样就可求出 $P_0(Y)$. 对假设(3)可有类似的讨论.

对本文的具体问题说来,参考本讲末文献[6]中的数据表明:图书馆的规定的确影响座位使用率,如果宣布"不允许占座",座位使用率可平均提高 5% 左右.

请注意,三种假设下 $P_0(Y=1)$ 的值可以不同,因而因果推断的结果可以不同. 哪一个假设是真实的,或者更合理已经超出了纯逻辑所能解决的范畴. 这似乎又是一个有趣的例子,说明数学方法的效用和局限. 当然,数学上还可以讨论实际分布 $P(X,Y,Z)$ 满足何种要求时,三种不同假设给出的虚拟概率是一样的;还可考虑更复杂的变量关系模型和其他类型的附加假设. 对此请读者参阅本讲末所列的文献[7],此处不再叙述.

第八讲 驾驭偶然性

还请注意,在由图的语言和概率语言表达的确定类型假设下,如上讨论把因果关系的推断归结为对统计数据的数值计算,这就使得可以借助图论和概率论,利用现代计算机,在一定条件下,穷尽一切可能,通过比较不同情况下计算出的概率,探寻因果关系.这是在一定限制下因果关系推断过程的机械化途径,无论对于人工智能的发展,还是对于人类智能本质的探索都有意义.

本讲的主要目的在于说明概率论与统计学的基本思想,说明它们与自然、社会以及人类自身各种问题的广泛、密切联系.文中极其简要地介绍了四个实例,依次是如何利用统计学技巧进行敏感社会问题的调查、如何估计自然生物种群的规模、如何利用数学手段研究文学作品与作家、如何利用概率统计部分解决因果关系推断这样的涉及人类思维的问题.限于笔者水平,无论是材料的选择和叙述都可能有不当甚至错误之处,敬请读者原谅.我们只是希望引起读者学习、探索概率论与统计学的兴趣.在结束这一讲,同时也是结束这部书处,让我们借用著名统计学家劳在其名著《统计与真理》扉页上的题词敬献给读者.这一题词是:

在终极的分析中,一切知识都是历史.
在抽象的意义下,一切科学都是数学.
在理性的世界里,一切判断都是统计.

参 考 文 献

[1] RAO C R. Statistics and Truth: Putting Chance to Work. 2nd ed. Singapore: World Scientific Publishing, 1997.

[2] 劳 C R. 统计学与真理:怎样运用偶然性. 石坚,李竹渝译. 台北:九章出版社,1998.

[3] BRAINED B. On the relation between types and tokens in literary text. J Appl Prob, 1972(9): 507-518.

[4] BRAINED B. On the relation between the type-token and species-area problem. J Appl Prob, 1982 (19): 785-793.

[5] BUNGE J, FITZPATRIK M. Estimating the number of species: A review. J of the American Statistical Association, 1993(88): 364-373.

[6] 温晗秋子. 占座效应的数学建模与统计分析. 数学的实践与认识, 2003, 33(10): 1-4.

[7] Zheng Zhong-guo, Zhang Yan-yan, Tong Xing-wei. Identifiability of causal effect for a sample causal model. 中国科学, 2001, 31(12): 1080-1086.

学生自拟论文题目选辑

1. 数学哲学与数学美学之我见
2. 自然哲学与美学的发展
3. 在数学的天空中翱翔
4. 享受数学的人生——对数学的感知
5. 另一只眼睛——从不同的视角看数学
6. 我看数学与美
7. 数学模型、数学与美学
8. 数学基础、计算机与艺术
9. 关于悖论的思考
10. 对"国企悖论"的一个解释
11. 由投票悖论和阿罗定理想到的
12. 正义问题的博弈分析
13. 生物学与数学
14. 螺旋线——生命的曲线
15. 基于元胞自动机的城市动态模拟
16. 三维元胞自动机的讨论
17. 蜂房形状的数学讨论
18. 用 Hopfield 人工神经网络解决旅行商问题
19. 人工神经网络在图像处理中的应用
20. 细胞间物质扩散的数学模型及其实际背景的讨论
21. 遗传算法的学习与实践
22. 由变分问题引发的思考
23. 生活中的博弈
24. 拿子游戏之研究
25. 傅里叶变换在信号分析中的应用
26. 矩阵分解在语言分析上的应用
27. 混沌及其在一个物理问题中的实现
28. 数据挖掘模型
29. 化学动力学中的数学模型
30. 地理学研究中的数学方法

31. 经济学中的数学
32. 关于经济增长模型的笔记
33. Akerlof 模型和信息不对称
34. 民族文化对我国短信业务收入的影响
35. 会计监管和违规的博弈分析
36. 彩票销售中的数学问题
37. 从资产组合模型思考经济学与数学的关系
38. 一氧化碳中毒的数学模型
39. SARS 传染模型浅论
40. 静园草坪灌溉系统的改进
41. 1991 年某市数学建模竞赛题目标准解答之疏漏
42. 线性代数在文本检索中的应用
43. 伯努利速降线模型对双曲几何的一个物理解释
44. 信息在人群中的传播
45. 关于最小二乘法的读书报告
46. 占座效应的数学建模与统计分析
47. 敏感问题的抽样调查
48. 由一道习题引发的对线性空间和投影思想的进一步思考
49. 万柳学生公寓公交车调度问题
50. 农园食堂一楼自助式与二楼窗口式服务模型对比